JIANGSUSHENG
DAOMAI LUNZUOQU DIYA GUANDAO
GUANGAI GONGCHENG SHEJI ZHINAN

江苏省稻麦轮作区低压管道灌溉工程设计指南

叶　健　张礼华　蒋晓红　编著

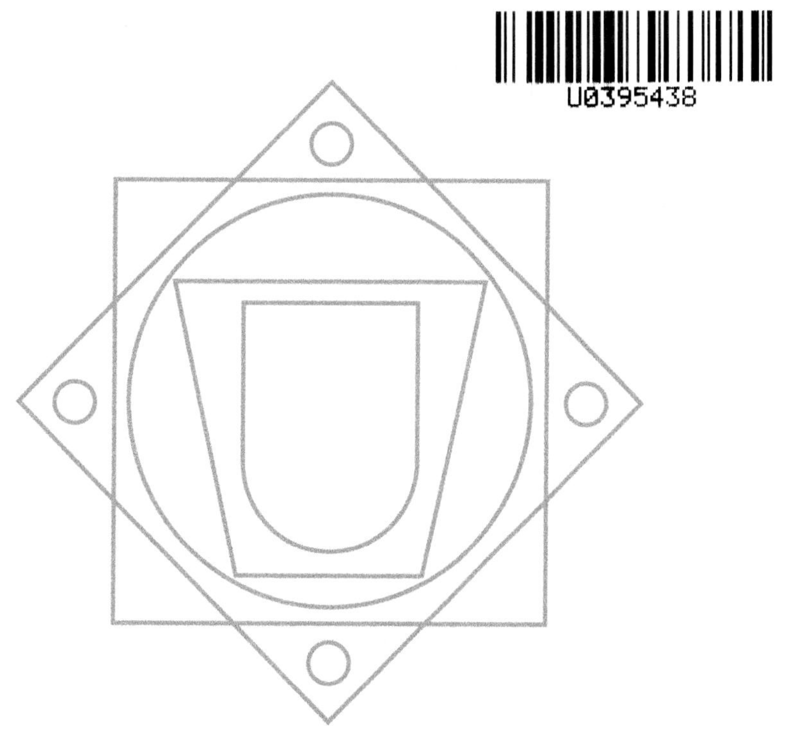

河海大学出版社
HOHAI UNIVERSITY PRESS
·南京·

内容提要

为适应江苏省低压管道灌溉发展与应用推广的要求，总结建设与管理的成功经验，解决发展过程中所遇到的困难和问题，作者根据江苏省不同分区渠系特点，结合小型机电灌区稻麦轮作区泡田用水量大、用水时间短的要求，以及用水户提水费用承受能力编写本书。全书内容包括江苏省低压管道灌溉发展重点与发展模式，低压管道灌溉工程设计方法、发展对策及措施，低压管道灌溉系统定型设计，小型机电灌区灌溉智能泵站-管道系统一体化定型设计四个部分，并后附不同面积、不同水泵（单泵、双泵，离心泵、混流泵、轴流泵、潜水泵型）、不同扬程、不同灌溉系统布置、不同泡田时间的低压管道灌溉定型设计成果，供工程技术人员选择参考。

图书在版编目（CIP）数据

江苏省稻麦轮作区低压管道灌溉工程设计指南 / 叶健，张礼华，蒋晓红编著. —南京：河海大学出版社，2020.12
ISBN 978-7-5630-6703-9

Ⅰ.①江… Ⅱ.①叶…②张…③蒋… Ⅲ.①水稻–轮作–农田灌溉–设计–江苏–指南②小麦–轮作–农田灌溉–设计–江苏–指南 Ⅳ.①S511.071-62 ②S512.071-62

中国版本图书馆 CIP 数据核字(2020)第 262401 号

书　　名 江苏省稻麦轮作区低压管道灌溉工程设计指南
书　　号 ISBN 978-7-5630-6703-9
责任编辑 张心怡
特约编辑 章玉霞
责任校对 卢蓓蓓
封面设计 徐娟娟
出版发行 河海大学出版社
地　　址 南京市西康路 1 号(邮编:210098)
网　　址 http://www.hhup.com
电　　话 (025)83737852(总编室)　(025)83786934(编辑室)　(025)83722833(营销部)
经　　销 江苏省新华发行集团有限公司
印　　刷 广东虎彩云印刷有限公司
开　　本 787 毫米×1092 毫米　1/16
印　　张 18.5
字　　数 443 千字
版　　次 2020 年 12 月第 1 版　2020 年 12 月第 1 次印刷
定　　价 68.00 元

前言

2017年的中央一号文件《中共中央　国务院关于深入推进农业供给侧结构性改革加快培育农业农村发展新动能的若干意见》发布，强调“大力实施区域规模化高效节水灌溉行动，集中建成一批高效节水灌溉工程”。为此，《水利部　国家发展和改革委员会　财政部　农业部　国土自然资源部关于印发〈“十三五”新增1亿亩高效节水灌溉面积实施方案〉的通知》(水农〔2017〕8号)对全国高效节水灌溉工程发展作出明确部署。

低压管道灌溉作为高效节水灌溉工程的重要组成部分，具有高效节水、节省土地、灌溉效率与自动化程度高、施工方便、保护农田生物多样性等优点，在经济较发达、人口密集的江苏省得到高度重视与快速发展。至2016年底，江苏省已发展低压管道灌溉面积343.5万亩，江苏近6 800万亩耕地有近70%为小型机电灌区，低压管道灌溉发展潜力巨大。

为适应江苏省低压管道灌溉发展与应用推广的要求，总结建设与管理的成功经验，解决发展过程中所遇到的困难和问题，根据江苏省不同分区渠系特点，结合小型机电灌区稻麦轮作区泡田用水量大、用水时间短的要求，以及用水户提水费用承受能力，作者在叶健、程吉林主持的水利科技重点项目“江苏省高效节水灌溉工程标准化设计研究与推广”(2017050)基础上，完成《江苏省稻麦轮作区低压管道灌溉工程设计指南》一书。全书包括江苏省低压管道灌溉发展重点与发展模式，设计方法、发展对策及措施，低压管道灌溉系统定型设计，小型机电灌区灌溉智能泵站-管道系统一体化定型设计四个部分，并后附不同面积、不同水泵(单泵、双泵、离心泵、混流泵、轴流泵、潜水泵型)、不同扬程、不同灌溉系统布置、不同泡田时间的低压管道灌溉定型设计成果，供工程技术人员选择参考。

本书由叶健、张礼华、蒋晓红编著，参与编写的人员有江苏省水利厅蔡勇、刘敏昊、季飞、仇荣、蒋伟、夏晶，扬州大学陈兴、袁承斌、龚懿等。全书由叶健策划，程吉林统稿。此外，全省各地水利局、相关水利工程设计研究院对本书提出了宝贵意见，在此一并感谢。

由于编者水平有限，错误和缺点在所难免，敬请广大读者批评指正。

作者

2019年8月

目录

1 概　　述

高效节水灌溉具有节水、省地、灌溉自动化程度高、便于精准施肥、保护农田生物多样性等优点，被世界各国广泛采用并推广。目前，美国管道灌溉面积占灌溉面积的 54.4%，瑞典、英国、奥地利、德国、法国、丹麦等国家的高效节水灌溉面积在 80%以上。对以色列、德国、塞浦路斯、南非、西班牙、埃及、意大利、中国、土耳其、印度、韩国、巴基斯坦等 12 个水资源相对紧缺(人均水资源量小于 3 000 m^3)的国家进行统计分析：当 GNP 为 5 000 美元时，高效节水灌溉面积均值为 20%；GNP 为 10 000 美元时，均值为 55%。

我国高度重视高效节水灌溉工作，2014 年以来，中央连续将“分区域规模化推进高效节水灌溉行动”“大力推广节水技术，全面实施区域规模化高效节水灌溉行动”“大力开展区域高效节水灌溉行动，积极推广先进适用节水灌溉技术”写入中央一号文件，启动了新一轮的高效节水灌溉工程建设高潮。

江苏省经济发达、人口密集，高效节水灌溉工程发展受到了各级政府的高度重视，近几年来，推广面积以每年 50 万亩左右的速度不断增长。

高效节水灌溉主要包括低压管道灌溉与喷微灌工程。江苏省稻麦轮作区的高效节水灌溉措施是大力发展低压管道灌溉工程。

低压管道灌溉工程是以管道代替明渠输水灌溉的一种工程形式，通过一定的压力，将灌溉水由水源输送到田间，再由管道分水口分水或外接软管输水进入田间沟、畦或格田。由于管道系统压力一般不超过 0.4 MPa，故称为低压管道灌溉。

低压管道灌溉在南方稻作区改变了传统的灌溉方式，在大面积、高强度的推广过程中，部分地区出现了运行成本偏高、灌溉不稳定、农民不理解等情况。

针对低压管道灌溉推广中发现的问题，江苏省水利厅农水处组织专家开展了专题调研，开展水旱轮作区低压管道灌溉定型设计，以期为江苏省进一步推广低压管道灌溉提供借鉴与参考。

1.1　江苏省低压管道灌溉发展重点与发展模式

截至 2015 年，江苏全省建有 400 多万处农田水利设施；建成灌区 40 538 个，其中大型灌区 35 个、中型灌区 282 个。江苏省耕地总面积为 6 799.2 万亩①，建成有效灌溉面积 6 039 万亩，占总耕地面积的 88.8%；旱涝保收田面积达 5 365 万亩，占总耕地面积的

① 1 亩≈667 m^2。

78.9%；节水灌溉工程面积为3 402.6万亩，占灌溉面积56.3%；高效节水灌溉面积为304.6万亩，其中低压管灌171.3万亩，喷微灌133.3万亩。

1.1.1 发展重点

考虑到大口径、高扬程管道的造价，以及大口径管道系统的轮灌工作制度与运行控制难度等因素，现阶段江苏省高效节水灌溉工程重点发展的对象确定为小型机电提水灌区。

近年来，塑料管材价格持续走低(PVC为8 000～12 000元/t，PE为15 000～18 000元/t，采用PN3管径250 mm的为100～200元/m，PN6的UPVC管径110 mm的仅为50～100元/m)，加上塑料管道施工、维护与运行管理方便等因素，江苏省高效节水灌溉工程主要推广采用塑料管道。

1.1.2 发展模式

综合考虑地形、水源条件、区域经济社会发展水平、农田水利发展现状和特点，以及农艺、农机技术需求，种植结构与农业生产、经营方式，选择不同的高效节水灌溉工程模式。

(1) 按作物类型，确定工程模式

对稻麦轮作小型机电灌区，积极推广低压塑料管道输水灌溉工程。对全省面广量大、以稻麦轮作为主的小型机电灌区，特别是平原沙土区、废黄河高亢区，积极发展低压塑料管道输水灌溉模式，配套用水计量，实现节地、节水、高效、保护农田生态环境、减少水土流失等多种效益。

(2) 按不同的农业经营方式，确定工程模式

对于已经土地流转，规模化种植、农场化经营的灌区，按照设计时设定的轮灌工作制度有序进行灌溉；有条件的地区可开展灌溉自动化和信息化建设，实现计算机控制、无人值守的自动灌溉。

对于尚未规模化经营、灌溉无序、难于实行集中轮灌的灌区，推广恒压变频灌溉系统。

(3) 按灌溉单元小型化需求，集中连片推进高效节水灌溉工程

低压管道灌溉单元宜结合农村土地流转需求，一般以300～500亩为宜。开发规模统筹兼顾自然条件、基本农田分布和农产品基地建设需要，因地制宜，合理确定，实行统一规划、统一设计、连片开发、整体推进。

(4) 低压管道灌溉应与高标准农田建设相结合

低压管道灌溉工程建设应兼顾水源工程、排水沟、塘堰改造及田间综合配套，注重田块平整、田间道路、防护林网等建设，完善农田防护与生态环境保护体系。

在圩区、低洼平原区，应与暗管排水工程相结合，发展低压管道灌溉工程。

1.2 江苏省低压管道灌溉发展主要存在问题

目前，稻麦轮作区低压管道灌溉在发展过程中出现了一些问题，主要表现在以下几个

方面。

(1) 灌溉不稳定

部分灌区存在管道灌溉水压、水量不稳定，部分放水口出流量较大，流速过快，产生冲刷；或出水量较小，甚至无水可出的现象。

产生上述现象的主要原因如下。

① 灌溉模式选择不当，没有严格执行既定轮灌工作制度

管道灌溉与明渠灌溉不同，由于它是有压流，灌溉时应严格执行既定轮灌工作制度，这样才能满足灌溉时放水口的流量和压力要求。对于土地已经流转，规模化种植、农场化经营的灌区，严格执行设计时设定的轮灌工作制度一般难度不大，基本能够实现有序灌溉；但在部分项目区，尤其是未进行土地流转、农民分散经营的项目区，由于用水无序，灌溉时无法按照轮灌工作制度进行，又未安装恒压变频自动灌溉系统，管道水量、水压不稳定，不能满足灌水需求。

② 未充分考虑放水口口径、同时工作的放水口门数对灌溉效果的影响

管道的水量、水压受同时工作的放水口数量影响较大。当同时工作的放水口数量与设计不符时，将导致管道水量、水压的变化。若实际工作放水口数小于设计放水口数，则同时工作的放水口压力增大，产生冲刷；反之，则可能导致放水口压力不能满足设计要求，实际工作放水口出水量较小，甚至无水可出。

同时，放水口规格也对管道灌溉实际出流效果产生较大影响。《管道输水灌溉工程技术规范》(GB/T 20203—2017)规定低压管道设计时，要求同时工作的放水口的出水均匀性必须满足 $Q_{min} \geqslant 75\% Q_{max}$，因此，应按照放水口流量和压力要求，选择规格合适的放水口。但在设计过程中，部分设计者往往忽略了这一要求，只是按照经验选择放水口口径，这就造成实际工作时不同位置放水口压力变化大、出水不均匀状况的产生。

(2) 电费增长幅度大

在稻麦轮作区低压管道灌溉发展过程中，部分灌区电费增长幅度较大，提水费用甚至达到原先明渠灌溉的 3～5 倍。

产生上述现象的主要原因如下。

① 采用经济管径确定干支管径，管径偏小、水头损失偏大

灌区农田由传统明渠灌溉改为低压管道灌溉后，输水方式由无压流转变为有压流。部分灌区为降低工程投资，往往单纯根据经济流速确定管径，所选管径偏小，虽可满足使用要求，但增加了管道水头损失，从而相比于明渠灌溉，扬程上升幅度较大，导致提水费用增长。

② 水泵选择不正确

水泵泵型及配套动力的选择，在很大程度上影响实际灌溉效果。低压管道灌溉系统所选泵型与配套动力应与水源、管道系统布置、管径、放水口选择等相匹配。而现状管道灌溉在发展过程中，不少灌区或出于当地泵型使用习惯，或未进行认真校核，往往选用较大功率的水泵机组，导致运行费用过高。

另外，不合理的泵型选用，同样会导致出水不均匀、出水量小(或冲刷)等现象。

(3) 灌溉出水量小,水稻不能及时泡田

部分低压管道灌区,即使管道系统能够正常工作,但由于放水口出水量较小,用水户不能及时泡田,用水户意见很大。

产生上述现象的原因是:设计时泡田时间偏长,不能满足用水户实际需要。

灌溉系统流量的设计主要取决于水稻泡田时间。江苏省传统水稻泡田时间一般为3~5 d。由于近年来用水户用水习惯的改变,部分灌区泡田时间往往集中在很短的一段时间内完成,如某些灌区仅为1 d,甚至缩短至几个小时,当泡田时间选取时间较长,或与原先明渠灌溉相比明显延长时,用水户往往认为放水口出流量较小,不能满足他们的实际需求。

1.3 发展对策

针对江苏省低压管道灌溉发展过程中所暴露出来的问题,未来进一步发展时,应强化工程模式的选择,确保灌溉系统出流稳定;优化工程设计,对方案进行必要的比选和论证,通过不同泵型选择、管径规格的对比分析,降低提水费用;合理确定泡田期,保证用水户用水需求;加大科技示范、宣传、培训力度,提高用水户对管道灌溉的认识,提高发展管道灌溉的积极性。

1.3.1 主要对策

(1) 正确选择工程模式

当前,管道灌溉发展过程中出现的灌溉质量差、管理无序等现象,究其原因,除设计、施工原因外,灌溉实际运行中灌溉模式的选择是关键因素。因此,为保证管道灌溉工程的顺利运行,必须正确选择工程发展模式,以避免工程运行中出现流量、扬程不稳定,系统效率降低甚至无法工作的现象。

若项目区为已经土地流转,规模化种植、农场化经营的灌区,应合理编制轮灌工作制度,并按照设计时设定的轮灌工作制度有序进行灌溉。

若项目区为尚未规模化经营、灌溉多样化、难于实行集中轮灌的灌区,可推广安装"恒压变频自动灌溉系统"(又为"田间自来水"),以满足不同用户灌水需求。

(2) 提升设计水平

① 控制工程运行能耗

低压管道灌溉提水费用主要取决于泵站扬程,其中泵站扬程 $H = H_{泵} + H_{管道}$,而 $H_{管道} = h_{沿程} + h_{局部}$,管道系统水头损失计算公式为:

$$H_{管道} = kf\frac{Q^m}{D^b}L \tag{1-1}$$

式中:PE管 $f = 0.948 \times 10^5$;$m = 1.77$;$b = 4.77$;k 为考虑局部损失的系数,一般局部损失以沿程损失的10%~20%考虑。由上式可知,管道系统水头损失与管道系统流量 Q 的1.77次方成正比,而与管径 D 的4.77次方成反比。因此,不难看出,相较于流量,管径 D 的改变,对管道系统水头损失有更大的影响。而现状工程设计中,不少设计人员往往单纯根据经济流速确定管径 D，造成管径偏小，扬程增大，从而增大了提水费用。因此，在流量确定时，可在经济管径计算的基础上，通过管径的适当调整，降低管道系统水头损失。

② 合理确定泡田期

针对目前部分用水户反应较大的管道出水流量小、一次灌水时间过长的问题，其关键在于泡田期的选取，设计时应尽可能根据用水户用水实际需求，调整泡田时间。但泡田期也不宜过短，否则会大幅增大灌溉设计流量，增加工程投资。

③ 合理确定放水口口径及同时工作的放水口数量

管道的水量、水压受同时工作的放水口数量、出水口口径的影响较大。《管道输水灌溉工程技术规范》(GB/T 20203—2017)规定低压管道设计时，要求同时工作的放水口的出水均匀性必须满足 $Q_{min} \geqslant 75\% Q_{max}$，当同时工作的放水口数量、出水口径与设计不符时，将导致管道水量、水压的变化，而管道不同位置放水口压力变化相差较大时，即会发生出水不均匀的状况。因此，在管道规格及泵型选择完成后，必须根据实际情况，对同时工作的不同管道、不同位置放水口压力和流量进行验算，确保放水口出水均匀性达到规范要求。

④ 开展定型化设计

在强化灌溉模式选择、灌溉工作制度基础上，根据《管道输水灌溉工程技术规范》(GB/T 20203—2017)的要求，在设计过程中，注重工程运行能耗控制，结合群众用水习惯，合理确定泡田期，并对水泵选型和管径确定后同时工作的放水口口径及数量进行复核，使之满足出水要求。由此，开展低压管道灌溉工程定型设计，确定不同面积、不同田面至常水位高差、不同泡田时间、不同管道布置方式、不同轮灌工作制度等条件下泵型选择与管径选取，便于工程设计单位借鉴和选用。

(3) 加大科技示范、宣传、培训力度

通过加大科技示范、宣传、培训力度，提高用水户对管道灌溉的认识，解决管道灌溉发展过程中用水户认识程度低的问题，提高用水户发展管道灌溉的积极性。

① 加大科技示范力度

尤其是要加强宣传管道灌溉成功地区所取得的经验，通过示范引导、典型引路，增强用水户发展管道灌溉的信心。

② 加大宣传力度

采用群众喜闻乐见的方式，充分发挥广播、电视、报刊、展览等多种传播媒体作用，努力扩大管道灌溉宣传教育覆盖面；加强信息交流、信息传递，通过举办不同类型的研讨会、现场会，在实践中不断总结经验，深化用水户对管道灌溉的认识，及时研究解决管道灌溉发展过程中出现的问题与矛盾。

③ 加大科技培训力度

着力加强技术指导和培训，充分发挥科研院所和高等院校的技术优势，做好基层水利人员和用水户技术培训工作，形成一支能带动广大农民发展管道灌溉的骨干力量。

1.3.2 示范工程

由于高效节水灌溉改变了传统灌溉方式，强化了对灌溉模式选择、灌溉工作制度的要求，这就需要对用户进行培训，并以科技示范为抓手，切实推进高效节水灌溉工程。

江苏省针对不同农业经营模式，建设了不同形式的低压管道灌溉示范工程。

(1) 小型机电灌区分散经营的管道灌溉示范

灌溉轮灌工作制度对管道灌溉系统正常工作影响大，对于江苏省大多机电灌区，特别是苏南地区人均耕地不足1亩，在土地尚未流转的地区，一个300～500亩的机电灌区可能涉及上百农户。分散式经营的特点是种植品种多、灌溉无序，难于实行灌溉轮灌制度，为此，江苏省水利厅在常熟市推广一种适用于灌溉无序情况下的“田间自来水”灌溉系统，即在传统小型机电灌区塑料管道灌溉系统的基础上，在泵机组中增加变频器，采用变频装置调节水泵转速，避免灌溉不稳定。

在这一系统的基础上，还可增加稳压罐等设施，实现自动灌溉(又称“田间自来水”)。其原理是：泵房里的稳压罐与管道一直保持有压状态，农民用水时，由稳压罐内的压力变化差值启动电机；靠变频器调节机泵转速，从而保证不同用水户随机用水时的水量与水压。

常熟市在2012年示范试点的基础上，自发连片推广“田间自来水”面积已经超过10万亩，按照《常熟市高标准农田“十三五”规划》，至2020年，5.75万亩蔬菜园艺全部发展高效节水灌溉，12.21万亩稻麦轮作区70%的面积建设低压管道灌溉工程。

(2) 江苏省科技厅与扬州大学在江苏省科技计划现代农业睢宁双沟示范项目中，对经济作物种植区，开发示范了经济作物多模式管道灌溉系统，用户可以根据不同作物品种的灌溉要求，在不同田块、不同年份，选择滴灌、微喷或工作压力相近的小孔出流等不同田间灌水器。同样，开发的定型化一体机泵，具有智能控制、量水、恒压变频、水质过滤、水肥一体精准灌溉等功能，该系统采用现场按钮驱动、远程手机控制、数据远传、防盗防雷红外声控报警完成过载、过压、欠压、漏水、漏电等智能保护功能。

课题组采用菜单选项方式，进行系列高效节水灌溉定型设计。菜单选项如图1-1所示。

■ 作物(稻麦轮作、一般旱作、经济作物)

■ 经营方式(农民自主种植、土地流转农场经营)

■ 灌溉面积(100亩以下、100～300亩、300～500亩、500～800亩)

■ 灌溉高差(常水位至田面：0.5～2.0 m、2.0～4.0 m、4.0～8.0 m、8.0～12.0 m、12.0～15.0 m)

■ 轮灌时间(水稻泡田1 d、3 d、5 d；旱作或经济作物灌水周期1 d、3 d、5 d)

■ 灌溉布置(二级系统：“E”字型、“丰”字型)

■ 泵站位置(田块中央、田块一端)

■ 水泵台数(1台泵；2台泵)

■ 轮灌制度(随机灌溉，续灌，分2组、3组、4组轮灌)

■ 灌溉方式(管水员负责灌水、恒压变频自动灌溉、计算机控制分组轮灌)

■ 量水设施(电磁流量计、水位水压量水仪、电表转换)

■ 专项选项

管道灌溉运行能耗控制(系统选择，输配水水头损失控制在总扬程的50%、100%之内)

图1-1　低压管道灌溉定型化设计菜单选项

用户根据菜单选项，开发高效节水灌溉定型设计软件，系统自动给出小型机电灌区高效节水灌溉的“一体式定型智能泵站＋干支塑料管道及其配件＋灌溉配水与控制方式”定型产品的设计清单。

(3) 小型机电灌区农场化经营的稻麦轮作灌溉示范工程

对于规模化种植、农场化经营的小型机电灌区，其用水有序，可以按照设定的轮灌工作制度进行灌溉。为此，江苏省水利厅近几年来在无锡、苏州等地，建设了一批按支管轮灌，由管道电磁阀、计算机控制的稻麦轮作区自动灌溉示范工程。

南京市江宁示范区采用计算机远程控制 76 个小型机电灌区的经济作物高效节水灌溉工程进行自动灌溉。

2

低压管道灌溉工程设计方法

2.1 设计参数

(1) 灌溉设计标准

根据2011年制定的《江苏省农村水利现代化建设标准(试行)》,并考虑到低压管道灌溉方式的特殊性,建议灌溉设计保证率为90%~95%。

(2) 设计代表年与作物灌溉制度

根据设计标准确定设计代表年,采用设计代表年的水文气象数据,计算设计代表年作物需水量;根据设计现状作物布局确定灌溉制度。

(3) 设计灌水率

江苏稻麦轮作区作物种植结构相对单一,水稻泡田相对集中,因此,建议由灌溉泡田定额确定灌水率。

灌水率,又称灌水模数,是指灌区内单位面积(一般以万亩计)上所需灌溉的净流量。设计灌水率是渠道断面、配套建筑物设计的依据,一般按下式计算:

$$q = \alpha m / 0.36Tt \tag{2-1}$$

式中:q——某种作物某次灌水的灌水率,$m^3/(s \cdot 万亩)$;

α——某种作物种植面积占灌区面积的百分数;

m——某次灌水定额,$m^3/亩$,江苏省稻麦轮作小型机电灌区用水最不利时间为水稻泡田期,不同地区水稻泡田定额一般介于80~120 $m^3/亩$之间;

T——某次灌水延续的天数,d,江苏省现状小型机电灌区泡田时间一般为3~5 d,苏南等经济发达地区考虑到人工费用较大等因素,往往水稻泡田时间为1~3 d。

t——一天灌水延续时间,h,小型机电灌区稻麦轮作区一般为提水灌区,每天灌水延续时间一般以18~22 h计,近年来,也有不少现代农业园区考虑上下班作息时间,采用8~10 h。

2.2 规划布置

2.2.1 江苏省田间工程布置模式

根据《灌排田间工程定型设计与装配式建筑物图集》(江苏省水利厅、扬州大学,2013

年),江苏省淮北平原地区、里下河地区、沿海垦区、沿江沙土区、太湖地区田间工程布置模式,一般中沟间距为 500～600 m,农渠、小沟间距为 80～120 m,田块为长条形,每块 3 亩左右,每个进、排水洞控制 2 块田。

图 2-1 为淮北平原地区田间工程布置模式示意图。

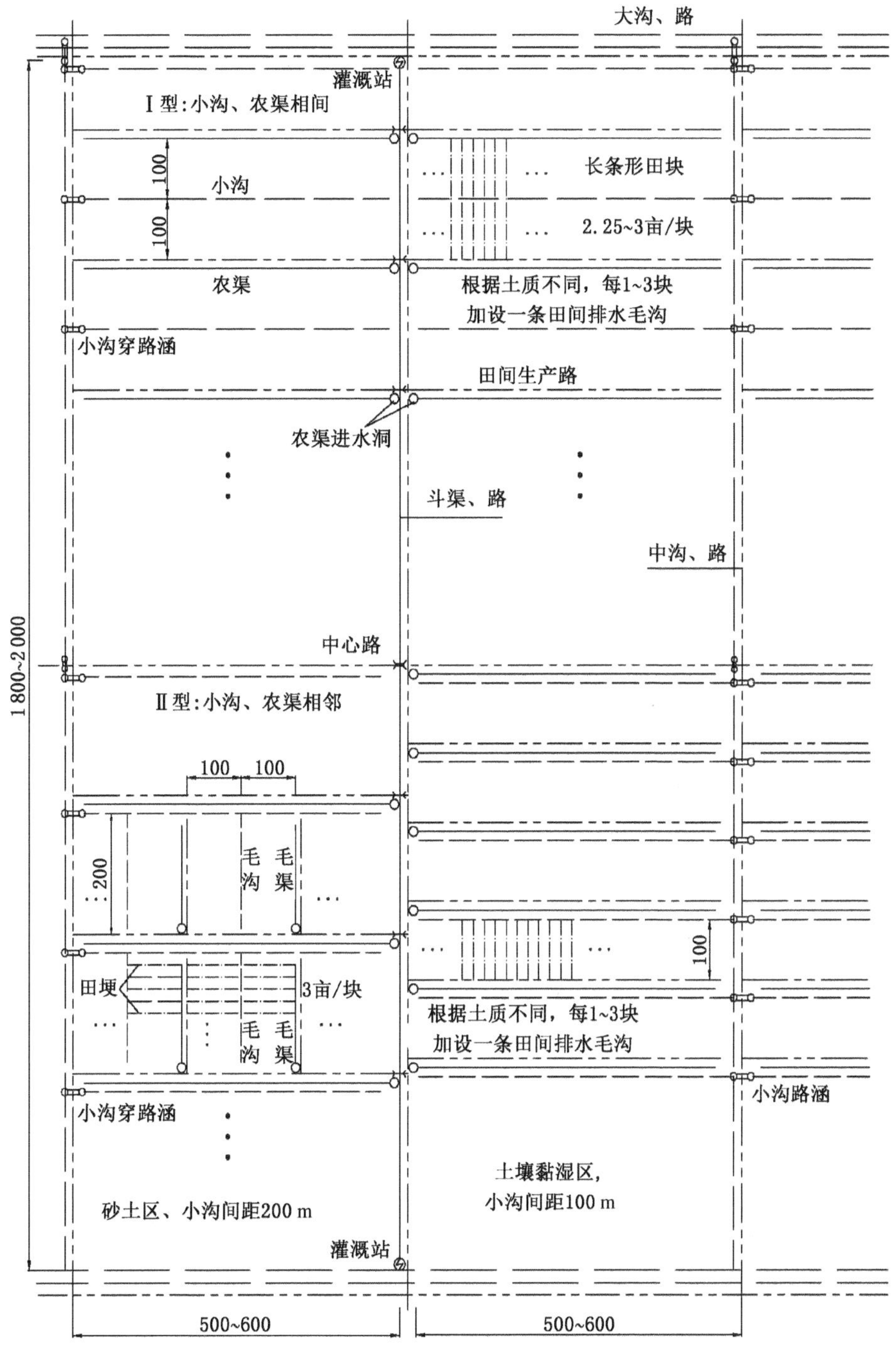

图 2-1　徐淮平原灌排系统(斗渠中沟相邻)布置图(单位: m)

2.2.2 典型布局

根据江苏省田间工程布置模式，确定管道灌溉工程系统布置模式。

(1) 水源

提水泵站布置于中沟边上，以中沟作为水源，向田块供水。

(2) 泵站位置

根据泵站与供水区域的位置关系，布置方式可分为两种，即泵站布置于一端、泵站布置于田块中间，见图 2-2—图 2-5。

(3) 管网布置

低压管道布置时，以干管代替斗渠、支管代替农渠，一般 2～3 级管道到田。

灌区原先采用明渠灌溉时，农渠长度一般为 500～600 m。根据《管道输水灌溉工程技术规范》(GB/T 20203—2017)，采用低压管道灌溉，要求同时工作的各给水栓流量必须满足 $Q_{min} \geqslant 75\% Q_{max}$。当支管长度过长、同时出水的放水口数量较多时，为满足各放水口压力均匀性的要求，会导致管径选择过大，单位面积工程投资过高。因此，从该要求出发，本设计采用"E"字型或"丰"字型布局，以减少支管长度，保证出水均匀性。

① 泵站布置于田块一端

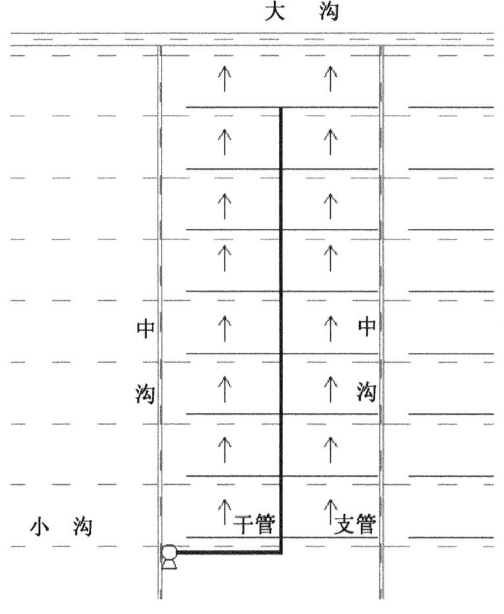

图 2-2　泵站一端布置，"丰"字型布局，在标准化田块中的示意图

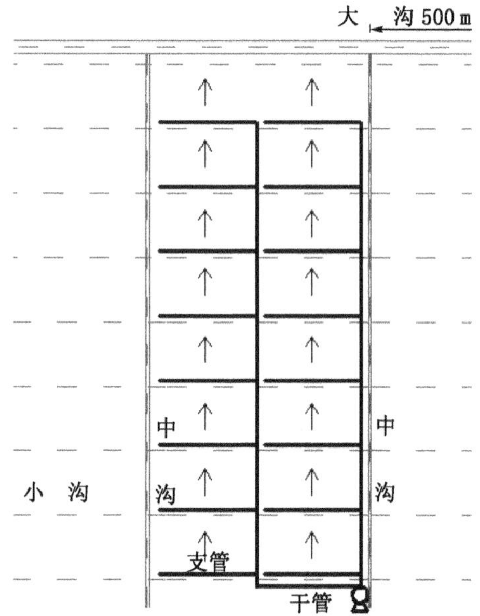

图 2-3　泵站一端布置，"E"字型布局，在标准化田块中的示意图

② 泵站布置于田块中间，"丰"字型布局

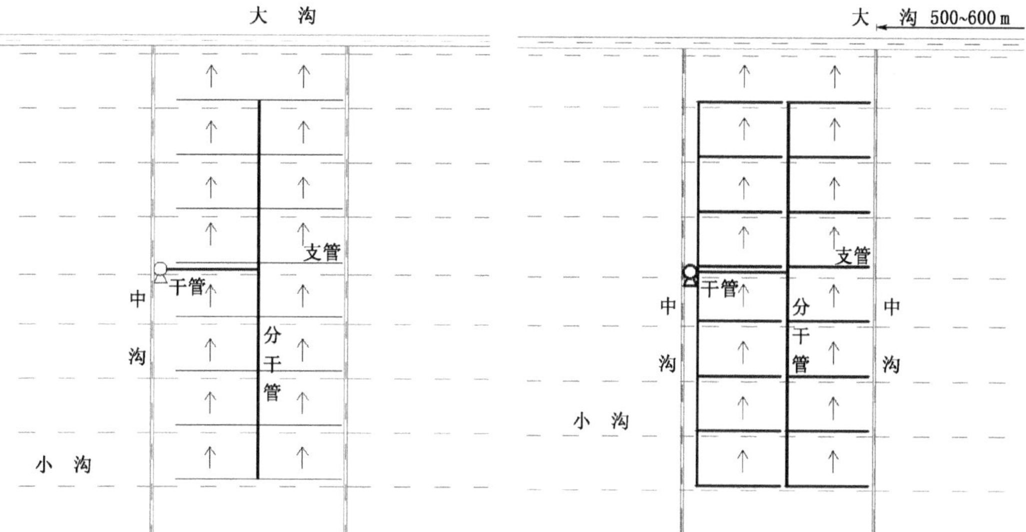

图 2-4 泵站居中布置,“丰”字型布局,在标准化田块中的示意图

图 2-5 泵站居中布置,“E”字型布局,在标准化田块中的示意图

2.3 系统设计

2.3.1 轮灌工作制度

江苏省小型机电灌区通常面积较小,一般小于 1 000 亩。在本设计中,将灌区面积划分为 100 亩以下、100～300 亩、300～500 亩、500～800 亩几种类型。

如果土地没有流转,农户自主种植,可以不设轮灌制度。

如果土地已经流转,农场化经营,可以按支管分组轮灌,轮灌组应按相对集中、流量大致相等的原则划分。

2.3.2 选泵与流量推算

(1) 选泵流量

低压管道灌溉选泵流量可采用公式(2-2)确定:

$$Q_{选泵}=\frac{Aq}{\eta} \tag{2-2}$$

式中:$Q_{选泵}$——选泵流量,m^3/s;

A——灌区面积,万亩;

q——灌水率,$m^3/(s\cdot 万亩)$;

η——灌区灌溉水利用系数。《管道输水灌溉工程技术规范》(GB/T 20203—2017)要求:低压管道输水灌溉灌区,应做到田间工程配套齐全、灌水方法合理、灌水定额适当，其田间水利用系数设计值，水稻灌区应不低于90%，管道系统水利用系数设计值应不低于95%。因此，本设计确定江苏省稻麦轮作区低压管道灌溉水利用系数不低于0.85。

(2) 扬程估算

扬程估算采用以下方式：选泵扬程为常水位至田面典型高程的差值与系统水头损失之和。

(3) 选泵

根据水泵设计流量 $Q_{选泵}$ 和设计扬程 H_p，进行低压管道灌溉泵站泵型初选，本次设计分别对轴流泵、离心泵、混流泵、潜水泵几种类型进行选型。

同时，考虑到各地使用习惯，在对上述各种泵型进行选择时，分别采用单泵、双泵两种形式。

(4) 干、支管设计流量

干管流量即水泵设计工况流量。

支管设计流量取决于轮灌工作制度：如果项目区没有土地流转、农户自主种植，设计流量则按最不利原则，即项目区所有支管同时工作确定；若土地流转、农场化经营，则按轮灌制度确定。

灌区干管续管，因此，干管设计流量即为选泵流量。

支管设计流量为：

$$Q_{支,设计} = \frac{Q_{干,设计}}{N} \tag{2-3}$$

式中：N——同时工作的支管数。

(5) 支管上放水口流量

根据同一支管上同时工作的放水口数量，确定放水口的设计流量为：

$$q_{设} = Q_{支,设计}/n \tag{2-4}$$

式中：n——同一支管上同时工作的放水口数。

2.3.3 管径确定

江苏省稻麦轮作管道灌溉，以泡田定额来确定灌溉设计灌水率，如果采用传统经济管径计算公式来确定低压管道灌溉干支管径，则管径偏小，水头损失大，这是我省不少地区明渠灌溉改管道灌溉后，电费大幅增长的原因。因此，采用控制管道水头损失的方法来确定管径。

2.4 放水口选择

放水口(也称给水栓)为低压管道向田间沟、畦放水的装置。作为处在灌溉系统的末端设备，放水口的使用部位很关键，安装数量多少，产品及安装质量好坏，直接关系到灌溉效益能否正常发挥。

放水口应具有结构合理、坚固耐用、密封性好、操作灵活、运行管理方便、水力性能好等特点。阀体结构上，一般可分为固定式、半固定式、移动式；材料上，一般可分为铸铁、PE/UPVC、玻璃钢等。

由于传统铸铁放水口具有外观粗糙笨重、施工复杂、操作难度大、易损坏（锈蚀）和丢失等缺点，在现状下的江苏省低压管道灌溉中已较少采用。

PE/UPVC放水口具有较好的刚性和韧性，较高的机械强度；玻璃钢材质的放水口具有强度高、重量轻、防被盗（无回收利用价值）、防渗漏等特点，在一定程度上得到推广使用。但上述两种放水口均需高于地面的防冲池，机械耕作中易损坏。

目前，江苏省低压管道灌溉较多采用升降式隐形给水栓，该装置主要由进水口、给水栓阀体、升降管、密封圈、把手、弯头等组成，解决了“锈蚀、冲刷、撞击”三大技术问题，实现了“升降开关、360度旋转、涌泉式灌溉、密封除沙、无工具控制”等功能；具有灌溉时升到地面以上、灌溉后隐蔽到地下、全注塑永不生锈、装配式特制保护井、农业机械可在上部碾压行走等特点，在江苏省低压管道灌溉工程中得到广泛应用。

2.5 投资概算

管道灌溉工程投资概算可参考省内其他水利建设工程，采用江苏省新点（智慧）水利概算软件进行编制。具体编制时，应包括以下几个方面内容。

（1）编制办法

按照《江苏省水利工程设计概（估）算编制规定（2017年修订版）》（苏水基〔2016〕26号）进行编制。

（2）采用定额

按照《江苏省水利工程概算定额（2012年版）》（苏水基〔2012〕40号）（建筑工程、安装工程）、江苏省水利工程概算定额建筑工程、安装工程动态基价表（2017年版）；少量定额子目可参考市政工程等其他行业定额。

（3）基础单价

① 人工预算单价：根据《省水利厅关于发布江苏省水利工程人工预算工时单价标准的通知》（苏水基〔2015〕32号），预算编制执行人工预算单价：工长11.55元/工时，高级工10.67元/工时，中级工8.90元/工时，初级工6.13元/工时。

② 材料预算单价：主要大宗材料价格均采用地方指导价并通过当地建设工程造价信息予以确定；主要设备按向生产厂家询价计算，一般设备按目前市场价格计算。

③ 施工机械台班单价：由江苏省水利工程概算软件自动生成。

（4）费用计算及费率取定

工程建设费用由建筑安装工程费、设备费、独立费用和预备费组成。

① 建筑安装工程费

建筑安装工程费由直接工程费、间接费、利润和税金组成。建筑安装工程依据项目的特点和施工组织设计确定的施工方法，以工程量乘单价进行计算。

a. 直接工程费：包括直接费、其他直接费、现场经费及差价调整。其中直接费通过查相应定额来确定，其他直接费＝直接费×费率。费率标准：土方工程 2.99％；堤岸防护工程2.89％；基础处理、混凝土及附属设施工程 4.31％；安装工程 3.91％。

现场经费：直接费×费率（建筑工程）；动态基价中人工费×费率（安装工程）。费率标准：土方工程 4.44％；堤岸防护工程 5.37％；基础处理、混凝土及附属设施工程 7.54％；安装工程 40％。

b. 间接费：建筑工程直接工程费（不含工、料、机调差）×费率（建筑工程）；安装工程动态基价中人工费×费率（安装工程）。费率标准：土方工程 5.81％；堤岸防护工程 5.74％；基础处理、混凝土及附属设施工程 6.79％；安装工程 45.85％。

c. 利润：按直接工程费（不含工、料、机调差）和间接费之和的 7.46％计算。

d. 税金：按直接工程费、间接费、计划利润三项之和的 11％计算。

② 设备费

设备原价：机电设备、金属结构设备出厂价格在向厂家询价的基础上经过分析确定。

运杂费率：按设备原价的 5％计算。

采购及保管费率：按设备原价和运杂费之和的 0.7％计算。

③ 临时工程

a. 施工导流截流及施工交通工程：同主体建筑工程编制方法，采用工程量乘单价计算。

b. 施工场外供电、通讯线路工程：按设计工程量及电压等级，采用工程所在地区造价指标或有关实际资料计算。

c. 施工房屋建筑工程：按（建筑工程费＋机电设备安装工程费＋金属结构及安装工程费＋施工导流、截流费＋施工场外交通工程费＋施工场外供电及通讯线路工程费）之和的1.0％计。

d. 其他临时工程：土方工程按（建筑工程费＋机电设备安装工程费＋金属结构及安装工程费＋施工导流、截流费＋施工场外交通工程费＋施工场外供电及通讯线路工程费）之和的 0.5％计；防护工程按（建筑工程费＋机电设备安装工程费＋金属结构及安装工程费＋施工导流、截流费＋施工场外交通工程费＋施工场外供电及通讯线路工程费）之和的 0.5％计；涵闸工程按（建筑工程费＋机电设备安装工程费＋金属结构及安装工程费＋施工导流、截流费＋施工场外交通工程费＋施工场外供电及通讯线路工程费）之和的 1.0％计。

④ 独立费用

项目建设管理费按（建筑工程费＋机电设备及安装工程费＋金属结构及安装工程费＋临时工程费）之和的 2.35％计；工程建设监理费按（建筑工程费＋机电设备及安装工程费＋金属结构及安装工程费＋临时工程费）之和的 3.3％计；科研勘测设计费中，工程勘测费按（建筑工程费＋机电设备及安装工程费＋金属结构及安装工程费＋临时工程费）之和的

1.0%计，工程设计费按(建筑工程费+机电设备及安装工程费+金属结构及安装工程费+临时工程费)之和的3.5%计。

⑤ 其他费用

工程质量检测费按(建筑工程费+机电设备及安装工程费+金属结构及安装工程费+临时工程费)之和的0.4%计。

工程咨询审查费：评审初步设计报告按(建筑工程费+机电设备及安装工程费+金属结构及安装工程费+临时工程费)之和的0.38%计；评审施工图设计报告按(建筑工程费+机电设备及安装工程费+金属结构及安装工程费+临时工程费)之和的0.19%计。

工程审计费按(建筑工程费+机电设备及安装工程费+金属结构及安装工程费+临时工程费)之和的0.36%计。

上述费用计算规定详见《江苏省水利工程设计概(估)算编制规定》(2017年修订版)。

3

低压管道灌溉系统定型设计

根据灌溉设计标准、作物类型、经营方式、不同面积、不同常水位至田面的高差、泵站类型、泵站位置、水稻泡田时间、管网布置形式等因素，对低压管道灌溉系统进行定型设计。

3.1 定型设计参数确定

(1) 经营方式

结合江苏省小型机电灌区稻麦轮作区现有经营方式，本设计采用2种经营方式，即土地流转后实行农场化经营方式和未实行土地流转农民自主种植的经营方式。

(2) 灌溉面积

江苏省小型机电灌区通常面积较小，一般小于1 000亩。在本设计中，将灌区面积划分为100亩以下、100～300亩、300～500亩、500～800亩几种类型。

(3) 灌溉高差

根据水源常水位至典型田面的高差，在本设计中，分为2.0 m以下、2.0～4.0 m、4.0～8.0 m、8.0～12.0 m、12.0～15.0 m几种情况进行讨论。

(4) 轮灌时间与设计灌水率

江苏省稻麦轮作区作物种植结构相对单一，水稻泡田相对集中，现状小型机电灌区泡田时间一般为3～5 d；苏南等经济发达地区考虑到人工费用较大等因素，往往水稻泡田时间相对较短，为1～3 d。关于轮灌时间，本设计采用1 d、2 d、3 d、5 d进行设计。

根据以上参数，确定江苏省小型机电灌区稻麦轮作区设计灌水率见表3-1。

表3-1 不同泡田时间对应的设计灌水率

作物类型	种植比 α/%	泡田定额 m/(m^3/亩)	泡田延续时间 T/d	提水时间 t/(h/d)	设计灌水率 q/(m^3/s·万亩)
稻麦轮作	100	100	1	20	13.9
			2		6.9
			3		4.6
			4		3.5
			5		2.8

(5) 灌溉布置

在低压管道布置时,以干管代替斗渠、支管代替农渠,一般2～3级管道到田。系统布置形式采用“E”字型或“丰”字型布局,见表2-2—表2-5。

(6) 泵站位置

根据泵站与供水区域的位置关系,布置方式可分为两种,即泵站布置于田块一端、泵站布置于田块中间,见表2-2—表2-5。

(7) 轮灌制度

如果小型机电灌区的土地没有流转,农户自主种植,可以不设轮灌制度。

如果土地已经流转,农场化经营,可以按支管分组轮灌,轮灌组应按相对集中、流量大致相等的原则划分。

根据灌区面积的不同,确定管道灌溉工作制度:

控制面积在100亩以下时,建议续灌;

控制面积为100～300亩时,可续灌,也可按支管分2组集中轮灌;

控制面积为300～500亩时,建议按支管分2～3组集中轮灌;

控制面积为500～800亩时,建议按支管分2～4组集中轮灌。

(8) 运行能耗控制

江苏省稻麦轮作管道灌溉,一般采用传统经济管径计算公式来确定低压管道灌溉干支管径,计算结果往往导致管径偏小,水头损失大,电费大幅增长。因此,可采用控制管道水头损失的方法来确定管径。

水源常水位至典型田面的高差为2.0 m以下、2.0～4.0 m、4.0 m以上时,本设计采用系统水头损失分别控制在总水头的100%、80%、50%之内进行设计。

3.2 定型设计成果汇总

根据上述计算参数,江苏省稻麦轮作区低压管道灌溉不同泵站布置方式、泡田时间、系统布置、轮灌工作制度、泵型选择定型设计成果参见附表,相应附表索引见表3-2。

表3-2 低压管道灌溉定型设计成果附表索引

序号	泵站位置	泡田时间	系统布置	轮灌制度	泵型选择	附表
1	一端布置	1 d	“丰”字型	100亩以下续灌,100～300亩续灌,300～500亩分2组轮灌,500～800亩分2组轮灌	混流泵	1-1-1
2					离心泵	1-1-2
3					潜水泵	1-1-3
4					轴流泵	1-1-4
5	一端布置	1 d	“丰”字型	100亩以下续灌,100～300亩分2组轮灌,300～500亩分3组轮灌,500～800亩分4组轮灌	混流泵	1-1-5
6					离心泵	1-1-6
7					潜水泵	1-1-7
8					轴流泵	1-1-8

（续表）

序号	泵站位置	泡田时间	系统布置	轮灌制度	泵型选择	附表
9	一端布置	2 d	“丰”字型	100 亩以下续灌，100～300 亩续灌，300～500 亩分 2 组轮灌，500～800 亩分 2 组轮灌	混流泵	1-2-1
10					离心泵	1-2-2
11					潜水泵	1-2-3
12					轴流泵	1-2-4
13	一端布置	2 d	“丰”字型	100 亩以下续灌，100～300 亩分 2 组轮灌，300～500 亩分 3 组轮灌，500～800 亩分 4 组轮灌	混流泵	1-2-5
14					离心泵	1-2-6
15					潜水泵	1-2-7
16					轴流泵	1-2-8
17	一端布置	3 d	“丰”字型	100 亩以下续灌，100～300 亩续灌，300～500 亩分 2 组轮灌，500～800 亩分 2 组轮灌	混流泵	1-3-1
18					离心泵	1-3-2
19					潜水泵	1-3-3
20					轴流泵	1-3-4
21	一端布置	3 d	“丰”字型	100 亩以下续灌，100～300 亩分 2 组轮灌，300～500 亩分 3 组轮灌，500～800 亩分 4 组轮灌	混流泵	1-3-5
22					离心泵	1-3-6
23					潜水泵	1-3-7
24					轴流泵	1-3-8
25	一端布置	2 d	“丰”字型	100～300 亩续灌，300～500 亩分 2 组轮灌，500～800 亩分 2 组轮灌	混流泵（双泵）	1-4-1
26					离心泵（双泵）	1-4-2
27					潜水泵（双泵）	1-4-3
28					轴流泵（双泵）	1-4-4
29	一端布置	2 d	“丰”字型	100～300 亩分 2 组轮灌，300～500 亩分 3 组轮灌，500～800 亩分 4 组轮灌	混流泵（双泵）	1-4-5
30					离心泵（双泵）	1-4-6
31					潜水泵（双泵）	1-4-7
32					轴流泵（双泵）	1-4-8
33	一端布置	3 d	“丰”字型	100～300 亩续灌，300～500 亩分 2 组轮灌，500～800 亩分 2 组轮灌	混流泵（双泵）	1-5-1
34					离心泵（双泵）	1-5-2
35					潜水泵（双泵）	1-5-3
36					轴流泵（双泵）	1-5-4
37	一端布置	3 d	“丰”字型	100～300 亩分 2 组轮灌，300～500 亩分 3 组轮灌，500～800 亩分 4 组轮灌	混流泵（双泵）	1-5-5
38					离心泵（双泵）	1-5-6
39					潜水泵（双泵）	1-5-7
40					轴流泵（双泵）	1-5-8
41	一端布置	5 d	“丰”字型	100～300 亩续灌，300～500 亩分 2 组轮灌，500～800 亩分 2 组轮灌	混流泵（双泵）	1-6-1
42					离心泵（双泵）	1-6-2
43					潜水泵（双泵）	1-6-3
44					轴流泵（双泵）	1-6-4

（续表）

序号	泵站位置	泡田时间	系统布置	轮灌制度	泵型选择	附表
45	一端布置	5 d	“丰”字型	100～300 亩分 2 组轮灌，300～500 亩分 3 组轮灌，500～800 亩分 4 组轮灌	混流泵(双泵)	1-6-5
46					离心泵(双泵)	1-6-6
47					潜水泵(双泵)	1-6-7
48					轴流泵(双泵)	1-6-8
49	一端布置	1 d	“E”字型	100 亩以下续灌，100～300 亩续灌，300～500 亩分 2 组轮灌，500～800 亩分 2 组轮灌	混流泵	2-1-1
50					离心泵	2-1-2
51					潜水泵	2-1-3
52					轴流泵	2-1-4
53	一端布置	1 d	“E”字型	100 亩以下续灌，100～300 亩分 2 组轮灌，300～500 亩分 3 组轮灌，500～800 亩分 4 组轮灌	混流泵	2-1-5
54					离心泵	2-1-6
55					潜水泵	2-1-7
56					轴流泵	2-1-8
57	一端布置	2 d	“E”字型	100 亩以下续灌，100～300 亩续灌，300～500 亩分 2 组轮灌，500～800 亩分 2 组轮灌	混流泵	2-2-1
58					离心泵	2-2-2
59					潜水泵	2-2-3
60					轴流泵	2-2-4
61	一端布置	2 d	“E”字型	100 亩以下续灌，100～300 亩分 2 组轮灌，300～500 亩分 3 组轮灌，500～800 亩分 4 组轮灌	混流泵	2-2-5
62					离心泵	2-2-6
63					潜水泵	2-2-7
64					轴流泵	2-2-8
65	一端布置	3 d	“E”字型	100 亩以下续灌，100～300 亩续灌，300～500 亩分 2 组轮灌，500～800 亩分 2 组轮灌	混流泵	2-3-1
66					离心泵	2-3-2
67					潜水泵	2-3-3
68					轴流泵	2-3-4
69	一端布置	3 d	“E”字型	100 亩以下续灌，100～300 亩分 2 组轮灌，300～500 亩分 3 组轮灌，500～800 亩分 4 组轮灌	混流泵	2-3-5
70					离心泵	2-3-6
71					潜水泵	2-3-7
72					轴流泵	2-3-8
73	一端布置	2 d	“E”字型	100～300 亩续灌，300～500 亩分 2 组轮灌，500～800 亩分 2 组轮灌	混流泵(双泵)	2-4-1
74					离心泵(双泵)	2-4-2
75					潜水泵(双泵)	2-4-3
76					轴流泵(双泵)	2-4-4
77	一端布置	2 d	“E”字型	100～300 亩分 2 组轮灌，300～500 亩分 3 组轮灌，500～800 亩分 4 组轮灌	混流泵(双泵)	2-4-5
78					离心泵(双泵)	2-4-6
79					潜水泵(双泵)	2-4-7
80					轴流泵(双泵)	2-4-8

（续表）

序号	泵站位置	泡田时间	系统布置	轮灌制度	泵型选择	附表
81	一端布置	3 d	“E”字型	100～300 亩续灌，300～500 亩分 2 组轮灌，500～800 亩分 2 组轮灌	混流泵（双泵）	2-5-1
82					离心泵（双泵）	2-5-2
83					潜水泵（双泵）	2-5-3
84					轴流泵（双泵）	2-5-4
85	一端布置	3 d	“E”字型	100～300 亩分 2 组轮灌，300～500 亩分 3 组轮灌，500～800 亩分 4 组轮灌	混流泵（双泵）	2-5-5
86					离心泵（双泵）	2-5-6
87					潜水泵（双泵）	2-5-7
88					轴流泵（双泵）	2-5-8
89	一端布置	5 d	“E”字型	100～300 亩续灌，300～500 亩分 2 组轮灌，500～800 亩分 2 组轮灌	混流泵（双泵）	2-6-1
90					离心泵（双泵）	2-6-2
91					潜水泵（双泵）	2-6-3
92					轴流泵（双泵）	2-6-4
93	一端布置	5 d	“E”字型	100～300 亩分 2 组轮灌，300～500 亩分 3 组轮灌，500～800 亩分 4 组轮灌	混流泵（双泵）	2-6-5
94					离心泵（双泵）	2-6-6
95					潜水泵（双泵）	2-6-7
96					轴流泵（双泵）	2-6-8
97	居中布置	1 d	“丰”字型	100 亩以下续灌，100～300 亩续灌，300～500 亩分 2 组轮灌，500～800 亩分 2 组轮灌	混流泵	3-1-1
98					离心泵	3-1-2
99					潜水泵	3-1-3
100					轴流泵	3-1-4
101	居中布置	1 d	“丰”字型	100 亩以下续灌，100～300 亩分 2 组轮灌，300～500 亩分 3 组轮灌，500～800 亩分 4 组轮灌	混流泵	3-1-5
102					离心泵	3-1-6
103					潜水泵	3-1-7
104					轴流泵	3-1-8
105	居中布置	2 d	“丰”字型	100 亩以下续灌，100～300 亩续灌，300～500 亩分 2 组轮灌，500～800 亩分 2 组轮灌	混流泵	3-2-1
106					离心泵	3-2-2
107					潜水泵	3-2-3
108					轴流泵	3-2-4
109	居中布置	2 d	“丰”字型	100 亩以下续灌，100～300 亩分 2 组轮灌，300～500 亩分 3 组轮灌，500～800 亩分 4 组轮灌	混流泵	3-2-5
110					离心泵	3-2-6
111					潜水泵	3-2-7
112					轴流泵	3-2-8
113	居中布置	3 d	“丰”字型	100 亩以下续灌，100～300 亩续灌，300～500 亩分 2 组轮灌，500～800 亩分 2 组轮灌	混流泵	3-3-1
114					离心泵	3-3-2
115					潜水泵	3-3-3
116					轴流泵	3-3-4

（续表）

序号	泵站位置	泡田时间	系统布置	轮灌制度	泵型选择	附表
117	居中布置	3 d	“丰”字型	100 亩以下续灌，100～300 亩分 2 组轮灌，300～500 亩分 3 组轮灌，500～800 亩分 4 组轮灌	混流泵	3-3-5
118					离心泵	3-3-6
119					潜水泵	3-3-7
120					轴流泵	3-3-8
121	居中布置	2 d	“丰”字型	100～300 亩续灌，300～500 亩分 2 组轮灌，500～800 亩分 2 组轮灌	混流泵（双泵）	3-4-1
122					离心泵（双泵）	3-4-2
123					潜水泵（双泵）	3-4-3
124					轴流泵（双泵）	3-4-4
125	居中布置	2 d	“丰”字型	100～300 亩分 2 组轮灌，300～500 亩分 3 组轮灌，500～800 亩分 4 组轮灌	混流泵（双泵）	3-4-5
126					离心泵（双泵）	3-4-6
127					潜水泵（双泵）	3-4-7
128					轴流泵（双泵）	3-4-8
129	居中布置	3 d	“丰”字型	100～300 亩续灌，300～500 亩分 2 组轮灌，500～800 亩分 2 组轮灌	混流泵（双泵）	3-5-1
130					离心泵（双泵）	3-5-2
131					潜水泵（双泵）	3-5-3
132					轴流泵（双泵）	3-5-4
133	居中布置	3 d	“丰”字型	100～300 亩分 2 组轮灌，300～500 亩分 3 组轮灌，500～800 亩分 4 组轮灌	混流泵（双泵）	3-5-5
134					离心泵（双泵）	3-5-6
135					潜水泵（双泵）	3-5-7
136					轴流泵（双泵）	3-5-8
137	居中布置	5 d	“丰”字型	100～300 亩续灌，300～500 亩分 2 组轮灌，500～800 亩分 2 组轮灌	混流泵（双泵）	3-6-1
138					离心泵（双泵）	3-6-2
139					潜水泵（双泵）	3-6-3
140					轴流泵（双泵）	3-6-4
141	居中布置	5 d	“丰”字型	100～300 亩分 2 组轮灌，300～500 亩分 3 组轮灌，500～800 亩分 4 组轮灌	混流泵（双泵）	3-6-5
142					离心泵（双泵）	3-6-6
143					潜水泵（双泵）	3-6-7
144					轴流泵（双泵）	3-6-8
145	居中布置	1 d	“E”字型	100 亩以下续灌，100～300 亩续灌，300～500 亩分 2 组轮灌，500～800 亩分 2 组轮灌	混流泵	4-1-1
146					离心泵	4-1-2
147					潜水泵	4-1-3
148					轴流泵	4-1-4
149	居中布置	1 d	“E”字型	100 亩以下续灌，100～300 亩分 2 组轮灌，300～500 亩分 3 组轮灌，500～800 亩分 4 组轮灌	混流泵	4-1-5
150					离心泵	4-1-6
151					潜水泵	4-1-7
152					轴流泵	4-1-8

（续表）

序号	泵站位置	泡田时间	系统布置	轮灌制度	泵型选择	附表
153	居中布置	2 d	“E”字型	100 亩以下续灌，100～300 亩续灌，300～500 亩分 2 组轮灌，500～800 亩分 2 组轮灌	混流泵	4-2-1
154					离心泵	4-2-2
155					潜水泵	4-2-3
156					轴流泵	4-2-4
157	居中布置	2 d	“E”字型	100 亩以下续灌，100～300 亩分 2 组轮灌，300～500 亩分 3 组轮灌，500～800 亩分 4 组轮灌	混流泵	4-2-5
158					离心泵	4-2-6
159					潜水泵	4-2-7
160					轴流泵	4-2-8
161	居中布置	3 d	“E”字型	100 亩以下续灌，100～300 亩续灌，300～500 亩分 2 组轮灌，500～800 亩分 2 组轮灌	混流泵	4-3-1
162					离心泵	4-3-2
163					潜水泵	4-3-3
164					轴流泵	4-3-4
165	居中布置	3 d	“E”字型	100 亩以下续灌，100～300 亩分 2 组轮灌，300～500 亩分 3 组轮灌，500～800 亩分 4 组轮灌	混流泵	4-3-5
166					离心泵	4-3-6
167					潜水泵	4-3-7
168					轴流泵	4-3-8
169	居中布置	2 d	“E”字型	100～300 亩续灌，300～500 亩分 2 组轮灌，500～800 亩分 2 组轮灌	混流泵（双泵）	4-4-1
170					离心泵（双泵）	4-4-2
171					潜水泵（双泵）	4-4-3
172					轴流泵（双泵）	4-4-4
173	居中布置	2 d	“E”字型	100～300 亩分 2 组轮灌，300～500 亩分 3 组轮灌，500～800 亩分 4 组轮灌	混流泵（双泵）	4-4-5
174					离心泵（双泵）	4-4-6
175					潜水泵（双泵）	4-4-7
176					轴流泵（双泵）	4-4-8
177	居中布置	3 d	“E”字型	100～300 亩续灌，300～500 亩分 2 组轮灌，500～800 亩分 2 组轮灌	混流泵（双泵）	4-5-1
178					离心泵（双泵）	4-5-2
179					潜水泵（双泵）	4-5-3
180					轴流泵（双泵）	4-5-4
181	居中布置	3 d	“E”字型	100～300 亩分 2 组轮灌，300～500 亩分 3 组轮灌，500～800 亩分 4 组轮灌	混流泵（双泵）	4-5-5
182					离心泵（双泵）	4-5-6
183					潜水泵（双泵）	4-5-7
184					轴流泵（双泵）	4-5-8
185	居中布置	5 d	“E”字型	100～300 亩续灌，300～500 亩分 2 组轮灌，500～800 亩分 2 组轮灌	混流泵（双泵）	4-6-1
186					离心泵（双泵）	4-6-2
187					潜水泵（双泵）	4-6-3
188					轴流泵（双泵）	4-6-4

（续表）

序号	泵站位置	泡田时间	系统布置	轮灌制度	泵型选择	附表
189	居中布置	5 d	“E”字型	100～300 亩分 2 组轮灌，300～500 亩分 3 组轮灌，500～800 亩分 4 组轮灌	混流泵（双泵）	4-6-5
190					离心泵（双泵）	4-6-6
191					潜水泵（双泵）	4-6-7
192					轴流泵（双泵）	4-6-8

3.3 定型设计成果分析

根据以上设计参数，以工程中常用的混流泵、潜水泵、离心泵作为典型；以泵站居中布置、管道“丰”字型布局，泡田期 3 d，泡田定额 100 m^3/亩，作为典型设计，对设计成果进行分析。

3.3.1 定型设计成果

（1）潜水泵、泵站居中布置、管道“丰”字型布局

泵型采用潜水泵、泵站居中布置、管道“丰”字型布局时，其水泵选型及管道规格选用结果见表 3-3。

（2）混流泵、泵站居中布置、管道“丰”字型布局

泵型采用混流泵、泵站居中布置、管道“丰”字型布局时，其水泵选型及管道规格选用结果见表 3-4。

（3）离心泵、泵站居中布置、管道“丰”字型布局

泵型采用离心泵、泵站居中布置、管道“丰”字型布局时，其水泵选型及管道规格选用结果见表 3-5。

3.3.2 单位面积投资分析

（1）单位面积投资比较

泵站居中布置、管道“丰”字型布局，泡田期 3 d，泡田定额 100 m^3/亩时，对轴流泵、混流泵、离心泵、潜水泵单位面积投资进行分析，结果见图 3-1。

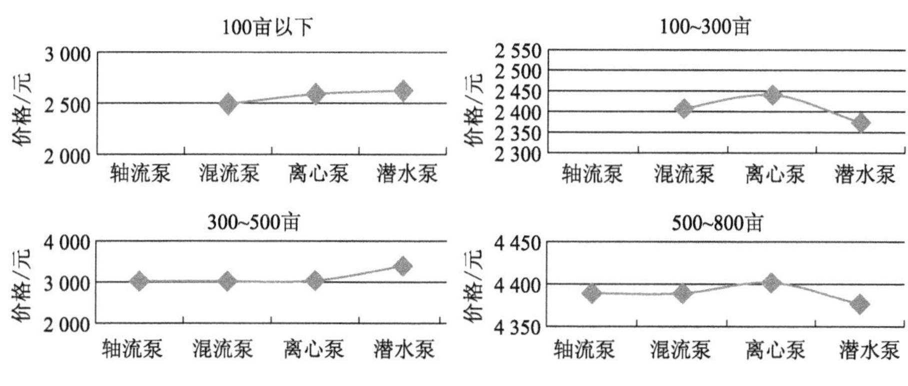

图 3-1　轴流泵、混流泵、离心泵、潜水泵单位面积投资

表 3-3　潜水泵选型结果

作物	经营方式	面积/亩	田面与常水位高差/m	泵型	泵站位置	管网布置形式	泡田时间/d	工作制度	轮灌组数	选泵流量/(m^3/h)	选泵扬程/m	水泵选择	硬塑料管选用规格/mm		
													干管	分干管	支管
稻麦轮作	土地流转农场经营	100 以下	0.5～2.0	潜水泵	居中	“丰”字型	3	续灌	1	207	1.0～4.0	无			
		100～300						轮灌	2	621		无			
		300～500						轮灌	3	1 035		一台 350QZ-100 泵，−4°，n=1 450 r/min，D=300 mm	630	630	400
		500～800						轮灌	4	1 656		一台 500QZ-100D 泵，0°，n=740 r/min，D=450 mm	800	800	500
稻麦轮作	土地流转农场经营	100 以下	2.0～4.0	潜水泵	居中	“丰”字型	3	续灌	1	207	3.6～7.2	一台 150QW210-7-7.5 泵，n=1 460 r/min	280		280
		100～300						轮灌	2	621		一台 250QW600-7-22 泵，n=980 r/min	500	500	280
		300～500						轮灌	3	1 035		一台 350QZ-100 泵，+2°，n=1 450 r/min，D=300 mm	630	630	355
		500～800						轮灌	4	1 656		一台 500QZ-70 泵，−4°，n=980 r/min，D=450 mm	800	800	400
稻麦轮作	土地流转农场经营	100 以下	4.0～8.0	潜水泵	居中	“丰”字型	3	续灌	1	207	6.0～12.0	一台 150QW200-10-11 泵，n=1 450 r/min	280		200
		100～300						轮灌	2	621		一台 250QW600-15-45 泵，n=980 r/min	500	500	250
		300～500						轮灌	3	1 035		一台 350QW1200-15-75 泵，n=980 r/min	710	630	355
		500～800						轮灌	4	1 656		两台 300QW900-15-55 泵，n=980 r/min	800	800	400
稻麦轮作	土地流转农场经营	100 以下	8.0～12.0	潜水泵	居中	“丰”字型	3	续灌	1	207	12.0～18.0	一台 150QW200-22-22 泵，n=980 r/min	280		200
		100～300						轮灌	2	621		一台 250QW600-20-55 泵，n=980 r/min	500	500	250
		300～500						轮灌	3	1 035		一台 500QH-40 泵，−4°，n=1 450 r/min，D=333 mm	630	630	315
		500～800						轮灌	4	1 656		一台 500QH-40 泵，+2°，n=1 450 r/min，D=333 mm	800	800	400
稻麦轮作	土地流转农场经营	100 以下	12.0～15.0	潜水泵	居中	“丰”字型	3	续灌	1	207	18.0～22.5	一台 150QW200-22-22 泵，n=980 r/min	280		225
		100～300						轮灌	2	621		一台 250QW600-20-75 泵，n=990 r/min	500	500	250
		300～500						轮灌	3	1 035		一台 300QW1000-22-90 泵，n=980 r/min	630	630	315
		500～800						轮灌	4	1 656		一台 400QW1700-22-160 泵，n=740 r/min	800	800	400

表 3-4　混流泵选型结果表

作物	经营方式	面积/亩	田面与常水位高差/m	泵型	泵站位置	管网布置形式	泡田时间/d	工作制度	轮灌组数	选泵流量/(m^3/h)	选泵扬程/m	水泵选择	硬塑料管选用规格/mm		
													干管	分干管	支管
稻麦轮作	土地流转农场经营	100 以下	0.5～2.0	混流泵	居中	“丰”字型	3	续灌	1	207	1.0～4.0	一台 200HW-5 泵，n=1 450 r/min，D=138 mm	315		280
		100～300						轮灌	2	621		一台 300HW-8 泵，n=970 r/min，D=226 mm	500	500	315
		300～500						轮灌	3	1 035		两台 300HW-8B 泵，n=980 r/min，D=209 mm	630	630	400
		500～800						轮灌	4	1 656		两台 350HW-8B 泵，n=980 r/min，D=235 mm	800	800	450
稻麦轮作	土地流转农场经营	100 以下	2.0～4.0	混流泵	居中	“丰”字型	3	续灌	1	207	3.6～7.2	一台 150HW-6B 泵，n=1 800 r/min，D=158 mm	280		250
		100～300						轮灌	2	621		一台 300HW-12 泵，n=970 r/min，D=277 mm	500	500	280
		300～500						轮灌	3	1 035		一台 300HW-8B 泵，n=980 r/min，D=305 mm	630	630	355
		500～800						轮灌	4	1 656		一台 400HW-7B 泵，n=980 r/min，D=326 mm	800	800	400
稻麦轮作	土地流转农场经营	100 以下	4.0～8.0	混流泵	居中	“丰”字型	3	续灌	1	207	6.0～12.0	无			
		100～300						轮灌	2	621		一台 250HW-8C 泵，n=1 450 r/min，D=244 mm	500	500	280
		300～500						轮灌	3	1 035		一台 300HW-7C 泵，n=1 300 r/min，D=288 mm	630	630	355
		500～800						轮灌	4	1 656		一台 400HW-7B 泵，n=980 r/min，D=374 mm	800	800	400
稻麦轮作	土地流转农场经营	100 以下	8.0～12.0	混流泵	居中	“丰”字型	3	续灌	1	207	12.0～18.0	无			
		100～300						轮灌	2	621		无			
		300～500						轮灌	3	1 035		一台 500QH-40 泵，−4°，n=1 450 r/min，D=333 mm	630	630	315
		500～800						轮灌	4	1 656		一台 500QH-40 泵，+2°，n=1 450 r/min，D=333 mm	800	800	400
稻麦轮作	土地流转农场经营	100 以下	12.0～15.0	混流泵	居中	“丰”字型	3	续灌	1	207	18.0～22.5	无			
		100～300						轮灌	2	621		无			
		300～500						轮灌	3	1 035		一台 350HLD-21 泵，n=1 480 r/min，D=362 mm	630	630	315
		500～800						轮灌	4	1 656		一台 500HLD-15 泵，n=980 r/min，D=472 mm	800	800	450

表 3-5 离心泵选型结果表

作物	经营方式	面积/亩	田面与常水位高差/m	泵型	泵站位置	管网布置形式	泡田时间/d	工作制度	轮灌组数	选泵流量/(m^3/h)	选泵扬程/m	水泵选择	硬塑料管选用规格/mm		
													干管	分干管	支管
稻麦轮作	土地流转农场经营	100 以下	0.5～2.0	离心泵	居中	“丰”字型	3	续灌	1	207	1.0～4.0	无			
		100～300						轮灌	2	621		无			
		300～500						轮灌	3	1 035		无			
		500～800						轮灌	4	1 656		无			
稻麦轮作	土地流转农场经营	100 以下	2.0～4.0	离心泵	居中	“丰”字型	3	续灌	1	207	3.6～7.2	一台 ISG200－250(I)B 泵，n＝1 480 r/min，D＝185 mm	280		250
		100～300						轮灌	2	621		一台 300S-12 泵，n＝1 480 r/min，D＝201 mm	500	500	280
		300～500						轮灌	3	1 035		一台 350S-16 泵，n＝1 480 r/min，D＝220 mm	630	630	355
		500～800						轮灌	4	1 656		一台 500S-16 泵，n＝970 r/min，D＝317 mm	800	800	400
稻麦轮作	土地流转农场经营	100 以下	4.0～8.0	离心泵	居中	“丰”字型	3	续灌	1	207	6.0～12.0	一台 ISG150－200 泵，n＝1 480 r/min，D＝217 mm	280		250
		100～300						轮灌	2	621		一台 300S-19 泵，n＝1 480 r/min，D＝242 mm	500	500	280
		300～500						轮灌	3	1 035		一台 350S-26 泵，n＝1 480 r/min，D＝265 mm	630	630	355
		500～800						轮灌	4	1 656		一台 500S-13 泵，n＝970 r/min，D＝371 mm	800	800	400
稻麦轮作	土地流转农场经营	100 以下	8.0～12.0	离心泵	居中	“丰”字型	3	续灌	1	207	12.0～18.0	一台 ISG150－250 泵，n＝1 480 r/min，D＝261 mm	280		225
		100～300						轮灌	2	621		一台 ISG300－250 泵，n＝1 480 r/min，D＝292 mm	500	500	250
		300～500						轮灌	3	1 035		一台 350S-26 泵，n＝1 480 r/min，D＝297 mm	630	630	315
		500～800						轮灌	4	1 656		一台 24SH-19 泵，n＝970 r/min，D＝399 mm	800	800	400
稻麦轮作	土地流转农场经营	100 以下	12.0～15.0	离心泵	居中	“丰”字型	3	续灌	1	207	18.0～22.5	一台 200S-42 泵，n＝2 950 r/min，D＝156 mm	280		225
		100～300						轮灌	2	621		一台 ISG350－315 泵，n＝1 480 r/min，D＝284 mm	500	500	250
		300～500						轮灌	3	1 035		一台 350S-26 泵，n＝1 480 r/min，D＝319 mm	630	630	315
		500～800						轮灌	4	1 656		一台 500S-35 泵，n＝970 r/min，D＝477 mm	800	800	400

（2）结论

① 由典型设计可以看出：稻麦轮作、泵站居中、“丰”字型，无论采用离心泵、混流泵或潜水泵，面积为 100～300 亩时，单位面积投资变化不大；但随着面积的增大，单位面积投资也随之增大，如面积为 800 亩时单位面积投资是 300 亩时的 2.0 倍左右。因此，管道灌溉发展面积以 300 亩左右为宜。

② “E”字型布局时，其规律与“丰”字型布局规律基本相同。

3.4 优化设计结论

对不同泵型、不同布置形式、不同泡田期、不同面积的单位面积投资进行分析，分析结果如下。

（1）低压管道灌溉发展面积以 300 亩左右为宜，一般不超过 300 亩。

（2）灌溉水源常水位至典型田面高程的高差在 0.5～2.0 m、面积为 100 亩左右时，优先采用混流泵；面积为 300 亩及以上时，可采用潜水泵。

灌溉水源常水位至典型田面高程的高差大于 2.0 m 时，建议优先采用潜水泵；其次为混流泵、离心泵。

（3）轮灌工作制度：100 亩以下可采用续灌；大于 100 亩时按支管轮灌；轮灌有困难的地区安装变频器。

（4）泡田时间以 3 d 为宜；管网布置优先采用“丰”字型；泵站尽量居中布置。

4

小型机电灌区灌溉智能泵站-管道系统一体化定型设计

4.1 一体式智能泵站

4.1.1 问题提出

我国灌溉泵站数量众多，大多采用砖混结构泵房，形式不一，泵站自动化水平低、功能单一，施工耗时长、质量难保证，已不能适应现代农业发展和新农村建设的需要。

扬州大学研发团队在水利部公益性行业专项——南方地区农田水利田间工程标准化研究(201001050)、水利部技术示范项目——田间工程装配式建筑物的应用研究与推广(SF-201617)、江苏省重大水利科技项目——江苏省农业节水关键技术研究与推广(2016002)等项目资助下，从 2010 年开始研发，历经 6 代产品，研制了系列一体式智能化装配泵站。

该泵站除了一体式装配泵房外，还具有现场启动[刷卡(脸)、指纹、按钮等]，远程启动(手机启动、电脑启动)，恒压变频，量水，水质过滤与水肥一体精准灌溉，数据远传，现场与远程防盗报警及防雷、温度湿度监控以及过载、过压、欠压、漏水、漏电保护等多种功能。

该研发项目已拥有 6 项专利(包含一体式混流泵、离心泵、轴流泵、潜水泵泵站，智能控制器、新型量水计等)；获得省部奖 2 项、市厅奖 2 项。

4.1.2 创新点

原创一体机柜泵房：一体装配式机柜泵房主要由机架和柜体组装而成，拥有 4 项原创知识产权，见图 4-1。其主要优点是：易装易拆，可重复使用；占地少，一般 250 型、350 型水泵泵房仅需要 4 m^2；工期快，泵房基础施工强度符合要求后现场组装仅需 3 h，整体吊装仅需 0.5 h 左右；质量好，采用的不锈钢喷塑面板、不锈钢骨架强度高，耐久性好，质量有保障。

图 4-1 泵房外观

开创全新计量方式： 传统水量计量有的需要一定的条件，有的准确性不高、操作比较烦琐，有的价格昂贵。为此，研发团队提出了一种全新的水量计量方式，通过实测水泵进出水口管道压力和水源水位，便可精确计算出泵站出水量，且价格低于同类产品，拥有 1 项原创知识产权。

首创过程标准设计： 采用菜单选项，给出了卧式混流泵（离心泵）、立式混流泵（离心泵）、立式轴流泵、潜水泵等系列一体式智能化装配泵站的水泵选型、电机规格与泵房尺寸，及对应的过滤、施肥标准房等，实现快速设计和产品的标准化、定型化。

集创智能控制系统： 集成创新泵站的智能控制系统，拥有 1 项原创知识产权。装配的一体式智能化装配泵站可以现场刷卡（脸）、指纹、按钮启动，远程手机、电脑启动；根据需要可以集成恒压变频、水量计量、水质过滤与水肥一体化等装置，实现精准灌溉、精确施肥；可实现数据远传，现场与远程防盗报警及防雷，温度湿度监控，以及过载、过压、欠压、漏水、漏电保护等电机保护功能。用户可根据实际情况选用相应的功能。

4.1.3 主要功能

四创一体式智能化装配泵站主要由机柜、水泵（混流泵、离心泵、轴流泵、潜水泵）、电机、量水及智能控制箱（含启动方式、配电设备、控制器、保护装置、温度湿度监控、防盗报警、恒压变频、数据远传、新型量水计）、进出水连接管等组成。

（1）现场远程启动

现场除按钮启动外，可再选刷卡、刷脸、指纹启动等，如图 4-2 所示；远程启动方式可选手机 App 启动或电脑启动，如图 4-3 所示；针对混流泵（离心泵），采用免抽真空和注水自动启动方式，如图 4-4 所示。

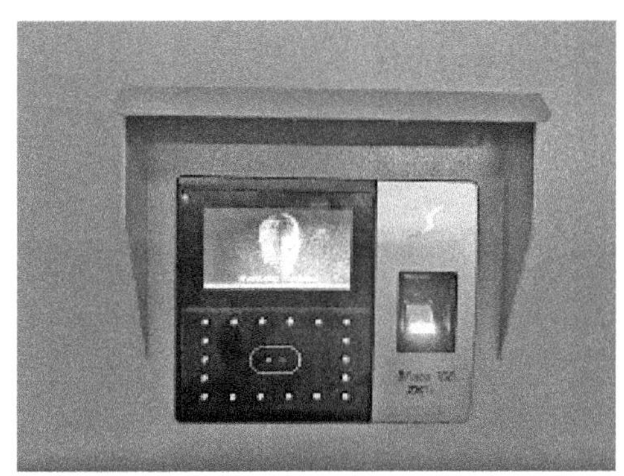

图 4-2　现场启动设备

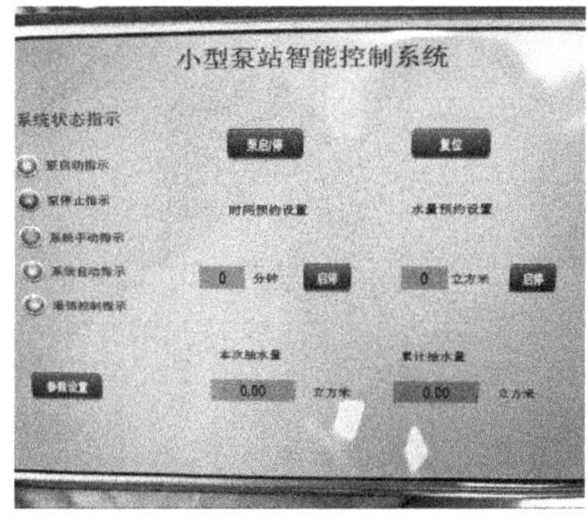

图 4-3　手机 App 启动

（2）定时定量控制

根据需求实施灌溉，实现抽水时间定时或灌水量定量开停机；也可实现远程定时或定量控制开停机等。

（3）新型精准量水

通过实测水泵进出水口管道压力和水源水位两个参数，便可较精确地对水泵抽水量进行计量，价格比同类产品低，实现了新型精准量水。

（4）恒压变频调节

难于轮灌或灌溉无序的灌区，应加装恒压变频器（或恒压罐等设施），使得灌溉水量、压力均匀有序，见图 4-5。

图 4-4　混流泵（离心泵）注水自动启动装置

图 4-5　恒压变频器

（5）水肥一体灌溉

根据需要（喷灌、滴灌和小管出流等工程）加装过滤器和水肥一体装置，实现水肥一体化灌溉，如图 4-6 所示。

图 4-6　过滤器和水肥一体化装置图

（6）实施数据远传

能将现场采集的电量、水量等一系列信息传输至控制中心，或传输至指定用户移动端（手机）。

（7）视频远程监视

视频监视系统可以提供 2～3 路网络视频球机探头，实时监视泵站内设备运行情况以及泵站外进、出水池及泵站四周等实时状况。根据需要可以调节转动球机探头，通过移动设备(手机)远程实时控制球机探头，以获取现状照片或视频图像信息。

(8) 全程智能保护

智能泵房实现温度湿度监控、防雷等保护；主电机实现过载、过压、欠压、过热等保护，潜水泵能实现漏水、漏电等保护。

(9) 红外防盗报警

实现小型灌溉泵站在非运行期间无人值守的安全防盗问题。在泵站门口设有红外探头，如在一定时间内不能确认进入者的合法身份或进入者没有及时离开，系统将发出声光报警，并将进入信息及现场抓拍照片发送至管理者手机，如图 4-7 所示。

图 4-7　监视与报警设备

4.2　机泵与管道系统定型设计

为解决目前管道灌溉推广中出现的水量、水压不稳定，电费高等一系列工程问题，针对小型机电管道灌区给出了菜单选项、定型设计方案。

根据如图 1-1 所示的选项，编者进行高效节水灌溉系统一体式泵站定型设计，研发了一体化定型智能泵站＋定型干支管道＋定型连接件的系列产品，可参见表 3-2。

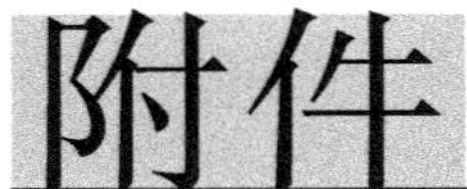

江苏省稻麦轮作区低压管道灌溉定型设计

附表 1-1 泵站一端布置、泡田时间 1 d,“丰”字型布局

轮灌组形式一：100 亩以下续灌,100～300 亩续灌,300～500 亩分 2 组轮灌,500～800 亩分 2 组轮灌

轮灌组形式二：100 亩以下续灌,100～300 亩分 2 组轮灌,300～500 亩分 3 组轮灌,500～800 亩分 4 组轮灌

附表 1-1-1 泵站一端布置、泡田时间 1 d,“丰”字型布局,轮灌组形式一,混流泵

作物	经营方式	面积/亩	田面与常水位高差/m	泵型	泵站位置	管网布置形式	泡田时间/d	工作制度	轮灌组数	选泵流量/(m^3/h)	选泵扬程/m	水泵选择	硬塑料管选用规格/mm	
													干管	支管
稻麦轮作	土地流转农场经营	100 以下	0.5～2.0	混流泵	一端	“丰”字型	1	续灌	1	626	1.0～4.0	一台 300HW-8 泵,n=970 r/min,D=226 mm	500	400
		100～300						续灌	1	1 877		一台 650HW-7A 泵,n=450 r/min,D=424 mm	900	355
		300～500						轮灌	2	3 128			1 000	500
		500～800						轮灌	2	5 004				

注：附件表格中的空白项表示没有合适的选型。

（续表）

作物	经营方式	面积/亩	田面与常水位高差/m	泵型	泵站位置	管网布置形式	泡田时间/d	工作制度	轮灌组数	选泵流量/(m^3/h)	选泵扬程/m	水泵选择	硬塑料管选用规格/mm	
													干管	支管
稻麦轮作	土地流转农场经营	100 以下	2.0～4.0	混流泵	一端	“丰”字型	1	续灌	1	626	3.6～7.2	一台 250HW-8C 泵，n=1 450 r/min，D=212 mm	500	355
		100～300						续灌	1	1 877			900	315
		300～500						轮灌	2	3 128		一台 650HW-7A 泵，n=450 r/min，D=606 mm	1 000	450
		500～800						轮灌	2	5 004				
稻麦轮作	土地流转农场经营	100 以下	4.0～8.0	混流泵	一端	“丰”字型	1	续灌	1	626	6.0～12.0	一台 300HW-12 泵，n=970 r/min，D=331 mm	500	355
		100～300						续灌	1	1 877		一台 400HW-10B 泵，n=980 r/min，D=394 mm	900	315
		300～500						轮灌	2	3 128			1 000	450
		500～800						轮灌	2	5 004				
稻麦轮作	土地流转农场经营	100 以下	8.0～12.0	混流泵	一端	“丰”字型	1	续灌	1	626	12.0～18.0			
		100～300						续灌	1	1 877		一台 400HW-10B 泵，n=980 r/min，D=439 mm	900	315
		300～500						轮灌	2	3 128			1 000	450
		500～800						轮灌	2	5 004				
稻麦轮作	土地流转农场经营	100 以下	12.0～15.0	混流泵	一端	“丰”字型	1	续灌	1	626	18.0～22.5			
		100～300						续灌	1	1 877				
		300～500						轮灌	2	3 128				
		500～800						轮灌	2	5 004				

附表 1-1-2　泵站一端布置、泡田时间 1 d,“丰”字型布局,轮灌组形式一,离心泵

作物	经营方式	面积/亩	田面与常水位高差/m	泵型	泵站位置	管网布置形式	泡田时间/d	工作制度	轮灌组数	选泵流量/(m^3/h)	选泵扬程/m	水泵选择	硬塑料管选用规格/mm 干管	硬塑料管选用规格/mm 支管
稻麦轮作	土地流转农场经营	100 以下	0.5～2.0	离心泵	一端	“丰”字型	1	续灌	1	626	1.0～4.0			
		100～300						续灌	1	1 877				
		300～500						轮灌	2	3 128				
		500～800						轮灌	2	5 004				
稻麦轮作	土地流转农场经营	100 以下	2.0～4.0	离心泵	一端	“丰”字型	1	续灌	1	626	3.6～7.2	一台 ISG350-235 泵,n=1 480 r/min,D=227 mm	500	355
		100～300						续灌	1	1 877		一台 500S-13 泵,n=970 r/min,D=337 mm	900	315
		300～500						轮灌	2	3 128			1 000	450
		500～800						轮灌	2	5 004				
稻麦轮作	土地流转农场经营	100 以下	4.0～8.0	离心泵	一端	“丰”字型	1	续灌	1	626	6.0～12.0	一台 300S-19 泵,n=1 480 r/min,D=243 mm	500	355
		100～300						续灌	1	1 877		一台 24SH-28 泵,n=970 r/min,D=323 mm	900	315
		300～500						轮灌	2	3 128		一台 24SH-28A 泵,n=970 r/min,D=401 mm	1 000	450
		500～800						轮灌	2	5 004				
稻麦轮作	土地流转农场经营	100 以下	8.0～12.0	离心泵	一端	“丰”字型	1	续灌	1	626	12.0～18.0	一台 300S-32 泵,n=1 480 r/min,D=283 mm	500	355
		100～300						续灌	1	1 877		一台 600S-32 泵,n=970 r/min,D=417 mm	900	315
		300～500						轮灌	2	3 128		一台 600S-22 泵,n=970 r/min,D=485 mm	1 000	450
		500～800						轮灌	2	5 004				
稻麦轮作	土地流转农场经营	100 以下	12.0～15.0	离心泵	一端	“丰”字型	1	续灌	1	626	18.0～22.5	一台 300S-32 泵,n=1 480 r/min,D=308 mm	500	355
		100～300						续灌	1	1 877		一台 500S-35 泵,n=970 r/min,D=495 mm	900	315
		300～500						轮灌	2	3 128		一台 24SH-19 泵,n=970 r/min,D=483 mm	1 000	450
		500～800						轮灌	2	5 004				

附表 1-1-3　泵站一端布置、泡田时间 1 d,"丰"字型布局,轮灌组形式一,潜水泵

作物	经营方式	面积/亩	田面与常水位高差/m	泵型	泵站位置	管网布置形式	泡田时间/d	工作制度	轮灌组数	选泵流量/(m^3/h)	选泵扬程/m	水泵选择	硬塑料管选用规格/mm 干管	支管
稻麦轮作	土地流转农场经营	100 以下	0.5～2.0	潜水泵	一端	"丰"字型	1	续灌	1	626	1.0～4.0			
		100～300						续灌	1	1 877		一台 500QZ-100D 泵,+4°,n=740 r/min,D=450 mm	900	315
		300～500						轮灌	2	3 128		一台 600QZ-70 泵,−2°,n=740 r/min,D=550 mm	1 000	500
		500～800						轮灌	2	5 004				
稻麦轮作	土地流转农场经营	100 以下	2.0～4.0	潜水泵	一端	"丰"字型	1	续灌	1	626	3.6～7.2	一台 250QW600-7-22 泵,n=980 r/min	500	355
		100～300						续灌	1	1 877		一台 500QZ-70 泵,−2°,n=980 r/min,D=450 mm	900	315
		300～500						轮灌	2	3 128		一台 700QZ-100 泵,−4°,n=740 r/min,D=600 mm	1 000	450
		500～800						轮灌	2	5 004				
稻麦轮作	土地流转农场经营	100 以下	4.0～8.0	潜水泵	一端	"丰"字型	1	续灌	1	626	6.0～12.0	一台 250QW600-15-45 泵,n=980 r/min	500	355
		100～300						续灌	1	1 877		一台 600QH-50 泵,−4°,n=980 r/min,D=470 mm	900	315
		300～500						轮灌	2	3 128		一台 700QH-50 泵,0°,n=740 r/min,D=572 mm	1 000	450
		500～800						轮灌	2	5 004				
稻麦轮作	土地流转农场经营	100 以下	8.0～12.0	潜水泵	一端	"丰"字型	1	续灌	1	626	12.0～18.0	一台 250QW600-20-55 泵,n=980 r/min	500	355
		100～300						续灌	1	1 877		一台 500QH-40 泵,+4°,n=1 450 r/min,D=333 mm	900	315
		300～500						轮灌	2	3 128				
		500～800						轮灌	2	5 004				
稻麦轮作	土地流转农场经营	100 以下	12.0～15.0	潜水泵	一端	"丰"字型	1	续灌	1	626	18.0～22.5	一台 250QW600-25-75 泵,n=990 r/min	500	355
		100～300						续灌	1	1 877				
		300～500						轮灌	2	3 128		一台 500QW3000-24-280 泵,n=740 r/min	1 000	450
		500～800						轮灌	2	5 004				

附表 1-1-4　泵站一端布置、泡田时间 1 d,“丰”字型布局,轮灌组形式一,轴流泵

作物	经营方式	面积/亩	田面与常水位高差/m	泵型	泵站位置	管网布置形式	泡田时间/d	工作制度	轮灌组数	选泵流量/(m^3/h)	选泵扬程/m	水泵选择	硬塑料管选用规格/mm	
													干管	支管
稻麦轮作	土地流转农场经营	100 以下	0.5～2.0	轴流泵	一端	“丰”字型	1	续灌	1	626	1.0～4.0	一台 350ZLB-125 泵,−6°,n=1 470 r/min,D=300 mm	500	400
		100～300						续灌	1	1 877		一台 500ZLB-100(980)泵,0°,n=980 r/min,D=450 mm	900	315
		300～500						轮灌	2	3 128		一台 500ZLB-85 泵,+3°,n=980 r/min,D=450 mm	1 000	500
		500～800						轮灌	2	5 004				
稻麦轮作	土地流转农场经营	100 以下	2.0～4.0	轴流泵	一端	“丰”字型	1	续灌	1	626	3.6～7.2			
		100～300						续灌	1	1 877		一台 350ZLB-100 泵,0°,n=1 470 r/min,D=300 mm	900	315
		300～500						轮灌	2	3 128				
		500～800						轮灌	2	5 004				
稻麦轮作	土地流转农场经营	100 以下	4.0～8.0	轴流泵	一端	“丰”字型	1	续灌	1	626	6.0～12.0			
		100～300						续灌	1	1 877				
		300～500						轮灌	2	3 128				
		500～800						轮灌	2	5 004				
稻麦轮作	土地流转农场经营	100 以下	8.0～12.0	轴流泵	一端	“丰”字型	1	续灌	1	626	12.0～18.0			
		100～300						续灌	1	1 877				
		300～500						轮灌	2	3 128				
		500～800						轮灌	2	5 004				
稻麦轮作	土地流转农场经营	100 以下	12.0～15.0	轴流泵	一端	“丰”字型	1	续灌	1	626	18.0～22.5			
		100～300						续灌	1	1 877				
		300～500						轮灌	2	3 128				
		500～800						轮灌	2	5 004				

附表 1-1-5　泵站一端布置、泡田时间 1 d,"丰"字型布局,轮灌组形式二,混流泵

作物	经营方式	面积/亩	田面与常水位高差/m	泵型	泵站位置	管网布置形式	泡田时间/d	工作制度	轮灌组数	选泵流量/(m^3/h)	选泵扬程/m	水泵选择	硬塑料管选用规格/mm 干管	支管
稻麦轮作	土地流转农场经营	100 以下	0.5～2.0	混流泵	一端	"丰"字型	1	续灌	1	626	1.0～4.0	一台 300HW-8 泵,n=970 r/min,D=226 mm	500	400
		100～300						轮灌	2	1 877		一台 650HW-7A 泵,n=450 r/min,D=424 mm	900	450
		300～500						轮灌	3	3 128		一台 650HW-7A 泵,n=450 r/min,D=509 mm	1 000	560
		500～800						轮灌	4	5 004				
稻麦轮作	土地流转农场经营	100 以下	2.0～4.0	混流泵	一端	"丰"字型	1	续灌	1	626	3.6～7.2	一台 250HW-8C 泵,n=1 450 r/min,D=212 mm	500	355
		100～300						轮灌	2	1 877				
		300～500						轮灌	3	3 128		一台 650HW-7A 泵,n=450 r/min,D=606 mm	1 000	560
		500～800						轮灌	4	5 004				
稻麦轮作	土地流转农场经营	100 以下	4.0～8.0	混流泵	一端	"丰"字型	1	续灌	1	626	6.0～12.0	一台 300HW-12 泵,n=970 r/min,D=331 mm	500	355
		100～300						轮灌	2	1 877		一台 400HW-10B 泵,n=980 r/min,D=394 mm	900	450
		300～500						轮灌	3	3 128				
		500～800						轮灌	4	5 004				
稻麦轮作	土地流转农场经营	100 以下	8.0～12.0	混流泵	一端	"丰"字型	1	续灌	1	626	12.0～18.0			
		100～300						轮灌	2	1 877		一台 400HW-10B 泵,n=980 r/min,D=439 mm	900	450
		300～500						轮灌	3	3 128				
		500～800						轮灌	4	5 004				
稻麦轮作	土地流转农场经营	100 以下	12.0～15.0	混流泵	一端	"丰"字型	1	续灌	1	626	18.0～22.5			
		100～300						轮灌	2	1 877				
		300～500						轮灌	3	3 128				
		500～800						轮灌	4	5 004				

附表 1-1-6　泵站一端布置、泡田时间 1 d,"丰"字型布局,轮灌组形式二,离心泵

作物	经营方式	面积/亩	田面与常水位高差/m	泵型	泵站位置	管网布置形式	泡田时间/d	工作制度	轮灌组数	选泵流量/(m^3/h)	选泵扬程/m	水泵选择	硬塑料管选用规格/mm	
													干管	支管
稻麦轮作	土地流转农场经营	100 以下	0.5～2.0	离心泵	一端	"丰"字型	1	续灌	1	626	1.0～4.0			
		100～300						轮灌	2	1 877				
		300～500						轮灌	3	3 128				
		500～800						轮灌	4	5 004				
稻麦轮作	土地流转农场经营	100 以下	2.0～4.0	离心泵	一端	"丰"字型	1	续灌	1	626	3.6～7.2	一台 ISG350-235 泵,n=1 480 r/min,D=227 mm	500	355
		100～300						轮灌	2	1 877		一台 500S-13 泵,n=970 r/min,D=337 mm	900	450
		300～500						轮灌	3	3 128				
		500～800						轮灌	4	5 004				
稻麦轮作	土地流转农场经营	100 以下	4.0～8.0	离心泵	一端	"丰"字型	1	续灌	1	626	6.0～12.0	一台 300S-19 泵,n=1 480 r/min,D=243 mm	500	355
		100～300						轮灌	2	1 877		一台 24SH-28 泵,n=970 r/min,D=323 mm	900	450
		300～500						轮灌	3	3 128		一台 24SH-28A 泵,n=970 r/min,D=401 mm	1 000	560
		500～800						轮灌	4	5 004				
稻麦轮作	土地流转农场经营	100 以下	8.0～12.0	离心泵	一端	"丰"字型	1	续灌	1	626	12.0～18.0	一台 300S-32 泵,n=1 480 r/min,D=283 mm	500	355
		100～300						轮灌	2	1 877		一台 600S-32 泵,n=970 r/min,D=417 mm	900	450
		300～500						轮灌	3	3 128		一台 600S-22 泵,n=970 r/min,D=485 mm	1 000	560
		500～800						轮灌	4	5 004				
稻麦轮作	土地流转农场经营	100 以下	12.0～15.0	离心泵	一端	"丰"字型	1	续灌	1	626	18.0～22.5	一台 300S-32 泵,n=1 480 r/min,D=308 mm	500	355
		100～300						轮灌	2	1 877		一台 500S-35 泵,n=970 r/min,D=495 mm	900	450
		300～500						轮灌	3	3 128		一台 24SH-19 泵,n=970 r/min,D=483 mm	1 000	560
		500～800						轮灌	4	5 004				

附表 1-1-7　泵站一端布置、泡田时间 1 d,"丰"字型布局,轮灌组形式二,潜水泵

作物	经营方式	面积/亩	田面与常水位高差/m	泵型	泵站位置	管网布置形式	泡田时间/d	工作制度	轮灌组数	选泵流量/(m^3/h)	选泵扬程/m	水泵选择	硬塑料管选用规格/mm	
													干管	支管
稻麦轮作	土地流转农场经营	100 以下	0.5～2.0	潜水泵	一端	"丰"字型	1	续灌	1	626	1.0～4.0			
		100～300						轮灌	2	1 877		一台 500QZ-100D 泵,+4°,n=740 r/min,D=450 mm	900	450
		300～500						轮灌	3	3 128		一台 600QZ-70 泵,−2°,n=740 r/min,D=550 mm	1 000	560
		500～800						轮灌	4	5 004				
稻麦轮作	土地流转农场经营	100 以下	2.0～4.0	潜水泵	一端	"丰"字型	1	续灌	1	626	3.6～7.2	一台 250QW600-7-22 泵,n=980 r/min	500	355
		100～300						轮灌	2	1 877		一台 500QZ-70 泵,−2°,n=980 r/min,D=450 mm	900	450
		300～500						轮灌	3	3 128		一台 700QZ-100 泵,−4°,n=740 r/min,D=600 mm	1 000	560
		500～800						轮灌	4	5 004				
稻麦轮作	土地流转农场经营	100 以下	4.0～8.0	潜水泵	一端	"丰"字型	1	续灌	1	626	6.0～12.0	一台 250QW600-15-45 泵,n=980 r/min	500	355
		100～300						轮灌	2	1 877		一台 600QH-50 泵,−4°,n=980 r/min,D=470 mm	900	450
		300～500						轮灌	3	3 128		一台 700QH-50 泵,0°,n=740 r/min,D=572 mm	1 000	560
		500～800						轮灌	4	5 004				
稻麦轮作	土地流转农场经营	100 以下	8.0～12.0	潜水泵	一端	"丰"字型	1	续灌	1	626	12.0～18.0	一台 250QW600-20-55 泵,n=980 r/min	500	355
		100～300						轮灌	2	1 877		一台 500QH-40 泵,+4°,n=1 450 r/min,D=333 mm	900	450
		300～500						轮灌	3	3 128				
		500～800						轮灌	4	5 004				
稻麦轮作	土地流转农场经营	100 以下	12.0～15.0	潜水泵	一端	"丰"字型	1	续灌	1	626	18.0～22.5	一台 250QW600-25-75 泵,n=990 r/min	500	355
		100～300						轮灌	2	1 877				
		300～500						轮灌	3	3 128		一台 500QW3000-24-280 泵,n=740 r/min	1 000	560
		500～800						轮灌	4	5 004				

附表 1-1-8　泵站一端布置、泡田时间 1 d,“丰”字型布局,轮灌组形式二,轴流泵

作物	经营方式	面积/亩	田面与常水位高差/m	泵型	泵站位置	管网布置形式	泡田时间/d	工作制度	轮灌组数	选泵流量/(m³/h)	选泵扬程/m	水泵选择	硬塑料管选用规格/mm	
													干管	支管
稻麦轮作	土地流转农场经营	100 以下	0.5～2.0	轴流泵	一端	“丰”字型	1	续灌	1	626	1.0～4.0	一台 350ZLB-125 泵,$-6°$,n=1 470 r/min,D=300 mm	500	400
		100～300						轮灌	2	1 877		一台 500ZLB-100(980)泵,0°,n=980 r/min,D=450 mm	900	450
		300～500						轮灌	3	3 128		一台 500ZLB-85 泵,$+3°$,n=980 r/min,D=450 mm	1 000	560
		500～800						轮灌	4	5 004				
稻麦轮作	土地流转农场经营	100 以下	2.0～4.0	轴流泵	一端	“丰”字型	1	续灌	1	626	3.6～7.2			
		100～300						轮灌	2	1 877		一台 350ZLB-100 泵,0°,n=1 470 r/min,D=300 mm	900	450
		300～500						轮灌	3	3 128				
		500～800						轮灌	4	5 004				
稻麦轮作	土地流转农场经营	100 以下	4.0～8.0	轴流泵	一端	“丰”字型	1	续灌	1	626	6.0～12.0			
		100～300						轮灌	2	1 877				
		300～500						轮灌	3	3 128				
		500～800						轮灌	4	5 004				
稻麦轮作	土地流转农场经营	100 以下	8.0～12.0	轴流泵	一端	“丰”字型	1	续灌	1	626	12.0～18.0			
		100～300						轮灌	2	1 877				
		300～500						轮灌	3	3 128				
		500～800						轮灌	4	5 004				
稻麦轮作	土地流转农场经营	100 以下	12.0～15.0	轴流泵	一端	“丰”字型	1	续灌	1	626	18.0～22.5			
		100～300						轮灌	2	1 877				
		300～500						轮灌	3	3 128				
		500～800						轮灌	4	5 004				

附表 1-2　泵站一端布置、泡田时间 2 d，“丰”字型布局

轮灌组形式一：100 亩以下续灌，100～300 亩续灌，300～500 亩分 2 组轮灌，500～800 亩分 2 组轮灌

轮灌组形式二：100 亩以下续灌，100～300 亩分 2 组轮灌，300～500 亩分 3 组轮灌，500～800 亩分 4 组轮灌

附表 1-2-1　泵站一端布置、泡田时间 2 d，“丰”字型布局，轮灌组形式一，混流泵

作物	经营方式	面积/亩	田面与常水位高差/m	泵型	泵站位置	管网布置形式	泡田时间/d	工作制度	轮灌组数	选泵流量/(m^3/h)	选泵扬程/m	水泵选择	硬塑料管选用规格/mm	
													干管	支管
稻麦轮作	土地流转农场经营	100 以下	0.5～2.0	混流泵	一端	“丰”字型	2	续灌	1	311	1.0～4.0	一台 250HW-7 泵，n=980 r/min，D=201 mm	355	315
		100～300						续灌	1	932				
		300～500						轮灌	2	1 553				
		500～800						轮灌	2	2 484		一台 650HW-7A 泵，n=450 r/min，D=462 mm	1 000	400
稻麦轮作	土地流转农场经营	100 以下	2.0～4.0	混流泵	一端	“丰”字型	2	续灌	1	311	3.6～7.2	一台 200HW-12 泵，n=1 450 r/min，D=196 mm	355	280
		100～300						续灌	1	932		一台 350HW-8B 泵，n=980 r/min，D=292 mm	630	250
		300～500						轮灌	2	1 553		一台 400HW-7B 泵，n=980 r/min，D=315 mm	800	315
		500～800						轮灌	2	2 484		一台 650HW-7A 泵，n=450 r/min，D=567 mm	1 000	355

（续表）

作物	经营方式	面积/亩	田面与常水位高差/m	泵型	泵站位置	管网布置形式	泡田时间/d	工作制度	轮灌组数	选泵流量/(m^3/h)	选泵扬程/m	水泵选择	硬塑料管选用规格/mm	
													干管	支管
稻麦轮作	土地流转农场经营	100 以下	4.0～8.0	混流泵	一端	“丰”字型	2	续灌	1	311	6.0～12.0	一台 200HW-12 泵，n=1 450 r/min，D=230 mm	355	280
		100～300						续灌	1	932		一台 300HW-7C 泵，n=1 300 r/min，D=277 mm	630	250
		300～500						轮灌	2	1 553		一台 400HW-7B 泵，n=980 r/min，D=365 mm	800	315
		500～800						轮灌	2	2 484				
稻麦轮作	土地流转农场经营	100 以下	8.0～12.0	混流泵	一端	“丰”字型	2	续灌	1	311	12.0～18.0			
		100～300						续灌	1	932				
		300～500						轮灌	2	1 553		一台 400HW-10B 泵，n=980 r/min，D=412 mm	800	315
		500～800						轮灌	2	2 484				
稻麦轮作	土地流转农场经营	100 以下	12.0～15.0	混流泵	一端	“丰”字型	2	续灌	1	311	18.0～22.5			
		100～300						续灌	1	932				
		300～500						轮灌	2	1 553		一台 500HLD-15 泵，n=980 r/min，D=472 mm	800	315
		500～800						轮灌	2	2 484		一台 500HLD-21 泵，n=980 r/min，D=537 mm	1 000	355

附表 1-2-2 泵站一端布置、泡田时间 2 d,“丰”字型布局,轮灌组形式一,离心泵

作物	经营方式	面积/亩	田面与常水位高差/m	泵型	泵站位置	管网布置形式	泡田时间/d	工作制度	轮灌组数	选泵流量/(m^3/h)	选泵扬程/m	水泵选择	硬塑料管选用规格/mm	
													干管	支管
稻麦轮作	土地流转农场经营	100 以下	0.5～2.0	离心泵	一端	“丰”字型	2	续灌	1	311	1.0～4.0			
		100～300						续灌	1	932				
		300～500						轮灌	2	1 553				
		500～800						轮灌	2	2 484				
稻麦轮作	土地流转农场经营	100 以下	2.0～4.0	离心泵	一端	“丰”字型	2	续灌	1	311	3.6～7.2	一台 10SH-19A 泵,n=1 470 r/min,D=174 mm	355	280
		100～300						续灌	1	932		一台 350S-16 泵,n=1 480 r/min,D=209 mm	630	250
		300～500						轮灌	2	1 553		一台 500S-16 泵,n=970 r/min,D=309 mm	800	315
		500～800						轮灌	2	2 484		一台 24SH-28A 泵,n=970 r/min,D=315 mm	1 000	355
稻麦轮作	土地流转农场经营	100 以下	4.0～8.0	离心泵	一端	“丰”字型	2	续灌	1	311	6.0～12.0	一台 10SH-13 泵,n=1 470 r/min,D=206 mm	355	280
		100～300						续灌	1	932		一台 350S-26 泵,n=1 480 r/min,D=252 mm	630	250
		300～500						轮灌	2	1 553		一台 20SH-19 泵,n=970 r/min,D=349 mm	800	315
		500～800						轮灌	2	2 484		一台 600S-22 泵,n=970 r/min,D=391 mm	1 000	355
稻麦轮作	土地流转农场经营	100 以下	8.0～12.0	离心泵	一端	“丰”字型	2	续灌	1	311	12.0～18.0	一台 10SH-13 泵,n=1 470 r/min,D=245 mm	355	250
		100～300						续灌	1	932		一台 14SH-19 泵,n=1 470 r/min,D=279 mm	630	225
		300～500						轮灌	2	1 553		一台 500S-22 泵,n=970 r/min,D=427 mm	800	315
		500～800						轮灌	2	2 484		一台 600S-22 泵,n=970 r/min,D=444 mm	1 000	355
稻麦轮作	土地流转农场经营	100 以下	12.0～15.0	离心泵	一端	“丰”字型	2	续灌	1	311	18.0～22.5	一台 250S-39 泵,n=1 480 r/min,D=284 mm	355	250
		100～300						续灌	1	932		一台 14SH-19 泵,n=1 470 r/min,D=302 mm	630	225
		300～500						轮灌	2	1 553		一台 20SH-13 泵,n=970 r/min,D=436 mm	800	315
		500～800						轮灌	2	2 484		一台 600S-47 泵,n=970 r/min,D=492 mm	1 000	355

附表 1-2-3　泵站一端布置、泡田时间 2 d,"丰"字型布局,轮灌组形式一,潜水泵

作物	经营方式	面积/亩	田面与常水位高差/m	泵型	泵站位置	管网布置形式	泡田时间/d	工作制度	轮灌组数	选泵流量/(m^3/h)	选泵扬程/m	水泵选择	硬塑料管选用规格/mm	
													干管	支管
稻麦轮作	土地流转农场经营	100 以下	0.5～2.0	潜水泵	一端	"丰"字型	2	续灌	1	311	1.0～4.0			
		100～300						续灌	1	932		一台 350QZ-130 泵,−4°,n=1 450 r/min,D=300 mm	630	250
		300～500						轮灌	2	1 553		一台 500QZ-100D 泵,0°,n=740 r/min,D=450 mm	800	355
		500～800						轮灌	2	2 484		一台 500QZ-70 泵,0°,n=980 r/min,D=450 mm	1 000	400
稻麦轮作	土地流转农场经营	100 以下	2.0～4.0	潜水泵	一端	"丰"字型	2	续灌	1	311	3.6～7.2			
		100～300						续灌	1	932		一台 350QZ-100 泵,0°,n=1 450 r/min,D=300 mm	630	250
		300～500						轮灌	2	1 553		一台 500QZ-100G 泵,−6°,n=980 r/min,D=450 mm	800	315
		500～800						轮灌	2	2 484		一台 500QZ-100G 泵,+4°,n=980 r/min,D=450 mm	1 000	355
稻麦轮作	土地流转农场经营	100 以下	4.0～8.0	潜水泵	一端	"丰"字型	2	续灌	1	311	6.0～12.0	一台 200QW-360-15-30 泵,n=980 r/min	400	280
		100～300						续灌	1	932		一台 300QW-900-15-55 泵,n=980 r/min	630	225
		300～500						轮灌	2	1 553		一台 500QH-40 泵,−2°,n=1 450 r/min,D=333 mm	800	315
		500～800						轮灌	2	2 484		一台 600QH-50 泵,−2°,n=980 r/min,D=470 mm	1 000	355
稻麦轮作	土地流转农场经营	100 以下	8.0～12.0	潜水泵	一端	"丰"字型	2	续灌	1	311	12.0～18.0	一台 200QW-350-20-37 泵,n=980 r/min	355	250
		100～300						续灌	1	932		一台 500QH-40 泵,−4°,n=1 450 r/min,D=333 mm	630	225
		300～500						轮灌	2	1 553		一台 500QH-40 泵,+2°,n=1 450 r/min,D=333 mm	800	315
		500～800						轮灌	2	2 484				
稻麦轮作	土地流转农场经营	100 以下	12.0～15.0	潜水泵	一端	"丰"字型	2	续灌	1	311	18.0～22.5	一台 200QW-300-22-37 泵,n=980 r/min	355	250
		100～300						续灌	1	932		一台 300QW-950-24-110 泵,n=990 r/min	630	225
		300～500						轮灌	2	1 553		一台 400QW-1700-22-160 泵,n=740 r/min	800	315
		500～800						轮灌	2	2 484		一台 500QW-1200-22-220 泵,n=740 r/min	1 000	355

附表 1-2-4　泵站一端布置、泡田时间 2 d,“丰”字型布局,轮灌组形式一,轴流泵

作物	经营方式	面积/亩	田面与常水位高差/m	泵型	泵站位置	管网布置形式	泡田时间/d	工作制度	轮灌组数	选泵流量/(m^3/h)	选泵扬程/m	水泵选择	硬塑料管选用规格/mm	
													干管	支管
稻麦轮作	土地流转农场经营	100 以下	0.5～2.0	轴流泵	一端	“丰”字型	2	续灌	1	311	1.0～4.0			
		100～300						续灌	1	932		一台 350ZLB-100 泵,−6°,n=1 470 r/min,D=300 mm	630	280
		300～500						轮灌	2	1 553		一台 350ZLB-125 泵,+3°,n=1 470 r/min,D=300 mm	800	355
		500～800						轮灌	2	2 484		一台 20ZLB-70(980)泵,0°,n=980 r/min,D=450 mm	1 000	400
稻麦轮作	土地流转农场经营	100 以下	2.0～4.0	轴流泵	一端	“丰”字型	2	续灌	1	311	3.6～7.2			
		100～300						续灌	1	932		一台 350ZLB-100 泵,0°,n=1 470 r/min,D=300 mm	630	250
		300～500						轮灌	2	1 553		一台 500ZLB-85 泵,−3°,n=980 r/min,D=450 mm	800	315
		500～800						轮灌	2	2 484		一台 500ZLB-8.6 泵,+4°,n=980 r/min,D=430 mm	1 000	355
稻麦轮作	土地流转农场经营	100 以下	4.0～8.0	轴流泵	一端	“丰”字型	2	续灌	1	311	6.0～12.0			
		100～300						续灌	1	932				
		300～500						轮灌	2	1 553				
		500～800						轮灌	2	2 484				
稻麦轮作	土地流转农场经营	100 以下	8.0～12.0	轴流泵	一端	“丰”字型	2	续灌	1	311	12.0～18.0			
		100～300						续灌	1	932				
		300～500						轮灌	2	1 553				
		500～800						轮灌	2	2 484				
稻麦轮作	土地流转农场经营	100 以下	12.0～15.0	轴流泵	一端	“丰”字型	2	续灌	1	311	18.0～22.5			
		100～300						续灌	1	932				
		300～500						轮灌	2	1 553				
		500～800						轮灌	2	2 484				

附表 1-2-5　泵站一端布置、泡田时间 2 d,“丰”字型布局,轮灌组形式二,混流泵

作物	经营方式	面积/亩	田面与常水位高差/m	泵型	泵站位置	管网布置形式	泡田时间/d	工作制度	轮灌组数	选泵流量/(m^3/h)	选泵扬程/m	水泵选择	硬塑料管选用规格/mm 干管	支管
稻麦轮作	土地流转农场经营	100 以下	0.5～2.0	混流泵	一端	“丰”字型	2	续灌	1	311	1.0～4.0	一台 250HW-7 泵,n=980 r/min,D=201 mm	355	315
		100～300						轮灌	2	932				
		300～500						轮灌	3	1 553				
		500～800						轮灌	4	2 484		一台 650HW-7A 泵,n=450 r/min,D=462 mm	1 000	500
稻麦轮作	土地流转农场经营	100 以下	2.0～4.0	混流泵	一端	“丰”字型	2	续灌	1	311	3.6～7.2	一台 200HW-12 泵,n=1 450 r/min,D=196 mm	355	280
		100～300						轮灌	2	932		一台 350HW-8B 泵,n=980 r/min,D=292 mm	630	315
		300～500						轮灌	3	1 553		一台 400HW-7B 泵,n=980 r/min,D=315 mm	800	400
		500～800						轮灌	4	2 484		一台 650HW-7A 泵,n=450 r/min,D=567 mm	1 000	500
稻麦轮作	土地流转农场经营	100 以下	4.0～8.0	混流泵	一端	“丰”字型	2	续灌	1	311	6.0～12.0	一台 200HW-12 泵,n=1 450 r/min,D=230 mm	355	280
		100～300						轮灌	2	932		一台 300HW-7C 泵,n=1 300 r/min,D=277 mm	630	315
		300～500						轮灌	3	1 553		一台 400HW-7B 泵,n=980 r/min,D=365 mm	800	400
		500～800						轮灌	4	2 484				
稻麦轮作	土地流转农场经营	100 以下	8.0～12.0	混流泵	一端	“丰”字型	2	续灌	1	311	12.0～18.0			
		100～300						轮灌	2	932				
		300～500						轮灌	3	1 553		一台 400HW-10B 泵,n=980 r/min,D=412 mm	800	400
		500～800						轮灌	4	2 484				
稻麦轮作	土地流转农场经营	100 以下	12.0～15.0	混流泵	一端	“丰”字型	2	续灌	1	311	18.0～22.5			
		100～300						轮灌	2	932				
		300～500						轮灌	3	1 553		一台 500HLD-15 泵,n=980 r/min,D=472 mm	800	400
		500～800						轮灌	4	2 484		一台 500HLD-21 泵,n=980 r/min,D=537 mm	1 000	500

附表 1-2-6　泵站一端布置、泡田时间 2 d,“丰”字型布局,轮灌组形式二,离心泵

作物	经营方式	面积/亩	田面与常水位高差/m	泵型	泵站位置	管网布置形式	泡田时间/d	工作制度	轮灌组数	选泵流量/(m^3/h)	选泵扬程/m	水泵选择	硬塑料管选用规格/mm 干管	支管
稻麦轮作	土地流转农场经营	100 以下	0.5～2.0	离心泵	一端	“丰”字型	2	续灌	1	311	1.0～4.0			
		100～300						轮灌	2	932				
		300～500						轮灌	3	1 553				
		500～800						轮灌	4	2 484				
稻麦轮作	土地流转农场经营	100 以下	2.0～4.0	离心泵	一端	“丰”字型	2	续灌	1	311	3.6～7.2	一台 10SH-19A 泵,n=1 470 r/min,D=174 mm	355	280
		100～300						轮灌	2	932		一台 350S-16 泵,n=1 480 r/min,D=209 mm	630	315
		300～500						轮灌	3	1 553		一台 500S-16 泵,n=970 r/min,D=309 mm	800	400
		500～800						轮灌	4	2 484		一台 24SH-28A 泵,n=970 r/min,D=315 mm	1 000	500
稻麦轮作	土地流转农场经营	100 以下	4.0～8.0	离心泵	一端	“丰”字型	2	续灌	1	311	6.0～12.0	一台 10SH-13 泵,n=1 470 r/min,D=206 mm	355	280
		100～300						轮灌	2	932		一台 350S-26 泵,n=1 480 r/min,D=252 mm	630	315
		300～500						轮灌	3	1 553		一台 20SH-19 泵,n=970 r/min,D=349 mm	800	400
		500～800						轮灌	4	2 484		一台 600S-22 泵,n=970 r/min,D=391 mm	1 000	500
稻麦轮作	土地流转农场经营	100 以下	8.0～12.0	离心泵	一端	“丰”字型	2	续灌	1	311	12.0～18.0	一台 10SH-13 泵,n=1 470 r/min,D=245 mm	355	250
		100～300						轮灌	2	932		一台 14SH-19 泵,n=1 470 r/min,D=279 mm	630	315
		300～500						轮灌	3	1 553		一台 500S-22 泵,n=970 r/min,D=427 mm	800	400
		500～800						轮灌	4	2 484		一台 600S-22 泵,n=970 r/min,D=444 mm	1 000	500
稻麦轮作	土地流转农场经营	100 以下	12.0～15.0	离心泵	一端	“丰”字型	2	续灌	1	311	18.0～22.5	一台 250S-39 泵,n=1 480 r/min,D=284 mm	355	250
		100～300						轮灌	2	932		一台 14SH-19 泵,n=1 470 r/min,D=302 mm	630	315
		300～500						轮灌	3	1 553		一台 20SH-13 泵,n=970 r/min,D=436 mm	800	400
		500～800						轮灌	4	2 484		一台 600S-47 泵,n=970 r/min,D=492 mm	1 000	500

附表 1-2-7　泵站一端布置、泡田时间 2 d,“丰”字型布局,轮灌组形式二,潜水泵

作物	经营方式	面积/亩	田面与常水位高差/m	泵型	泵站位置	管网布置形式	泡田时间/d	工作制度	轮灌组数	选泵流量/(m^3/h)	选泵扬程/m	水泵选择	硬塑料管选用规格/mm	
													干管	支管
稻麦轮作	土地流转农场经营	100 以下	0.5～2.0	潜水泵	一端	“丰”字型	2	续灌	1	311	1.0～4.0			
		100～300						轮灌	2	932		一台 350QZ-130 泵,−4°,n=1 450 r/min,D=300 mm	630	355
		300～500						轮灌	3	1 553		一台 500QZ-100D 泵,0°,n=740 r/min,D=450 mm	800	400
		500～800						轮灌	4	2 484		一台 500QZ-70 泵,0°,n=980 r/min,D=450 mm	1 000	500
稻麦轮作	土地流转农场经营	100 以下	2.0～4.0	潜水泵	一端	“丰”字型	2	续灌	1	311	3.6～7.2			
		100～300						轮灌	2	932		一台 350QZ-100 泵,0°,n=1 450 r/min,D=300 mm	630	315
		300～500						轮灌	3	1 553		一台 500QZ-100G 泵,−6°,n=980 r/min,D=450 mm	800	400
		500～800						轮灌	4	2 484		一台 500QZ-100G 泵,+4°,n=980 r/min,D=450 mm	1 000	500
稻麦轮作	土地流转农场经营	100 以下	4.0～8.0	潜水泵	一端	“丰”字型	2	续灌	1	311	6.0～12.0	一台 200QW-360-15-30 泵,n=980 r/min	400	280
		100～300						轮灌	2	932		一台 300QW-900-15-55 泵,n=980 r/min	630	315
		300～500						轮灌	3	1 553		一台 500QH-40 泵,−2°,n=1 450 r/min,D=333 mm	800	400
		500～800						轮灌	4	2 484		一台 600QH-50 泵,−2°,n=980 r/min,D=470 mm	1 000	500
稻麦轮作	土地流转农场经营	100 以下	8.0～12.0	潜水泵	一端	“丰”字型	2	续灌	1	311	12.0～18.0	一台 200QW-350-20-37 泵,n=980 r/min	355	250
		100～300						轮灌	2	932		一台 500QH-40 泵,−4°,n=1 450 r/min,D=333 mm	630	315
		300～500						轮灌	3	1 553		一台 500QH-40 泵,+2°,n=1 450 r/min,D=333 mm	800	400
		500～800						轮灌	4	2 484				
稻麦轮作	土地流转农场经营	100 以下	12.0～15.0	潜水泵	一端	“丰”字型	2	续灌	1	311	18.0～22.5	一台 200QW-300-22-37 泵,n=980 r/min	355	250
		100～300						轮灌	2	932		一台 300QW-950-24-110 泵,n=990 r/min	630	315
		300～500						轮灌	3	1 553		一台 400QW-1700-22-160 泵,n=740 r/min	800	400
		500～800						轮灌	4	2 484		一台 500QW-1200-22-220 泵,n=740 r/min	1 000	500

附表 1-2-8　泵站一端布置、泡田时间 2 d,“丰”字型布局,轮灌组形式二,轴流泵

作物	经营方式	面积/亩	田面与常水位高差/m	泵型	泵站位置	管网布置形式	泡田时间/d	工作制度	轮灌组数	选泵流量/(m^3/h)	选泵扬程/m	水泵选择	硬塑料管选用规格/mm	
													干管	支管
稻麦轮作	土地流转农场经营	100 以下	0.5～2.0	轴流泵	一端	“丰”字型	2	续灌	1	311	1.0～4.0			
		100～300						轮灌	2	932		一台 350ZLB-100 泵,−6°,n=1 470 r/min,D=300 mm	630	355
		300～500						轮灌	3	1 553		一台 350ZLB-125 泵,+3°,n=1 470 r/min,D=300 mm	800	450
		500～800						轮灌	4	2 484		一台 20ZLB-70(980)泵,0°,n=980 r/min,D=450 mm	1 000	500
稻麦轮作	土地流转农场经营	100 以下	2.0～4.0	轴流泵	一端	“丰”字型	2	续灌	1	311	3.6～7.2			
		100～300						轮灌	2	932		一台 350ZLB-100 泵,0°,n=1 470 r/min,D=300 mm	630	315
		300～500						轮灌	3	1 553		一台 500ZLB-85 泵,−3°,n=980 r/min,D=450 mm	800	400
		500～800						轮灌	4	2 484		一台 500ZLB-8.6 泵,+4°,n=980 r/min,D=430 mm	1 000	500
稻麦轮作	土地流转农场经营	100 以下	4.0～8.0	轴流泵	一端	“丰”字型	2	续灌	1	311	6.0～12.0			
		100～300						轮灌	2	932				
		300～500						轮灌	3	1 553				
		500～800						轮灌	4	2 484				
稻麦轮作	土地流转农场经营	100 以下	8.0～12.0	轴流泵	一端	“丰”字型	2	续灌	1	311	12.0～18.0			
		100～300						轮灌	2	932				
		300～500						轮灌	3	1 553				
		500～800						轮灌	4	2 484				
稻麦轮作	土地流转农场经营	100 以下	12.0～15.0	轴流泵	一端	“丰”字型	2	续灌	1	311	18.0～22.5			
		100～300						轮灌	2	932				
		300～500						轮灌	3	1 553				
		500～800						轮灌	4	2 484				

附表 1-3　泵站一端布置、泡田时间 3 d,“丰”字型布局

轮灌组形式一：100 亩以下续灌,100～300 亩续灌,300～500 亩分 2 组轮灌,500～800 亩分 2 组轮灌

轮灌组形式二：100 亩以下续灌,100～300 亩分 2 组轮灌,300～500 亩分 3 组轮灌,500～800 亩分 4 组轮灌

附表 1-3-1　泵站一端布置、泡田时间 3 d,“丰”字型布局,轮灌组形式一,混流泵

作物	经营方式	面积/亩	田面与常水位高差/m	泵型	泵站位置	管网布置形式	泡田时间/d	工作制度	轮灌组数	选泵流量/(m^3/h)	选泵扬程/m	水泵选择	硬塑料管选用规格/mm	
													干管	支管
稻麦轮作	土地流转农场经营	100 以下	0.5～2.0	混流泵	一端	“丰”字型	3	续灌	1	207	1.0～4.0	一台 200HW-5 泵,n=1 450 r/min,D=138 mm	315	280
		100～300						续灌	1	621		一台 300HW-8 泵,n=970 r/min,D=226 mm	500	225
		300～500						轮灌	2	1 035				
		500～800						轮灌	2	1 656				
稻麦轮作	土地流转农场经营	100 以下	2.0～4.0	混流泵	一端	“丰”字型	3	续灌	1	207	3.6～7.2	一台 150HW-6B 泵,n=1 800 r/min,D=158 mm	280	250
		100～300						续灌	1	621		一台 300HW-12 泵,n=970 r/min,D=277 mm	500	200
		300～500						轮灌	2	1 035		一台 300HW-8B 泵,n=980 r/min,D=305 mm	630	280
		500～800						轮灌	2	1 656		一台 400HW-7B 泵,n=980 r/min,D=326 mm	800	315

（续表）

作物	经营方式	面积/亩	田面与常水位高差/m	泵型	泵站位置	管网布置形式	泡田时间/d	工作制度	轮灌组数	选泵流量/(m^3/h)	选泵扬程/m	水泵选择	硬塑料管选用规格/mm	
													干管	支管
稻麦轮作	土地流转农场经营	100 以下	4.0～8.0	混流泵	一端	“丰”字型	3	续灌	1	207	6.0～12.0			
		100～300						续灌	1	621		一台 250HW-8C 泵，n=1 450 r/min，D=244 mm	500	200
		300～500						轮灌	2	1 035		一台 300HW-7C 泵，n=1 300 r/min，D=288 mm	630	280
		500～800						轮灌	2	1 656		一台 400HW-7B 泵，n=980 r/min，D=374 mm	800	315
稻麦轮作	土地流转农场经营	100 以下	8.0～12.0	混流泵	一端	“丰”字型	3	续灌	1	207	12.0～18.0			
		100～300						续灌	1	621				
		300～500						轮灌	2	1 035		一台 500QH-40 泵，−4°，n=1 450 r/min，D=333 mm	630	250
		500～800						轮灌	2	1 656		一台 500QH-40 泵，+2°，n=1 450 r/min，D=333 mm	800	280
稻麦轮作	土地流转农场经营	100 以下	12.0～15.0	混流泵	一端	“丰”字型	3	续灌	1	207	18.0～22.5			
		100～300						续灌	1	621				
		300～500						轮灌	2	1 035		一台 350HLD-21 泵，n=1 480 r/min，D=362 mm	630	250
		500～800						轮灌	2	1 656		一台 500HLD-15 泵，n=980 r/min，D=472 mm	800	355

附表 1-3-2　泵站一端布置、泡田时间 3 d，“丰”字型布局，轮灌组形式一，离心泵

作物	经营方式	面积/亩	田面与常水位高差/m	泵型	泵站位置	管网布置形式	泡田时间/d	工作制度	轮灌组数	选泵流量/(m^3/h)	选泵扬程/m	水泵选择	硬塑料管选用规格/mm	
													干管	支管
稻麦轮作	土地流转农场经营	100 以下	0.5～2.0	离心泵	一端	“丰”字型	3	续灌	1	207	1.0～4.0			
		100～300						续灌	1	621				
		300～500						轮灌	2	1 035				
		500～800						轮灌	2	1 656				
稻麦轮作	土地流转农场经营	100 以下	2.0～4.0	离心泵	一端	“丰”字型	3	续灌	1	207	3.6～7.2	一台 ISG200-250(I)B 泵，n=1 480 r/min，D=185 mm	280	250
		100～300						续灌	1	621		一台 300S-12 泵，n=1 480 r/min，D=201 mm	500	200
		300～500						轮灌	2	1 035		一台 350S-16 泵，n=1 480 r/min，D=220 mm	630	280
		500～800						轮灌	2	1 656		一台 500S-16 泵，n=970 r/min，D=317 mm	800	315
稻麦轮作	土地流转农场经营	100 以下	4.0～8.0	离心泵	一端	“丰”字型	3	续灌	1	207	6.0～12.0	一台 ISG150-200 泵，n=1 480 r/min，D=217 mm	280	250
		100～300						续灌	1	621		一台 300S-19 泵，n=1 480 r/min，D=242 mm	500	200
		300～500						轮灌	2	1 035		一台 350S-26 泵，n=1 480 r/min，D=265 mm	630	280
		500～800						轮灌	2	1 656		一台 500S-13 泵，n=970 r/min，D=371 mm	800	315
稻麦轮作	土地流转农场经营	100 以下	8.0～12.0	离心泵	一端	“丰”字型	3	续灌	1	207	12.0～18.0	一台 ISG150-250 泵，n=1 480 r/min，D=261 mm	280	225
		100～300						续灌	1	621		一台 ISG300-250 泵，n=1 480 r/min，D=292 mm	500	180
		300～500						轮灌	2	1 035		一台 350S-26 泵，n=1 480 r/min，D=297 mm	630	250
		500～800						轮灌	2	1 656		一台 24SH-19 泵，n=970 r/min，D=399 mm	800	280
稻麦轮作	土地流转农场经营	100 以下	12.0～15.0	离心泵	一端	“丰”字型	3	续灌	1	207	18.0～22.5	一台 200S-42 泵，n=2 950 r/min，D=156 mm	280	225
		100～300						续灌	1	621		一台 ISG350-315 泵，n=1 480 r/min，D=284 mm	500	180
		300～500						轮灌	2	1 035		一台 350S-26 泵，n=1 480 r/min，D=319 mm	630	250
		500～800						轮灌	2	1 656		一台 500S-35 泵，n=970 r/min，D=477 mm	800	280

附表 1-3-3　泵站一端布置、泡田时间 3 d,“丰”字型布局,轮灌组形式一,潜水泵

作物	经营方式	面积/亩	田面与常水位高差/m	泵型	泵站位置	管网布置形式	泡田时间/d	工作制度	轮灌组数	选泵流量/(m^3/h)	选泵扬程/m	水泵选择	硬塑料管选用规格/mm 干管	支管
稻麦轮作	土地流转农场经营	100 以下	0.5～2.0	潜水泵	一端	“丰”字型	3	续灌	1	207	1.0～4.0			
		100～300						续灌	1	621				
		300～500						轮灌	2	1 035		一台 350QZ-100 泵,−4°,n=1 450 r/min,D=300 mm	630	315
		500～800						轮灌	2	1 656		一台 500QZ-100D 泵,0°,n=740 r/min,D=450 mm	800	355
稻麦轮作	土地流转农场经营	100 以下	2.0～4.0	潜水泵	一端	“丰”字型	3	续灌	1	207	3.6～7.2	一台 150QW210-7-7.5 泵,n=1 460 r/min	280	280
		100～300						续灌	1	621		一台 250QW600-7-22 泵,n=980 r/min	500	200
		300～500						轮灌	2	1 035		一台 350QZ-100 泵,+2°,n=1 450 r/min,D=300 mm	630	280
		500～800						轮灌	2	1 656		一台 500QZ-70 泵,−4°,n=980 r/min,D=450 mm	800	315
稻麦轮作	土地流转农场经营	100 以下	4.0～8.0	潜水泵	一端	“丰”字型	3	续灌	1	207	6.0～12.0	一台 150QW200-10-11 泵,n=1 450 r/min	280	200
		100～300						续灌	1	621		一台 250QW600-15-45 泵,n=980 r/min	500	180
		300～500						轮灌	2	1 035		一台 350QW1200-15-75 泵,n=980 r/min	710	280
		500～800						轮灌	2	1 656				
稻麦轮作	土地流转农场经营	100 以下	8.0～12.0	潜水泵	一端	“丰”字型	3	续灌	1	207	12.0～18.0	一台 150QW200-22-22 泵,n=980 r/min	280	200
		100～300						续灌	1	621		一台 250QW600-20-55 泵,n=980 r/min	500	180
		300～500						轮灌	2	1 035		一台 500QH-40 泵,−4°,n=1 450 r/min,D=333 mm	630	250
		500～800						轮灌	2	1 656		一台 500QH-40 泵,+2°,n=1 450 r/min,D=333 mm	800	280
稻麦轮作	土地流转农场经营	100 以下	12.0～15.0	潜水泵	一端	“丰”字型	3	续灌	1	207	18.0～22.5	一台 150QW200-22-22 泵,n=980 r/min	280	225
		100～300						续灌	1	621		一台 250QW600-20-75 泵,n=990 r/min	500	180
		300～500						轮灌	2	1 035		一台 300QW1000-22-90 泵,n=980 r/min	630	250
		500～800						轮灌	2	1 656		一台 400QW1700-22-160 泵,n=740 r/min	800	280

附表 1-3-4　泵站一端布置、泡田时间 3 d，“丰”字型布局，轮灌组形式一，轴流泵

作物	经营方式	面积/亩	田面与常水位高差/m	泵型	泵站位置	管网布置形式	泡田时间/d	工作制度	轮灌组数	选泵流量/(m³/h)	选泵扬程/m	水泵选择	硬塑料管选用规格/mm 干管	硬塑料管选用规格/mm 支管
稻麦轮作	土地流转农场经营	100 以下	0.5～2.0	轴流泵	一端	“丰”字型	3	续灌	1	207	1.0～4.0			
		100～300						续灌	1	621		一台 350ZLB-125 泵，－6°，n=1 470 r/min，D=300 mm	500	225
		300～500						轮灌	2	1 035		一台 350ZLB-100 泵，－4°，n=1 470 r/min，D=300 mm	630	315
		500～800						轮灌	2	1 656		一台 350ZLB-125 泵，＋4°，n=1 470 r/min，D=300 mm	800	355
稻麦轮作	土地流转农场经营	100 以下	2.0～4.0	轴流泵	一端	“丰”字型	3	续灌	1	207	3.6～7.2			
		100～300						续灌	1	621				
		300～500						轮灌	2	1 035		一台 350ZLB-70 泵，＋4°，n=1 470 r/min，D=300 mm	630	280
		500～800						轮灌	2	1 656		一台 500ZLB-85 泵，－2°，n=980 r/min，D=450 mm	800	315
稻麦轮作	土地流转农场经营	100 以下	4.0～8.0	轴流泵	一端	“丰”字型	3	续灌	1	207	6.0～12.0			
		100～300						续灌	1	621				
		300～500						轮灌	2	1 035				
		500～800						轮灌	2	1 656				
稻麦轮作	土地流转农场经营	100 以下	8.0～12.0	轴流泵	一端	“丰”字型	3	续灌	1	207	12.0～18.0			
		100～300						续灌	1	621				
		300～500						轮灌	2	1 035				
		500～800						轮灌	2	1 656				
稻麦轮作	土地流转农场经营	100 以下	12.0～15.0	轴流泵	一端	“丰”字型	3	续灌	1	207	18.0～22.5			
		100～300						续灌	1	621				
		300～500						轮灌	2	1 035				
		500～800						轮灌	2	1 656				

附表 1-3-5 泵站一端布置、泡田时间 3 d,“丰”字型布局,轮灌组形式二,混流泵

作物	经营方式	面积/亩	田面与常水位高差/m	泵型	泵站位置	管网布置形式	泡田时间/d	工作制度	轮灌组数	选泵流量/(m^3/h)	选泵扬程/m	水泵选择	硬塑料管选用规格/mm	
													干管	支管
稻麦轮作	土地流转农场经营	100 以下	0.5～2.0	混流泵	一端	“丰”字型	3	续灌	1	207	1.0～4.0	一台 200HW-5 泵,n=1 450 r/min,D=138 mm	315	280
		100～300						轮灌	2	621		一台 300HW-8 泵,n=970 r/min,D=226 mm	500	315
		300～500						轮灌	3	1 035				
		500～800						轮灌	4	1 656				
稻麦轮作	土地流转农场经营	100 以下	2.0～4.0	混流泵	一端	“丰”字型	3	续灌	1	207	3.6～7.2	一台 150HW-6B 泵,n=1 800 r/min,D=158 mm	280	250
		100～300						轮灌	2	621		一台 300HW-12 泵,n=970 r/min,D=277 mm	500	280
		300～500						轮灌	3	1 035		一台 300HW-8B 泵,n=980 r/min,D=305 mm	630	355
		500～800						轮灌	4	1 656		一台 400HW-7B 泵,n=980 r/min,D=326 mm	800	400
稻麦轮作	土地流转农场经营	100 以下	4.0～8.0	混流泵	一端	“丰”字型	3	续灌	1	207	6.0～12.0			
		100～300						轮灌	2	621		一台 250HW-8C 泵,n=1 450 r/min,D=244 mm	500	280
		300～500						轮灌	3	1 035		一台 300HW-7C 泵,n=1 300 r/min,D=288 mm	630	355
		500～800						轮灌	4	1 656		一台 400HW-7B 泵,n=980 r/min,D=374 mm	800	400
稻麦轮作	土地流转农场经营	100 以下	8.0～12.0	混流泵	一端	“丰”字型	3	续灌	1	207	12.0～18.0			
		100～300						轮灌	2	621				
		300～500						轮灌	3	1 035		一台 500QH-40 泵,$-4°$,n=1 450 r/min,D=333 mm	630	315
		500～800						轮灌	4	1 656		一台 500QH-40 泵,$+2°$,n=1 450 r/min,D=333 mm	800	400
稻麦轮作	土地流转农场经营	100 以下	12.0～15.0	混流泵	一端	“丰”字型	3	续灌	1	207	18.0～22.5			
		100～300						轮灌	2	621				
		300～500						轮灌	3	1 035		一台 350HLD-21 泵,n=1 480 r/min,D=362 mm	630	315
		500～800						轮灌	4	1 656		一台 500HLD-15 泵,n=980 r/min,D=472 mm	800	450

附表 1-3-6　泵站一端布置、泡田时间 3 d,“丰”字型布局,轮灌组形式二,离心泵

作物	经营方式	面积/亩	田面与常水位高差/m	泵型	泵站位置	管网布置形式	泡田时间/d	工作制度	轮灌组数	选泵流量/(m^3/h)	选泵扬程/m	水泵选择	硬塑料管选用规格/mm	
													干管	支管
稻麦轮作	土地流转农场经营	100 以下	0.5～2.0	离心泵	一端	“丰”字型	3	续灌	1	207	1.0～4.0			
		100～300						轮灌	2	621				
		300～500						轮灌	3	1 035				
		500～800						轮灌	4	1 656				
稻麦轮作	土地流转农场经营	100 以下	2.0～4.0	离心泵	一端	“丰”字型	3	续灌	1	207	3.6～7.2	一台 ISG200-250(I)B 泵,n=1 480 r/min,D=185 mm	280	250
		100～300						轮灌	2	621		一台 300S-12 泵,n=1 480 r/min,D=201 mm	500	280
		300～500						轮灌	3	1 035		一台 350S-16 泵,n=1 480 r/min,D=220 mm	630	355
		500～800						轮灌	4	1 656		一台 500S-16 泵,n=970 r/min,D=317 mm	800	400
稻麦轮作	土地流转农场经营	100 以下	4.0～8.0	离心泵	一端	“丰”字型	3	续灌	1	207	6.0～12.0	一台 ISG150-200 泵,n=1 480 r/min,D=217 mm	280	250
		100～300						轮灌	2	621		一台 300S-19 泵,n=1 480 r/min,D=242 mm	500	280
		300～500						轮灌	3	1 035		一台 350S-26 泵,n=1 480 r/min,D=265 mm	630	355
		500～800						轮灌	4	1 656		一台 500S-13 泵,n=970 r/min,D=371 mm	800	400
稻麦轮作	土地流转农场经营	100 以下	8.0～12.0	离心泵	一端	“丰”字型	3	续灌	1	207	12.0～18.0	一台 ISG150-250 泵,n=1 480 r/min,D=261 mm	280	225
		100～300						轮灌	2	621		一台 ISG300-250 泵,n=1 480 r/min,D=292 mm	500	250
		300～500						轮灌	3	1 035		一台 350S-26 泵,n=1 480 r/min,D=297 mm	630	315
		500～800						轮灌	4	1 656		一台 24SH-19 泵,n=970 r/min,D=399 mm	800	400
稻麦轮作	土地流转农场经营	100 以下	12.0～15.0	离心泵	一端	“丰”字型	3	续灌	1	207	18.0～22.5	一台 200S-42 泵,n=2 950 r/min,D=156 mm	280	225
		100～300						轮灌	2	621		一台 ISG350-315 泵,n=1 480 r/min,D=284 mm	500	250
		300～500						轮灌	3	1 035		一台 350S-26 泵,n=1 480 r/min,D=319 mm	630	315
		500～800						轮灌	4	1 656		一台 500S-35 泵,n=970 r/min,D=477 mm	800	400

附表 1-3-7 泵站一端布置、泡田时间 3 d,“丰”字型布局,轮灌组形式二,潜水泵

作物	经营方式	面积/亩	田面与常水位高差/m	泵型	泵站位置	管网布置形式	泡田时间/d	工作制度	轮灌组数	选泵流量/(m³/h)	选泵扬程/m	水泵选择	硬塑料管选用规格/mm	
													干管	支管
稻麦轮作	土地流转农场经营	100 以下	0.5～2.0	潜水泵	一端	“丰”字型	3	续灌	1	207	1.0～4.0			
		100～300						轮灌	2	621				
		300～500						轮灌	3	1 035		一台 350QZ-100 泵,−4°,n=1 450 r/min,D=300 mm	630	400
		500～800						轮灌	4	1 656		一台 500QZ-100D 泵,0°,n=740 r/min,D=450 mm	800	500
稻麦轮作	土地流转农场经营	100 以下	2.0～4.0	潜水泵	一端	“丰”字型	3	续灌	1	207	3.6～7.2	一台 150QW210-7-7.5 泵,n=1 460 r/min	280	280
		100～300						轮灌	2	621		一台 250QW600-7-22 泵,n=980 r/min	500	280
		300～500						轮灌	3	1 035		一台 350QZ-100 泵,+2°,n=1 450 r/min,D=300 mm	630	355
		500～800						轮灌	4	1 656		一台 500QZ-70 泵,−4°,n=980 r/min,D=450 mm	800	400
稻麦轮作	土地流转农场经营	100 以下	4.0～8.0	潜水泵	一端	“丰”字型	3	续灌	1	207	6.0～12.0	一台 150QW200-10-11 泵,n=1 450 r/min	280	200
		100～300						轮灌	2	621		一台 250QW600-15-45 泵,n=980 r/min	500	250
		300～500						轮灌	3	1 035		一台 350QW1200-15-75 泵,n=980 r/min	710	355
		500～800						轮灌	4	1 656				
稻麦轮作	土地流转农场经营	100 以下	8.0～12.0	潜水泵	一端	“丰”字型	3	续灌	1	207	12.0～18.0	一台 150QW200-22-22 泵,n=980 r/min	280	200
		100～300						轮灌	2	621		一台 250QW600-20-55 泵,n=980 r/min	500	250
		300～500						轮灌	3	1 035		一台 500QH-40 泵,−4°,n=1 450 r/min,D=333 mm	630	315
		500～800						轮灌	4	1 656		一台 500QH-40 泵,+2°,n=1 450 r/min,D=333 mm	800	400
稻麦轮作	土地流转农场经营	100 以下	12.0～15.0	潜水泵	一端	“丰”字型	3	续灌	1	207	18.0～22.5	一台 150QW200-22-22 泵,n=980 r/min	280	225
		100～300						轮灌	2	621		一台 250QW600-20-75 泵,n=990 r/min	500	250
		300～500						轮灌	3	1 035		一台 300QW1000-22-90 泵,n=980 r/min	630	315
		500～800						轮灌	4	1 656		一台 400QW1700-22-160 泵,n=740 r/min	800	400

附表 1-3-8　泵站一端布置、泡田时间 3 d,"丰"字型布局,轮灌组形式二,轴流泵

作物	经营方式	面积/亩	田面与常水位高差/m	泵型	泵站位置	管网布置形式	泡田时间/d	工作制度	轮灌组数	选泵流量/(m^3/h)	选泵扬程/m	水泵选择	硬塑料管选用规格/mm 干管	硬塑料管选用规格/mm 支管
稻麦轮作	土地流转农场经营	100 以下	0.5～2.0	轴流泵	一端	"丰"字型	3	续灌	1	207	1.0～4.0			
		100～300						轮灌	2	621		一台 350ZLB-125 泵,－6°,n=1 470 r/min,D=300 mm	500	315
		300～500						轮灌	3	1 035		一台 350ZLB-100 泵,－4°,n=1 470 r/min,D=300 mm	630	400
		500～800						轮灌	4	1 656		一台 350ZLB-125 泵,＋4°,n=1 470 r/min,D=300 mm	800	450
稻麦轮作	土地流转农场经营	100 以下	2.0～4.0	轴流泵	一端	"丰"字型	3	续灌	1	207	3.6～7.2			
		100～300						轮灌	2	621				
		300～500						轮灌	3	1 035		一台 350ZLB-70 泵,＋4°,n=1 470 r/min,D=300 mm	630	315
		500～800						轮灌	4	1 656		一台 500ZLB-85 泵,－2°,n=980 r/min,D=450 mm	800	400
稻麦轮作	土地流转农场经营	100 以下	4.0～8.0	轴流泵	一端	"丰"字型	3	续灌	1	207	6.0～12.0			
		100～300						轮灌	2	621				
		300～500						轮灌	3	1 035				
		500～800						轮灌	4	1 656				
稻麦轮作	土地流转农场经营	100 以下	8.0～12.0	轴流泵	一端	"丰"字型	3	续灌	1	207	12.0～18.0			
		100～300						轮灌	2	621				
		300～500						轮灌	3	1 035				
		500～800						轮灌	4	1 656				
稻麦轮作	土地流转农场经营	100 以下	12.0～15.0	轴流泵	一端	"丰"字型	3	续灌	1	207	18.0～22.5			
		100～300						轮灌	2	621				
		300～500						轮灌	3	1 035				
		500～800						轮灌	4	1 656				

附表 1-4　双泵、泵站一端布置、泡田时间 2 d,“丰”字型布局

轮灌组形式一：100～300 亩续灌,300～500 亩分 2 组轮灌,500～800 亩分 2 组轮灌

轮灌组形式二：100～300 亩分 2 组轮灌,300～500 亩分 3 组轮灌,500～800 亩分 4 组轮灌

附表 1-4-1　泵站一端布置、泡田时间 2 d,“丰”字型布局,轮灌组形式一,混流泵(双泵)

作物	经营方式	面积/亩	田面与常水位高差/m	泵型	泵站位置	管网布置形式	泡田时间/d	工作制度	轮灌组数	选泵流量/(m^3/h)	选泵扬程/m	水泵选择	硬塑料管选用规格/mm	
													干管	支管
稻麦轮作	土地流转农场经营	100～300	0.5～2.0	混流泵	一端	“丰”字型	2	续灌	1	932	1.0～4.0	一台 200HW-5 泵,n=1 450 r/min,D=152 mm,N=7.5 kW; 一台 300HW-8 泵,n=970 r/min,D=231 mm,N=22 kW	630	280
		300～500						轮灌	2	1 553				
		500～800						轮灌	2	2 484				
稻麦轮作	土地流转农场经营	100～300	2.0～4.0	混流泵	一端	“丰”字型	2	续灌	1	932	3.6～7.2	一台 200HW-8 泵,n=1 450 r/min,D=186 mm,N=11 kW; 一台 300HW-8 泵,n=970 r/min,D=275 mm,N=22 kW	630	250
		300～500						轮灌	2	1 553		一台 300HW-12 泵,n=970 r/min,D=254 mm,N=37 kW; 一台 400HW-7B 泵,n=980 r/min,D=273 mm,N=75 kW	800	315
		500～800						轮灌	2	2 484				

（续表）

作物	经营方式	面积/亩	田面与常水位高差/m	泵型	泵站位置	管网布置形式	泡田时间/d	工作制度	轮灌组数	选泵流量/(m^3/h)	选泵扬程/m	水泵选择	硬塑料管选用规格/mm	
													干管	支管
稻麦轮作	土地流转农场经营	100～300	4.0～8.0	混流泵	一端	“丰”字型	2	续灌	1	932	6.0～12.0	一台 200HW-12 泵，n=1 450 r/min，D=224 mm，N=18.5 kW；一台 250HW-11C 泵，n=1 600 r/min，D=228 mm，N=37 kW	630	250
		300～500						轮灌	2	1 553		一台 250HW-12 泵，n=1 180 r/min，D=282 mm，N=30 kW；一台 400HW-10B 泵，n=980 r/min，D=323 mm，N=110 kW	800	315
		500～800						轮灌	2	2 484		一台 300HW-12 泵，n=970 r/min，D=348 mm，N=37 kW；一台 400HW-10B 泵，n=980 r/min，D=379 mm，N=110 kW	1 000	355
稻麦轮作	土地流转农场经营	100～300	8.0～12.0	混流泵	一端	“丰”字型	2	续灌	1	932	12.0～18.0			
		300～500						轮灌	2	1 553				
		500～800						轮灌	2	2 484				
稻麦轮作	土地流转农场经营	100～300	12.0～15.0	混流泵	一端	“丰”字型	2	续灌	1	932	18.0～22.5			
		300～500						轮灌	2	1 553				
		500～800						轮灌	2	2 484				

附表 1-4-2 泵站一端布置、泡田时间 2 d,“丰”字型布局,轮灌组形式一,离心泵(双泵)

作物	经营方式	面积/亩	田面与常水位高差/m	泵型	泵站位置	管网布置形式	泡田时间/d	工作制度	轮灌组数	选泵流量/(m^3/h)	选泵扬程/m	水泵选择	硬塑料管选用规格/mm	
													干管	支管
稻麦轮作	土地流转农场经营	100～300	0.5～2.0	离心泵	一端	“丰”字型	2	续灌	1	932	1.0～4.0			
		300～500						轮灌	2	1 553				
		500～800						轮灌	2	2 484				
稻麦轮作	土地流转农场经营	100～300	2.0～4.0	离心泵	一端	“丰”字型	2	续灌	1	932	3.6～7.2	一台 10SH-19A 泵,n=1 470 r/min,D=168 mm,N=22 kW; 一台 300S-12 泵,n=1 480 r/min,D=205 mm,N=37 kW	630	250
		300～500						轮灌	2	1 553		一台 ISG250-235 泵,n=1 480 r/min,D=237 mm,N=30 kW; 一台 350S-16 泵,n=1 480 r/min,D=225 mm,N=75 kW	800	315
		500～800						轮灌	2	2 484		一台 300S-12 泵,n=1 480 r/min,D=218 mm,N=37 kW; 一台 500S-13 泵,n=970 r/min,D=324 mm,N=110 kW	1 000	355
稻麦轮作	土地流转农场经营	100～300	4.0～8.0	离心泵	一端	“丰”字型	2	续灌	1	932	6.0～12.0	一台 10SH-13A 泵,n=1 470 r/min,D=202 mm,N=37 kW; 一台 300S-19 泵,n=1 480 r/min,D=247 mm,N=75 kW	630	250
		300～500						轮灌	2	1 553		一台 250S-14 泵,n=1 480 r/min,D=246 mm,N=30 kW; 一台 350S-26 泵,n=1 480 r/min,D=272 mm,N=132 kW	800	315
		500～800						轮灌	2	2 484		一台 14SH-19A 泵,n=1 470 r/min,D=234 mm,N=90 kW; 一台 500S-22 泵,n=970 r/min,D=392 mm,N=250 kW	1 000	355

（续表）

作物	经营方式	面积/亩	田面与常水位高差/m	泵型	泵站位置	管网布置形式	泡田时间/d	工作制度	轮灌组数	选泵流量/(m^3/h)	选泵扬程/m	水泵选择	硬塑料管选用规格/mm	
													干管	支管
		100～300						续灌	1	932		一台 250S-24 泵，n=1 480 r/min，D=260 mm，N=45 kW； 一台 300S-32 泵，n=1 480 r/min，D=287 mm，N=110 kW	630	225
稻麦轮作	土地流转农场经营	300～500	8.0～12.0	离心泵	一端	“丰”字型	2	轮灌	2	1 553	12.0～18.0	一台 ISG250-300 泵，n=1 480 r/min，D=283 mm，N=37 kW； 一台 350S-26 泵，n=1 480 r/min，D=302 mm，N=132 kW	800	315
		500～800						轮灌	2	2 484		一台 300S-19 泵，n=1 480 r/min，D=294 mm，N=75 kW； 一台 24SH-19 泵，n=970 r/min，D=403 mm，N=380 kW	1 000	355
		100～300						续灌	1	932		一台 10SH-9 泵，n=1 470 r/min，D=269 mm，N=75 kW； 一台 12SH-13 泵，n=1 470 r/min，D=293 mm，N=90 kW	630	225
稻麦轮作	土地流转农场经营	300～500	12.0～15.0	离心泵	一端	“丰”字型	2	轮灌	2	1 553	18.0～22.5	一台 250S-24 泵，n=1 480 r/min，D=310 mm，N=45 kW； 一台 350S-26 泵，n=1 480 r/min，D=324 mm，N=132 kW	800	315
		500～800						轮灌	2	2 484		一台 300S-32 泵，n=1 480 r/min，D=322 mm，N=110 kW； 一台 20SH-13A 泵，n=970 r/min，D=445 mm，N=220 kW	1 000	355

附表 1-4-3　泵站一端布置、泡田时间 2 d，“丰”字型布局，轮灌组形式一，潜水泵（双泵）

作物	经营方式	面积/亩	田面与常水位高差/m	泵型	泵站位置	管网布置形式	泡田时间/d	工作制度	轮灌组数	选泵流量/(m^3/h)	选泵扬程/m	水泵选择	硬塑料管选用规格/mm 干管	硬塑料管选用规格/mm 支管
稻麦轮作	土地流转农场经营	100～300	0.5～2.0	潜水泵	一端	“丰”字型	2	续灌	1	932	1.0～4.0			
		300～500						轮灌	2	1 553				
		500～800						轮灌	2	2 484		一台 350QZ－70D 泵，－2°，n＝980 r/min，D＝300 mm，N＝15 kW； 一台 500QZ－100D 泵，＋2°，n＝740 r/min，D＝450 mm，N＝30 kW	1 000	400
稻麦轮作	土地流转农场经营	100～300	2.0～4.0	潜水泵	一端	“丰”字型	2	续灌	1	932	3.6～7.2			
		300～500						轮灌	2	1 553				
		500～800						轮灌	2	2 484		一台 350QZ-100 泵，－4°，n＝1 450 r/min，D＝300 mm，N＝22 kW； 一台 500QZ-100G 泵，－4°，n＝980 r/min，D＝450 mm，N＝45 kW	1 000	355
稻麦轮作	土地流转农场经营	100～300	4.0～8.0	潜水泵	一端	“丰”字型	2	续灌	1	932	6.0～12.0			
		300～500						轮灌	2	1 553		一台 250QW400－15－30 泵，n＝980 r/min，N＝30 kW； 一台 350QW1200－15－75 泵，n＝980 r/min，N＝75 kW	800	315
		500～800						轮灌	2	2 484		一台 300QW900－15－55 泵，n＝980 r/min，N＝55 kW； 一台 600QH－50 泵，－4°，n＝980 r/min，D＝470 mm，N＝110 kW	1 000	355
稻麦轮作	土地流转农场经营	100～300	8.0～12.0	潜水泵	一端	“丰”字型	2	续灌	1	932	12.0～18.0			
		300～500						轮灌	2	1 553				
		500～800						轮灌	2	2 484				
稻麦轮作	土地流转农场经营	100～300	12.0～15.0	潜水泵	一端	“丰”字型	2	续灌	1	932	18.0～22.5			
		300～500						轮灌	2	1 553				
		500～800						轮灌	2	2 484		一台 250QW800－22－75 泵，n＝980 r/min，N＝75 kW； 一台 400QW－1700－22－160 泵，n＝740 r/min，N＝160 kW	1 000	355

附表 1-4-4　泵站一端布置、泡田时间 2 d,“丰”字型布局,轮灌组形式一,轴流泵(双泵)

作物	经营方式	面积/亩	田面与常水位高差/m	泵型	泵站位置	管网布置形式	泡田时间/d	工作制度	轮灌组数	选泵流量/(m^3/h)	选泵扬程/m	水泵选择	硬塑料管选用规格/mm	
													干管	支管
稻麦轮作	土地流转农场经营	100～300	0.5～2.0	轴流泵	一端	“丰”字型	2	续灌	1	932	1.0～4.0			
		300～500						轮灌	2	1 553				
		500～800						轮灌	2	2 484		一台 350ZLB-125 泵,$-4°$,n=1 470 r/min,D=300 mm,N=18.5 kW; 一台 350ZLB-125 泵,$+4°$,n=1 470 r/min,D=300 mm,N=30 kW	1 000	400
稻麦轮作	土地流转农场经营	100～300	2.0～4.0	轴流泵	一端	“丰”字型	2	续灌	1	932	3.6～7.2			
		300～500						轮灌	2	1 553				
		500～800						轮灌	2	2 484				
稻麦轮作	土地流转农场经营	100～300	4.0～8.0	轴流泵	一端	“丰”字型	2	续灌	1	932	6.0～12.0			
		300～500						轮灌	2	1 553				
		500～800						轮灌	2	2 484				
稻麦轮作	土地流转农场经营	100～300	8.0～12.0	轴流泵	一端	“丰”字型	2	续灌	1	932	12.0～18.0			
		300～500						轮灌	2	1 553				
		500～800						轮灌	2	2 484				
稻麦轮作	土地流转农场经营	100～300	12.0～15.0	轴流泵	一端	“丰”字型	2	续灌	1	932	18.0～22.5			
		300～500						轮灌	2	1 553				
		500～800						轮灌	2	2 484				

附表 1-4-5　泵站一端布置、泡田时间 2 d,“丰”字型布局,轮灌组形式二,混流泵(双泵)

作物	经营方式	面积/亩	田面与常水位高差/m	泵型	泵站位置	管网布置形式	泡田时间/d	工作制度	轮灌组数	选泵流量/(m^3/h)	选泵扬程/m	水泵选择	硬塑料管选用规格/mm	
													干管	支管
稻麦轮作	土地流转农场经营	100～300	0.5～2.0	混流泵	一端	“丰”字型	2	轮灌	2	932	1.0～4.0	一台 200HW-5 泵,n=1 450 r/min,D=152 mm,N=7.5 kW;一台 300HW-8 泵,n=970 r/min,D=231 mm,N=22 kW	630	355
		300～500						轮灌	3	1 553				
		500～800						轮灌	4	2 484				
稻麦轮作	土地流转农场经营	100～300	2.0～4.0	混流泵	一端	“丰”字型	2	轮灌	2	932	3.6～7.2	一台 200HW-8 泵,n=1 450 r/min,D=186 mm,N=11 kW;一台 300HW-8 泵,n=970 r/min,D=275 mm,N=22 kW	630	315
		300～500						轮灌	3	1 553		一台 300HW-12 泵,n=970 r/min,D=254 mm,N=37 kW;一台 400HW-7B 泵,n=980 r/min,D=273 mm,N=75 kW	800	400
		500～800						轮灌	4	2 484				

（续表）

作物	经营方式	面积/亩	田面与常水位高差/m	泵型	泵站位置	管网布置形式	泡田时间/d	工作制度	轮灌组数	选泵流量/(m^3/h)	选泵扬程/m	水泵选择	硬塑料管选用规格/mm	
													干管	支管
稻麦轮作	土地流转农场经营	100～300	4.0～8.0	混流泵	一端	“丰”字型	2	轮灌	2	932	6.0～12.0	一台200HW-12泵，n=1 450 r/min，D=224 mm，N=18.5 kW； 一台250HW-11C泵，n=1 600 r/min，D=228 mm，N=37 kW	630	315
		300～500						轮灌	3	1 553		一台250HW-12泵，n=1 180 r/min，D=282 mm，N=30 kW； 一台400HW-10B泵，n=980 r/min，D=323 mm，N=110 kW	800	400
		500～800						轮灌	4	2 484		一台300HW-12泵，n=970 r/min，D=348 mm，N=37 kW； 一台400HW-10B泵，n=980 r/min，D=379 mm，N=110 kW	1 000	500
稻麦轮作	土地流转农场经营	100～300	8.0～12.0	混流泵	一端	“丰”字型	2	轮灌	2	932	12.0～18.0			
		300～500						轮灌	3	1 553				
		500～800						轮灌	4	2 484				
稻麦轮作	土地流转农场经营	100～300	12.0～15.0	混流泵	一端	“丰”字型	2	轮灌	2	932	18.0～22.5			
		300～500						轮灌	3	1 553				
		500～800						轮灌	4	2 484				

附表 1-4-6　泵站一端布置、泡田时间 2 d,“丰”字型布局,轮灌组形式二,离心泵(双泵)

作物	经营方式	面积/亩	田面与常水位高差/m	泵型	泵站位置	管网布置形式	泡田时间/d	工作制度	轮灌组数	选泵流量/(m^3/h)	选泵扬程/m	水泵选择	硬塑料管选用规格/mm	
													干管	支管
稻麦轮作	土地流转农场经营	100～300	0.5～2.0	离心泵	一端	“丰”字型	2	轮灌	2	932	1.0～4.0			
		300～500						轮灌	3	1 553				
		500～800						轮灌	4	2 484				
稻麦轮作	土地流转农场经营	100～300	2.0～4.0	离心泵	一端	“丰”字型	2	轮灌	2	932	3.6～7.2	一台 10SH-19A 泵,n=1 470 r/min,D=168 mm,N=22 kW;一台 300S-12 泵,n=1 480 r/min,D=205 mm,N=37 kW	630	315
		300～500						轮灌	3	1 553		一台 ISG250-235 泵,n=1 480 r/min,D=237 mm,N=30 kW;一台 350S-16 泵,n=1 480 r/min,D=225 mm,N=75 kW	800	400
		500～800						轮灌	4	2 484		一台 300S-12 泵,n=1 480 r/min,D=218 mm,N=37 kW;一台 500S-13 泵,n=970 r/min,D=324 mm,N=110 kW	1 000	500
稻麦轮作	土地流转农场经营	100～300	4.0～8.0	离心泵	一端	“丰”字型	2	轮灌	2	932	6.0～12.0	一台 10SH-13A 泵,n=1 470 r/min,D=202 mm,N=37 kW;一台 300S-19 泵,n=1 480 r/min,D=247 mm,N=75 kW	630	315
		300～500						轮灌	3	1 553		一台 250S-14 泵,n=1 480 r/min,D=246 mm,N=30 kW;一台 350S-26 泵,n=1 480 r/min,D=272 mm,N=132 kW	800	400
		500～800						轮灌	4	2 484		一台 14SH-19A 泵,n=1 470 r/min,D=234 mm,N=90 kW;一台 500S-22 泵,n=970 r/min,D=392 mm,N=250 kW	1 000	500

(续表)

作物	经营方式	面积/亩	田面与常水位高差/m	泵型	泵站位置	管网布置形式	泡田时间/d	工作制度	轮灌组数	选泵流量/(m^3/h)	选泵扬程/m	水泵选择	硬塑料管选用规格/mm	
													干管	支管
		100～300						轮灌	2	932		一台 250S-24 泵，n=1 480 r/min，D=260 mm，N=45 kW； 一台 300S-32 泵，n=1 480 r/min，D=287 mm，N=110 kW	630	315
稻麦轮作	土地流转农场经营	300～500	8.0～12.0	离心泵	一端	“丰”字型	2	轮灌	3	1 553	12.0～18.0	一台 ISG250-300 泵，n=1 480 r/min，D=283 mm，N=37 kW； 一台 350S-26 泵，n=1 480 r/min，D=302 mm，N=132 kW	800	400
		500～800						轮灌	4	2 484		一台 300S-19 泵，n=1 480 r/min，D=294 mm，N=75 kW； 一台 24SH-19 泵，n=970 r/min，D=403 mm，N=380 kW	1 000	500
		100～300						轮灌	2	932		一台 10SH-9 泵，n=1 470 r/min，D=269 mm，N=75 kW； 一台 12SH-13 泵，n=1 470 r/min，D=293 mm，N=90 kW	630	315
稻麦轮作	土地流转农场经营	300～500	12.0～15.0	离心泵	一端	“丰”字型	2	轮灌	3	1 553	18.0～22.5	一台 250S-24 泵，n=1 480 r/min，D=310 mm，N=45 kW； 一台 350S-26 泵，n=1 480 r/min，D=324 mm，N=132 kW	800	400
		500～800						轮灌	4	2 484		一台 300S-32 泵，n=1 480 r/min，D=322 mm，N=110 kW； 一台 20SH-13A 泵，n=970 r/min，D=445 mm，N=220 kW	1 000	500

附表 1-4-7 泵站一端布置、泡田时间 2 d,“丰”字型布局,轮灌组形式二,潜水泵(双泵)

作物	经营方式	面积/亩	田面与常水位高差/m	泵型	泵站位置	管网布置形式	泡田时间/d	工作制度	轮灌组数	选泵流量/(m^3/h)	选泵扬程/m	水泵选择	硬塑料管选用规格/mm 干管	硬塑料管选用规格/mm 支管
稻麦轮作	土地流转农场经营	100～300	0.5～2.0	潜水泵	一端	“丰”字型	2	轮灌	2	932	1.0～4.0			
		300～500						轮灌	3	1 553				
		500～800						轮灌	4	2 484		一台 350QZ-70D 泵,$-2°$,$n=980$ r/min,$D=300$ mm,$N=15$ kW; 一台 500QZ-100D 泵,$+2°$,$n=740$ r/min,$D=450$ mm,$N=30$ kW	1 000	500
稻麦轮作	土地流转农场经营	100～300	2.0～4.0	潜水泵	一端	“丰”字型	2	轮灌	2	932	3.6～7.2			
		300～500						轮灌	3	1 553				
		500～800						轮灌	4	2 484		一台 350QZ-100 泵,$-4°$,$n=1\ 450$ r/min,$D=300$ mm,$N=22$ kW; 一台 500QZ-100G 泵,$-4°$,$n=980$ r/min,$D=450$ mm,$N=45$ kW	1 000	500
稻麦轮作	土地流转农场经营	100～300	4.0～8.0	潜水泵	一端	“丰”字型	2	轮灌	2	932	6.0～12.0			
		300～500						轮灌	3	1 553		一台 250QW400-15-30 泵,$n=980$ r/min,$N=30$ kW; 一台 350QW1200-15-75 泵,$n=980$ r/min,$N=75$ kW	800	400
		500～800						轮灌	4	2 484		一台 300QW900-15-55 泵,$n=980$ r/min,$N=55$ kW; 一台 600QH-50 泵,$-4°$,$n=980$ r/min,$D=470$ mm,$N=110$ kW	1 000	500
稻麦轮作	土地流转农场经营	100～300	8.0～12.0	潜水泵	一端	“丰”字型	2	轮灌	2	932	12.0～18.0			
		300～500						轮灌	3	1 553				
		500～800						轮灌	4	2 484				
稻麦轮作	土地流转农场经营	100～300	12.0～15.0	潜水泵	一端	“丰”字型	2	轮灌	2	932	18.0～22.5			
		300～500						轮灌	3	1 553				
		500～800						轮灌	4	2 484		一台 250QW800-22-75 泵,$n=980$ r/min,$N=75$ kW; 一台 400QW-1700-22-160 泵,$n=740$ r/min,$N=160$ kW	1 000	500

附表 1-4-8　泵站一端布置、泡田时间 2 d，“丰”字型布局，轮灌组形式二，轴流泵(双泵)

作物	经营方式	面积/亩	田面与常水位高差/m	泵型	泵站位置	管网布置形式	泡田时间/d	工作制度	轮灌组数	选泵流量/(m^3/h)	选泵扬程/m	水泵选择	硬塑料管选用规格/mm	
													干管	支管
稻麦轮作	土地流转农场经营	100～300	0.5～2.0	轴流泵	一端	“丰”字型	2	轮灌	2	932	1.0～4.0			
		300～500						轮灌	3	1 553				
		500～800						轮灌	4	2 484		一台 350ZLB-125 泵，−4°，n=1 470 r/min，D=300 mm，N=18.5 kW； 一台 350ZLB-125 泵，+4°，n=1 470 r/min，D=300 mm，N=30 kW	1 000	500
稻麦轮作	土地流转农场经营	100～300	2.0～4.0	轴流泵	一端	“丰”字型	2	轮灌	2	932	3.6～7.2			
		300～500						轮灌	3	1 553				
		500～800						轮灌	4	2 484				
稻麦轮作	土地流转农场经营	100～300	4.0～8.0	轴流泵	一端	“丰”字型	2	轮灌	2	932	6.0～12.0			
		300～500						轮灌	3	1 553				
		500～800						轮灌	4	2 484				
稻麦轮作	土地流转农场经营	100～300	8.0～12.0	轴流泵	一端	“丰”字型	2	轮灌	2	932	12.0～18.0			
		300～500						轮灌	3	1 553				
		500～800						轮灌	4	2 484				
稻麦轮作	土地流转农场经营	100～300	12.0～15.0	轴流泵	一端	“丰”字型	2	轮灌	2	932	18.0～22.5			
		300～500						轮灌	3	1 553				
		500～800						轮灌	4	2 484				

附表 1-5　双泵、泵站一端布置、泡田时间 3 d，“丰”字型布局

轮灌组形式一：100～300 亩续灌，300～500 亩分 2 组轮灌，500～800 亩分 2 组轮灌

轮灌组形式二：100～300 亩分 2 组轮灌，300～500 亩分 3 组轮灌，500～800 亩分 4 组轮灌

附表 1-5-1　泵站一端布置、泡田时间 3 d，“丰”字型布局，轮灌组形式一，混流泵(双泵)

作物	经营方式	面积/亩	田面与常水位高差/m	泵型	泵站位置	管网布置形式	泡田时间/d	工作制度	轮灌组数	选泵流量/(m^3/h)	选泵扬程/m	水泵选择	硬塑料管选用规格/mm	
													干管	支管
稻麦轮作	土地流转农场经营	100～300	0.5～2.0	混流泵	一端	“丰”字型	3	续灌	1	621	1.0～4.0	一台 150HW-5 泵，n=1 450 r/min，D=157 mm，N=4 kW；一台 250HW-8B 泵，n=1 180 r/min，D=188 mm，N=18.5 kW	500	225
		300～500						轮灌	2	1 035		一台 250HW-8A 泵，n=970 r/min，D=201 mm，N=11 kW；一台 300HW-5 泵，n=970 r/min，D=230 mm，N=15 kW	630	315
		500～800						轮灌	2	1 656				
稻麦轮作	土地流转农场经营	100～300	2.0～4.0	混流泵	一端	“丰”字型	3	续灌	1	621	3.6～7.2	一台 150HW-8 泵，n=1 450 r/min，D=196 mm，N=5.5 kW；一台 250HW-12 泵，n=1 180 r/min，D=233 mm，N=30 kW	500	200
		300～500						轮灌	2	1 035		一台 200HW-10A 泵，n=1 200 r/min，D=220 mm，N=11 kW；一台 300HW-8 泵，n=970 r/min，D=285 mm，N=22 kW	630	280
		500～800						轮灌	2	1 656		一台 300HW-12 泵，n=970 r/min，D=258 mm，N=37 kW；一台 400HW-7B 泵，n=980 r/min，D=279 mm，N=75 kW	800	315

（续表）

作物	经营方式	面积/亩	田面与常水位高差/m	泵型	泵站位置	管网布置形式	泡田时间/d	工作制度	轮灌组数	选泵流量/(m^3/h)	选泵扬程/m	水泵选择	硬塑料管选用规格/mm	
													干管	支管
稻麦轮作	土地流转农场经营	100～300	4.0～8.0	混流泵	一端	“丰”字型	3	续灌	1	621	6.0～12.0	一台150HW-12泵，n=2 900 r/min，D=135 mm，N=11 kW； 一台250HW-12泵，n=1 180 r/min，D=277 mm，N=30 kW	500	200
		300～500						轮灌	2	1 035		一台200HW-12泵，n=1 450 r/min，D=230 mm，N=18.5 kW； 一台300HW-12泵，n=970 r/min，D=345 mm，N=37 kW	630	280
		500～800						轮灌	2	1 656		一台250HW-12泵，n=1 180 r/min，D=288 mm，N=30 kW； 一台400HW-10B泵，n=980 r/min，D=328 mm，N=110 kW	800	315
稻麦轮作	土地流转农场经营	100～300	8.0～12.0	混流泵	一端	“丰”字型	3	续灌	1	621	12.0～18.0			
		300～500						轮灌	2	1 035				
		500～800						轮灌	2	1 656				
稻麦轮作	土地流转农场经营	100～300	12.0～15.0	混流泵	一端	“丰”字型	3	续灌	1	621	18.0～22.5			
		300～500						轮灌	2	1 035				
		500～800						轮灌	2	1 656				

附表 1-5-2 泵站一端布置、泡田时间 3 d,“丰”字型布局,轮灌组形式一,离心泵(双泵)

作物	经营方式	面积/亩	田面与常水位高差/m	泵型	泵站位置	管网布置形式	泡田时间/d	工作制度	轮灌组数	选泵流量/(m^3/h)	选泵扬程/m	水泵选择	硬塑料管选用规格/mm	
													干管	支管
稻麦轮作	土地流转农场经营	100～300	0.5～2.0	离心泵	一端	“丰”字型	3	续灌	1	621	1.0～4.0			
		300～500						轮灌	2	1 035				
		500～800						轮灌	2	1 656				
稻麦轮作	土地流转农场经营	100～300	2.0～4.0	离心泵	一端	“丰”字型	3	续灌	1	621	3.6～7.2	一台 ISG150-200 泵,n=1 480 r/min,D=176 mm,N=15 kW; 一台 ISG250-235 泵,n=1 480 r/min,D=230 mm,N=30 kW	500	200
		300～500						轮灌	2	1 035		一台 ISG250-235 泵,n=1 480 r/min,D=202 mm,N=30 kW; 一台 300S-12 泵,n=1 480 r/min,D=215 mm,N=37 kW	630	280
		500～800						轮灌	2	1 656				
稻麦轮作	土地流转农场经营	100～300	4.0～8.0	离心泵	一端	“丰”字型	3	续灌	1	621	6.0～12.0	一台 ISG150-200 泵,n=1 480 r/min,D=211 mm,N=15 kW; 一台 ISG250-300 泵,n=1 480 r/min,D=241 mm,N=37 kW	500	200
		300～500						轮灌	2	1 035		一台 10SH-13A 泵,n=1 470 r/min,D=206 mm,N=37 kW; 一台 300S-19 泵,n=1 480 r/min,D=259 mm,N=75 kW	630	280
		500～800						轮灌	2	1 656		一台 250S-14 泵,n=1 480 r/min,D=253 mm,N=30 kW; 一台 350S-16 泵,n=1 480 r/min,D=265 mm,N=75 kW	800	315

（续表）

作物	经营方式	面积/亩	田面与常水位高差/m	泵型	泵站位置	管网布置形式	泡田时间/d	工作制度	轮灌组数	选泵流量/(m^3/h)	选泵扬程/m	水泵选择	硬塑料管选用规格/mm 干管	硬塑料管选用规格/mm 支管
		100～300						续灌	1	621		一台 ISG150-250 泵，n=1 480 r/min，D=255 mm，N=18.5 kW；一台 10SH-13A 泵，n=1 470 r/min，D=262 mm，N=37 kW	500	180
稻麦轮作	土地流转农场经营	300～500	8.0～12.0	离心泵	一端	“丰”字型	3	轮灌	2	1 035	12.0～18.0	一台 10SH-13 泵，n=1 470 r/min，D=245 mm，N=55 kW；一台 300S-19 泵，n=1 480 r/min，D=291 mm，N=75 kW	630	250
		500～800						轮灌	2	1 656		一台 ISG300-315 泵，n=1 480 r/min，D=265 mm，N=90 kW；一台 ISG350-450 泵，n=980 r/min，D=431 mm，N=90 kW	800	280
		100～300						续灌	1	621		一台 200S-42 泵，n=2 950 r/min，D=153 mm，N=55 kW；一台 250S-24 泵，n=1 480 r/min，D=305 mm，N=45 kW	500	180
稻麦轮作	土地流转农场经营	300～500	12.0～15.0	离心泵	一端	“丰”字型	3	轮灌	2	1 035	18.0～22.5	一台 250S-39 泵，n=1 480 r/min，D=284 mm，N=75 kW；一台 ISG300-315 泵，n=1 480 r/min，D=318 mm，N=90 kW	630	250
		500～800						轮灌	2	1 656		一台 ISG300-300 泵，n=1 480 r/min，D=280 mm，N=75 kW；一台 14SH-19 泵，n=1 470 r/min，D=324 mm，N=132 kW	800	280

附表 1-5-3 泵站一端布置、泡田时间 3 d,"丰"字型布局,轮灌组形式一,潜水泵(双泵)

作物	经营方式	面积/亩	田面与常水位高差/m	泵型	泵站位置	管网布置形式	泡田时间/d	工作制度	轮灌组数	选泵流量/(m^3/h)	选泵扬程/m	水泵选择	硬塑料管选用规格/mm 干管	硬塑料管选用规格/mm 支管
稻麦轮作	土地流转农场经营	100~300	0.5~2.0	潜水泵	一端	"丰"字型	3	续灌	1	621	1.0~4.0			
		300~500						轮灌	2	1 035				
		500~800						轮灌	2	1 656				
稻麦轮作	土地流转农场经营	100~300	2.0~4.0	潜水泵	一端	"丰"字型	3	续灌	1	621	3.6~7.2			
		300~500						轮灌	2	1 035				
		500~800						轮灌	2	1 656		一台 200QW400-7-15 泵,n=1 450 r/min,N=15 kW; 一台 350QZ-70G 泵,-2°,n=980 r/min,D=300 mm,N=45 kW	800	315
稻麦轮作	土地流转农场经营	100~300	4.0~8.0	潜水泵	一端	"丰"字型	3	续灌	1	621	6.0~12.0	一台 200QW250-15-18.5 泵,n=1 450 r/min,N=18.5 kW; 一台 250WQ400-15-30 泵,n=980 r/min,N=30 kW	500	180
		300~500						轮灌	2	1 035				
		500~800						轮灌	2	1 656		一台 250QW500-15-37 泵,n=980 r/min,N=37 kW; 一台 350WQ1200-15-75 泵,n=980 r/min,N=75 kW	800	315
稻麦轮作	土地流转农场经营	100~300	8.0~12.0	潜水泵	一端	"丰"字型	3	续灌	1	621	12.0~18.0			
		300~500						轮灌	2	1 035				
		500~800						轮灌	2	1 656				
稻麦轮作	土地流转农场经营	100~300	12.0~15.0	潜水泵	一端	"丰"字型	3	续灌	1	621	18.0~22.5	一台 150QW200-22-22 泵,n=980 r/min,N=22 kW; 一台 200WQ450-22-45 泵,n=980 r/min,N=45 kW	500	180
		300~500						轮灌	2	1 035		一台 200QW300-22-37 泵,n=980 r/min,N=37 kW; 一台 250WQ800-22-75 泵,n=980 r/min,N=75 kW	630	250
		500~800						轮灌	2	1 656				

附表 1-5-4　泵站一端布置、泡田时间 3 d,“丰”字型布局,轮灌组形式一,轴流泵(双泵)

作物	经营方式	面积/亩	田面与常水位高差/m	泵型	泵站位置	管网布置形式	泡田时间/d	工作制度	轮灌组数	选泵流量/(m^3/h)	选泵扬程/m	水泵选择	硬塑料管选用规格/mm	
													干管	支管
稻麦轮作	土地流转农场经营	100～300	0.5～2.0	轴流泵	一端	“丰”字型	3	续灌	1	621	1.0～4.0			
		300～500						轮灌	2	1 035				
		500～800						轮灌	2	1 656				
稻麦轮作	土地流转农场经营	100～300	2.0～4.0	轴流泵	一端	“丰”字型	3	续灌	1	621	3.6～7.2			
		300～500						轮灌	2	1 035				
		500～800						轮灌	2	1 656				
稻麦轮作	土地流转农场经营	100～300	4.0～8.0	轴流泵	一端	“丰”字型	3	续灌	1	621	6.0～12.0			
		300～500						轮灌	2	1 035				
		500～800						轮灌	2	1 656				
稻麦轮作	土地流转农场经营	100～300	8.0～12.0	轴流泵	一端	“丰”字型	3	续灌	1	621	12.0～18.0			
		300～500						轮灌	2	1 035				
		500～800						轮灌	2	1 656				
稻麦轮作	土地流转农场经营	100～300	12.0～15.0	轴流泵	一端	“丰”字型	3	续灌	1	621	18.0～22.5			
		300～500						轮灌	2	1 035				
		500～800						轮灌	2	1 656				

附表 1-5-5　泵站一端布置、泡田时间 3 d,"丰"字型布局,轮灌组形式二,混流泵(双泵)

作物	经营方式	面积/亩	田面与常水位高差/m	泵型	泵站位置	管网布置形式	泡田时间/d	工作制度	轮灌组数	选泵流量/(m^3/h)	选泵扬程/m	水泵选择	硬塑料管选用规格/mm	
													干管	支管
稻麦轮作	土地流转农场经营	100～300	0.5～2.0	混流泵	一端	"丰"字型	3	轮灌	2	621	1.0～4.0	一台 150HW-5 泵,n=1 450 r/min,D=157 mm,N=4 kW;一台 250HW-8B 泵,n=1 180 r/min,D=188 mm,N=18.5 kW	500	315
		300～500						轮灌	3	1 035		一台 250HW-8A 泵,n=970 r/min,D=201 mm,N=11 kW;一台 300HW-5 泵,n=970 r/min,D=230 mm,N=15 kW	630	400
		500～800						轮灌	4	1 656				
稻麦轮作	土地流转农场经营	100～300	2.0～4.0	混流泵	一端	"丰"字型	3	轮灌	2	621	3.6～7.2	一台 150HW-8 泵,n=1 450 r/min,D=196 mm,N=5.5 kW;一台 250HW-12 泵,n=1 180 r/min,D=233 mm,N=30 kW	500	280
		300～500						轮灌	3	1 035		一台 200HW-10A 泵,n=1 200 r/min,D=220 mm,N=11 kW;一台 300HW-8 泵,n=970 r/min,D=285 mm,N=22 kW	630	355
		500～800						轮灌	4	1 656		一台 300HW-12 泵,n=970 r/min,D=258 mm,N=37 kW;一台 400HW-7B 泵,n=980 r/min,D=279 mm,N=75 kW	800	400

（续表）

作物	经营方式	面积/亩	田面与常水位高差/m	泵型	泵站位置	管网布置形式	泡田时间/d	工作制度	轮灌组数	选泵流量/(m^3/h)	选泵扬程/m	水泵选择	硬塑料管选用规格/mm	
													干管	支管
稻麦轮作	土地流转农场经营	100～300	4.0～8.0	混流泵	一端	“丰”字型	3	轮灌	2	621	6.0～12.0	一台 150HW-12 泵，n=2 900 r/min，D=135 mm，N=11 kW；一台 250HW-12 泵，n=1 180 r/min，D=277 mm，N=30 kW	500	280
		300～500						轮灌	3	1 035		一台 200HW-12 泵，n=1 450 r/min，D=230 mm，N=18.5 kW；一台 300HW-12 泵，n=970 r/min，D=345 mm，N=37 kW	630	355
		500～800						轮灌	4	1 656		一台 250HW-12 泵，n=1 180 r/min，D=288 mm，N=30 kW；一台 400HW-10B 泵，n=980 r/min，D=328 mm，N=110 kW	800	400
稻麦轮作	土地流转农场经营	100～300	8.0～12.0	混流泵	一端	“丰”字型	3	轮灌	2	621	12.0～18.0			
		300～500						轮灌	3	1 035				
		500～800						轮灌	4	1 656				
稻麦轮作	土地流转农场经营	100～300	12.0～15.0	混流泵	一端	“丰”字型	3	轮灌	2	621	18.0～22.5			
		300～500						轮灌	3	1 035				
		500～800						轮灌	4	1 656				

附表 1-5-6 泵站一端布置、泡田时间 3 d,"丰"字型布局,轮灌组形式二,离心泵(双泵)

作物	经营方式	面积/亩	田面与常水位高差/m	泵型	泵站位置	管网布置形式	泡田时间/d	工作制度	轮灌组数	选泵流量/(m^3/h)	选泵扬程/m	水泵选择	硬塑料管选用规格/mm	
													干管	支管
稻麦轮作	土地流转农场经营	100~300	0.5~2.0	离心泵	一端	"丰"字型	3	轮灌	2	621	1.0~4.0			
		300~500						轮灌	3	1 035				
		500~800						轮灌	4	1 656				
稻麦轮作	土地流转农场经营	100~300	2.0~4.0	离心泵	一端	"丰"字型	3	轮灌	2	621	3.6~7.2	一台 ISG150-200 泵,n=1 480 r/min,D=176 mm,N=15 kW;一台 ISG250-235 泵,n=1 480 r/min,D=230 mm,N=30 kW	500	280
		300~500						轮灌	3	1 035		一台 ISG250-235 泵,n=1 480 r/min,D=202 mm,N=30 kW;一台 300S-12 泵,n=1 480 r/min,D=215 mm,N=37 kW	630	355
		500~800						轮灌	4	1 656				
稻麦轮作	土地流转农场经营	100~300	4.0~8.0	离心泵	一端	"丰"字型	3	轮灌	2	621	6.0~12.0	一台 ISG150-200 泵,n=1 480 r/min,D=211 mm,N=15 kW;一台 ISG250-300 泵,n=1 480 r/min,D=241 mm,N=37 kW	500	280
		300~500						轮灌	3	1 035		一台 10SH-13A 泵,n=1 470 r/min,D=206 mm,N=37 kW;一台 300S-19 泵,n=1 480 r/min,D=259 mm,N=75 kW	630	355
		500~800						轮灌	4	1 656		一台 250S-14 泵,n=1 480 r/min,D=253 mm,N=30 kW;一台 350S-16 泵,n=1 480 r/min,D=265 mm,N=75 kW	800	400

（续表）

作物	经营方式	面积/亩	田面与常水位高差/m	泵型	泵站位置	管网布置形式	泡田时间/d	工作制度	轮灌组数	选泵流量/(m^3/h)	选泵扬程/m	水泵选择	硬塑料管选用规格/mm	
													干管	支管
		100～300						轮灌	2	621		一台 ISG150-250 泵，n=1 480 r/min，D=255 mm，N=18.5 kW；一台 10SH-13A 泵，n=1 470 r/min，D=262 mm，N=37 kW	500	250
稻麦轮作	土地流转农场经营	300～500	8.0～12.0	离心泵	一端	“丰”字型	3	轮灌	3	1 035	12.0～18.0	一台 10SH-13 泵，n=1 470 r/min，D=245 mm，N=55 kW；一台 300S-19 泵，n=1 480 r/min，D=291 mm，N=75 kW	630	315
		500～800						轮灌	4	1 656		一台 ISG300-315 泵，n=1 480 r/min，D=265 mm，N=90 kW；一台 ISG350-450 泵，n=980 r/min，D=431 mm，N=90 kW	800	400
		100～300						轮灌	2	621		一台 200S-42 泵，n=2 950 r/min，D=153 mm，N=55 kW；一台 250S-24 泵，n=1 480 r/min，D=305 mm，N=45 kW	500	250
稻麦轮作	土地流转农场经营	300～500	12.0～15.0	离心泵	一端	“丰”字型	3	轮灌	3	1 035	18.0～22.5	一台 250S-39 泵，n=1 480 r/min，D=284 mm，N=75 kW；一台 ISG300-315 泵，n=1 480 r/min，D=318 mm，N=90 kW	630	315
		500～800						轮灌	4	1 656		一台 ISG300-300 泵，n=1 480 r/min，D=280 mm，N=75 kW；一台 14SH-19 泵，n=1 470 r/min，D=324 mm，N=132 kW	800	400

附表 1-5-7　泵站一端布置、泡田时间 3 d,“丰”字型布局,轮灌组形式二,潜水泵(双泵)

作物	经营方式	面积/亩	田面与常水位高差/m	泵型	泵站位置	管网布置形式	泡田时间/d	工作制度	轮灌组数	选泵流量/(m^3/h)	选泵扬程/m	水泵选择	硬塑料管选用规格/mm	
													干管	支管
稻麦轮作	土地流转农场经营	100～300	0.5～2.0	潜水泵	一端	“丰”字型	3	轮灌	2	621	1.0～4.0			
		300～500						轮灌	3	1 035				
		500～800						轮灌	4	1 656				
稻麦轮作	土地流转农场经营	100～300	2.0～4.0	潜水泵	一端	“丰”字型	3	轮灌	2	621	3.6～7.2			
		300～500						轮灌	3	1 035				
		500～800						轮灌	4	1 656		一台 200QW400-7-15 泵,n=1 450 r/min,N=15 kW;一台 350QZ-70G 泵,−2°,n=980 r/min,D=300 mm,N=45 kW	800	450
稻麦轮作	土地流转农场经营	100～300	4.0～8.0	潜水泵	一端	“丰”字型	3	轮灌	2	621	6.0～12.0	一台 200QW250-15-18.5 泵,n=1 450 r/min,N=18.5 kW;一台 250WQ400-15-30 泵,n=980 r/min,N=30 kW	500	250
		300～500						轮灌	3	1 035				
		500～800						轮灌	4	1 656		一台 250QW500-15-37 泵,n=980 r/min,N=37 kW;一台 350WQ1200-15-75 泵,n=980 r/min,N=75 kW	800	400
稻麦轮作	土地流转农场经营	100～300	8.0～12.0	潜水泵	一端	“丰”字型	3	轮灌	2	621	12.0～18.0			
		300～500						轮灌	3	1 035				
		500～800						轮灌	4	1 656				
稻麦轮作	土地流转农场经营	100～300	12.0～15.0	潜水泵	一端	“丰”字型	3	轮灌	2	621	18.0～22.5	一台 150QW200-22-22 泵,n=980 r/min,N=22 kW;一台 200WQ450-22-45 泵,n=980 r/min,N=45 kW	500	250
		300～500						轮灌	3	1 035		一台 200QW300-22-37 泵,n=980 r/min,N=37 kW;一台 250WQ800-22-75 泵,n=980 r/min,N=75 kW	630	315
		500～800						轮灌	4	1 656				

附表 1-5-8　泵站一端布置、泡田时间 3 d,"丰"字型布局,轮灌组形式二,轴流泵(双泵)

作物	经营方式	面积/亩	田面与常水位高差/m	泵型	泵站位置	管网布置形式	泡田时间/d	工作制度	轮灌组数	选泵流量/(m^3/h)	选泵扬程/m	水泵选择	硬塑料管选用规格/mm	
													干管	支管
		100～300						轮灌	2	621				
稻麦轮作	土地流转农场经营	300～500	0.5～2.0	轴流泵	一端	"丰"字型	3	轮灌	3	1 035	1.0～4.0			
		500～800						轮灌	4	1 656				
		100～300						轮灌	2	621				
稻麦轮作	土地流转农场经营	300～500	2.0～4.0	轴流泵	一端	"丰"字型	3	轮灌	3	1 035	3.6～7.2			
		500～800						轮灌	4	1 656				
		100～300						轮灌	2	621				
稻麦轮作	土地流转农场经营	300～500	4.0～8.0	轴流泵	一端	"丰"字型	3	轮灌	3	1 035	6.0～12.0			
		500～800						轮灌	4	1 656				
		100～300						轮灌	2	621				
稻麦轮作	土地流转农场经营	300～500	8.0～12.0	轴流泵	一端	"丰"字型	3	轮灌	3	1 035	12.0～18.0			
		500～800						轮灌	4	1 656				
		100～300						轮灌	2	621				
稻麦轮作	土地流转农场经营	300～500	12.0～15.0	轴流泵	一端	"丰"字型	3	轮灌	3	1 035	18.0～22.5			
		500～800						轮灌	4	1 656				

附表 1-6 双泵、泵站一端布置、泡田时间 5 d，“丰”字型布局

轮灌组形式一：100～300 亩续灌，300～500 亩分 2 组轮灌，500～800 亩分 2 组轮灌

轮灌组形式二：100～300 亩分 2 组轮灌，300～500 亩分 3 组轮灌，500～800 亩分 4 组轮灌

附表 1-6-1 泵站一端布置、泡田时间 5 d，“丰”字型布局，轮灌组形式一，混流泵（双泵）

作物	经营方式	面积/亩	田面与常水位高差/m	泵型	泵站位置	管网布置形式	泡田时间/d	工作制度	轮灌组数	选泵流量/(m^3/h)	选泵扬程/m	水泵选择	硬塑料管选用规格/mm	
													干管	支管
稻麦轮作	土地流转农场经营	100～300	0.5～2.0	混流泵	一端	“丰”字型	5	续灌	1	375	1.0～4.0	一台 150HW-6A 泵，n=1 450 r/min，D=131 mm，N=5.5 kW； 一台 200HW-8 泵，n=1 450 r/min，D=150 mm，N=11 kW	400	200
		300～500						轮灌	2	626		一台 150HW-5 泵，n=1 450 r/min，D=158 mm，N=4 kW； 一台 250HW-11A 泵，n=980 r/min，D=225 mm，N=11 kW	500	280
		500～800						轮灌	2	1 001		一台 250HW-8A 泵，n=970 r/min，D=199 mm，N=11 kW； 一台 300HW-8 泵，n=970 r/min，D=239 mm，N=22 kW	630	315

(续表)

作物	经营方式	面积/亩	田面与常水位高差/m	泵型	泵站位置	管网布置形式	泡田时间/d	工作制度	轮灌组数	选泵流量/(m^3/h)	选泵扬程/m	水泵选择	硬塑料管选用规格/mm	
													干管	支管
稻麦轮作	土地流转农场经营	100～300	2.0～4.0	混流泵	一端	“丰”字型	5	续灌	1	375	3.6～7.2	一台 150HW-12 泵，n=2 900 r/min，D=96 mm，N=11 kW；一台 200HW-12 泵，n=1 450 r/min，D=183 mm，N=18.5 kW	400	180
		300～500						轮灌	2	626		一台 150HW-6B 泵，n=1 800 r/min，D=152 mm，N=7.5 kW；一台 250HW-8B 泵，n=1 180 r/min，D=225 mm，N=18.5 kW	500	250
		500～800						轮灌	2	1 001		一台 200HW-8 泵，n=1 450 r/min，D=190 mm，N=11 kW；一台 300HW-7C 泵，n=1 300 r/min，D=212 mm，N=55 kW	630	280
稻麦轮作	土地流转农场经营	100～300	4.0～8.0	混流泵	一端	“丰”字型	5	续灌	1	375	6.0～12.0			
		300～500						轮灌	2	626				
		500～800						轮灌	2	1 001		一台 200HW-12 泵，n=1 450 r/min，D=228 mm，N=18.5 kW；一台 300HW-12 泵，n=970 r/min，D=341 mm，N=37 kW	630	280
稻麦轮作	土地流转农场经营	100～300	8.0～12.0	混流泵	一端	“丰”字型	5	续灌	1	375	12.0～18.0			
		300～500						轮灌	2	626				
		500～800						轮灌	2	1 001				
稻麦轮作	土地流转农场经营	100～300	12.0～15.0	混流泵	一端	“丰”字型	5	续灌	1	375	18.0～22.5			
		300～500						轮灌	2	626				
		500～800						轮灌	2	1 001				

附表 1-6-2　泵站一端布置、泡田时间 5 d,“丰”字型布局,轮灌组形式一,离心泵(双泵)

作物	经营方式	面积/亩	田面与常水位高差/m	泵型	泵站位置	管网布置形式	泡田时间/d	工作制度	轮灌组数	选泵流量/(m^3/h)	选泵扬程/m	水泵选择	硬塑料管选用规格/mm	
													干管	支管
稻麦轮作	土地流转农场经营	100～300	0.5～2.0	离心泵	一端	“丰”字型	5	续灌	1	375	1.0～4.0			
		300～500						轮灌	2	626				
		500～800						轮灌	2	1 001				
稻麦轮作	土地流转农场经营	100～300	2.0～4.0	离心泵	一端	“丰”字型	5	续灌	1	375	3.6～7.2	一台 ISG125-100 泵,n=2 950 r/min,D=102 mm,N=7.5 kW;一台 10SH-12 泵,n=1 470 r/min,D=165 mm,N=22 kW	400	180
		300～500						轮灌	2	626		一台 ISW200-200A 泵,n=1 480 r/min,D=181 mm,N=11 kW;一台 250S-14 泵,n=1 480 r/min,D=209 mm,N=30 kW	500	250
		500～800						轮灌	2	1 001		一台 ISG250-235 泵,n=1 480 r/min,D=200 mm,N=30 kW;一台 ISG350-235 泵,n=1 480 r/min,D=238 mm,N=37 kW	630	280
稻麦轮作	土地流转农场经营	100～300	4.0～8.0	离心泵	一端	“丰”字型	5	续灌	1	375	6.0～12.0	一台 ISG250-250 泵,n=1 480 r/min,D=227 mm,N=11 kW;一台 10SH-13A 泵,n=1 470 r/min,D=199 mm,N=37 kW	400	180
		300～500						轮灌	2	626		一台 ISG150-250 泵,n=1 480 r/min,D=220 mm,N=18.5 kW;一台 250S-14 泵,n=1 480 r/min,D=240 mm,N=30 kW	500	250
		500～800						轮灌	2	1 001		一台 ISG250-300 泵,n=1 480 r/min,D=219 mm,N=37 kW;一台 14SH-19A 泵,n=1 470 r/min,D=229 mm,N=90 kW	630	280

（续表）

作物	经营方式	面积/亩	田面与常水位高差/m	泵型	泵站位置	管网布置形式	泡田时间/d	工作制度	轮灌组数	选泵流量/(m^3/h)	选泵扬程/m	水泵选择	硬塑料管选用规格/mm	
													干管	支管
		100～300						续灌	1	375		一台 ISG250-250 泵，n=1 480 r/min，D=270 mm，N=11 kW；一台 10SH-13A 泵，n=1 470 r/min，D=238 mm，N=37 kW	400	160
稻麦轮作	土地流转农场经营	300～500	8.0～12.0	离心泵	一端	“丰”字型	5	轮灌	2	626	12.0～18.0	一台 ISG200-250 泵，n=1 480 r/min，D=246 mm，N=18.5 kW；一台 10SH-13 泵，n=1 470 r/min，D=261 mm，N=55 kW	500	225
		500～800						轮灌	2	1 001		一台 10SH-13 泵，n=1 470 r/min，D=244 mm，N=55 kW；一台 300S-32 泵，n=1 480 r/min，D=293 mm，N=110 kW	630	250
		100～300						续灌	1	375		一台 ISG150-160 泵，n=2 950 r/min，D=144 mm，N=22 kW；一台 250S-39 泵，n=1 480 r/min，D=279 mm，N=75 kW	400	160
稻麦轮作	土地流转农场经营	300～500	12.0～15.0	离心泵	一端	“丰”字型	5	轮灌	2	626	18.0～22.5	一台 8SH-13A 泵，n=2 950 r/min，D=148 mm，N=45 kW；一台 250S-24 泵，n=1 480 r/min，D=306 mm，N=45 kW	500	200
		500～800						轮灌	2	1 001		一台 250S-39 泵，n=1 480 r/min，D=283 mm，N=75 kW；一台 400S-40 泵，n=970 r/min，D=432 mm，N=185 kW	630	225

附表 1-6-3 泵站一端布置、泡田时间 5 d,"丰"字型布局,轮灌组形式一,潜水泵(双泵)

作物	经营方式	面积/亩	田面与常水位高差/m	泵型	泵站位置	管网布置形式	泡田时间/d	工作制度	轮灌组数	选泵流量/(m^3/h)	选泵扬程/m	水泵选择	硬塑料管选用规格/mm	
													干管	支管
稻麦轮作	土地流转农场经营	100～300	0.5～2.0	潜水泵	一端	"丰"字型	5	续灌	1	375	1.0～4.0			
		300～500						轮灌	2	626				
		500～800						轮灌	2	1 001				
稻麦轮作	土地流转农场经营	100～300	2.0～4.0	潜水泵	一端	"丰"字型	5	续灌	1	375	3.6～7.2			
		300～500						轮灌	2	626				
		500～800						轮灌	2	1 001				
稻麦轮作	土地流转农场经营	100～300	4.0～8.0	潜水泵	一端	"丰"字型	5	续灌	1	375	6.0～12.0	一台 150QW130-15-11 泵,n=1 450 r/min,N=11 kW; 一台 200QW250-15-18.5 泵,n=1 450 r/min,N=18.5 kW	400	140
		300～500						轮灌	2	626		一台 200QW250-15-18.5 泵,n=1 450 r/min,N=18.5 kW; 一台 250QW400-15-30 泵,n=980 r/min,N=30 kW	500	200
		500～800						轮灌	2	1 001		一台 250QW400-15-30 泵,n=980 r/min,N=30 kW; 一台 250QW600-15-45 泵,n=980 r/min,N=45 kW	630	225
稻麦轮作	土地流转农场经营	100～300	8.0～12.0	潜水泵	一端	"丰"字型	5	续灌	1	375	12.0～18.0			
		300～500						轮灌	2	626				
		500～800						轮灌	2	1 001				
稻麦轮作	土地流转农场经营	100～300	12.0～15.0	潜水泵	一端	"丰"字型	5	续灌	1	375	18.0～22.5			
		300～500						轮灌	2	626		一台 150QW200-22-22 泵,n=980 r/min,N=22 kW; 一台 200QW450-22-45 泵,n=980 r/min,N=45 kW	500	225
		500～800						轮灌	2	1 001		一台 200QW300-22-37 泵,n=980 r/min,N=37 kW; 一台 250QW800-22-75 泵,n=980 r/min,N=75 kW	630	250

附表 1-6-4　泵站一端布置、泡田时间 5 d,“丰”字型布局,轮灌组形式一,轴流泵(双泵)

作物	经营方式	面积/亩	田面与常水位高差/m	泵型	泵站位置	管网布置形式	泡田时间/d	工作制度	轮灌组数	选泵流量/(m^3/h)	选泵扬程/m	水泵选择	硬塑料管选用规格/mm	
													干管	支管
稻麦轮作	土地流转农场经营	100～300	0.5～2.0	轴流泵	一端	“丰”字型	5	续灌	1	375	1.0～4.0			
		300～500						轮灌	2	626				
		500～800						轮灌	2	1 001				
稻麦轮作	土地流转农场经营	100～300	2.0～4.0	轴流泵	一端	“丰”字型	5	续灌	1	375	3.6～7.2			
		300～500						轮灌	2	626				
		500～800						轮灌	2	1 001				
稻麦轮作	土地流转农场经营	100～300	4.0～8.0	轴流泵	一端	“丰”字型	5	续灌	1	375	6.0～12.0			
		300～500						轮灌	2	626				
		500～800						轮灌	2	1 001				
稻麦轮作	土地流转农场经营	100～300	8.0～12.0	轴流泵	一端	“丰”字型	5	续灌	1	375	12.0～18.0			
		300～500						轮灌	2	626				
		500～800						轮灌	2	1 001				
稻麦轮作	土地流转农场经营	100～300	12.0～15.0	轴流泵	一端	“丰”字型	5	续灌	1	375	18.0～22.5			
		300～500						轮灌	2	626				
		500～800						轮灌	2	1 001				

附表 1-6-5　泵站一端布置、泡田时间 5 d,“丰”字型布局,轮灌组形式二,混流泵(双泵)

作物	经营方式	面积/亩	田面与常水位高差/m	泵型	泵站位置	管网布置形式	泡田时间/d	工作制度	轮灌组数	选泵流量/(m^3/h)	选泵扬程/m	水泵选择	硬塑料管选用规格/mm	
													干管	支管
稻麦轮作	土地流转农场经营	100～300	0.5～2.0	混流泵	一端	“丰”字型	5	轮灌	2	375	1.0～4.0	一台 150HW-6A 泵,n=1 450 r/min,D=131 mm,N=5.5 kW;一台 200HW-8 泵,n=1 450 r/min,D=150 mm,N=11 kW	400	250
		300～500						轮灌	3	626		一台 150HW-5 泵,n=1 450 r/min,D=158 mm,N=4 kW;一台 250HW-11A 泵,n=980 r/min,D=225 mm,N=11 kW	500	315
		500～800						轮灌	4	1 001		一台 250HW-8A 泵,n=970 r/min,D=199 mm,N=11 kW;一台 300HW-8 泵,n=970 r/min,D=239 mm,N=22 kW	630	400
稻麦轮作	土地流转农场经营	100～300	2.0～4.0	混流泵	一端	“丰”字型	5	轮灌	2	375	3.6～7.2	一台 150HW-12 泵,n=2 900 r/min,D=96 mm,N=11 kW;一台 200HW-12 泵,n=1 450 r/min,D=183 mm,N=18.5 kW	400	225
		300～500						轮灌	3	626		一台 150HW-6B 泵,n=1 800 r/min,D=152 mm,N=7.5 kW;一台 250HW-8B 泵,n=1 180 r/min,D=225 mm,N=18.5 kW	500	280
		500～800						轮灌	4	1 001		一台 200HW-8 泵,n=1 450 r/min,D=190 mm,N=11 kW;一台 300HW-7C 泵,n=1 300 r/min,D=212 mm,N=55 kW	630	355

（续表）

作物	经营方式	面积/亩	田面与常水位高差/m	泵型	泵站位置	管网布置形式	泡田时间/d	工作制度	轮灌组数	选泵流量/(m^3/h)	选泵扬程/m	水泵选择	硬塑料管选用规格/mm	
													干管	支管
稻麦轮作	土地流转农场经营	100～300	4.0～8.0	混流泵	一端	“丰”字型	5	轮灌	2	375	6.0～12.0			
		300～500						轮灌	3	626				
		500～800						轮灌	4	1 001		一台 200HW-12 泵，n=1 450 r/min，D=228 mm，N=18.5 kW；一台 300HW-12 泵，n=970 r/min，D=341 mm，N=37 kW	630	355
稻麦轮作	土地流转农场经营	100～300	8.0～12.0	混流泵	一端	“丰”字型	5	轮灌	2	375	12.0～18.0			
		300～500						轮灌	3	626				
		500～800						轮灌	4	1 001				
稻麦轮作	土地流转农场经营	100～300	12.0～15.0	混流泵	一端	“丰”字型	5	轮灌	2	375	18.0～22.5			
		300～500						轮灌	3	626				
		500～800						轮灌	4	1 001				

附表 1-6-6　泵站一端布置、泡田时间 5 d,“丰”字型布局,轮灌组形式二,离心泵(双泵)

作物	经营方式	面积/亩	田面与常水位高差/m	泵型	泵站位置	管网布置形式	泡田时间/d	工作制度	轮灌组数	选泵流量/(m³/h)	选泵扬程/m	水泵选择	硬塑料管选用规格/mm	
													干管	支管
稻麦轮作	土地流转农场经营	100～300	0.5～2.0	离心泵	一端	“丰”字型	5	轮灌	2	375	1.0～4.0			
		300～500						轮灌	3	626				
		500～800						轮灌	4	1 001				
稻麦轮作	土地流转农场经营	100～300	2.0～4.0	离心泵	一端	“丰”字型	5	轮灌	2	375	3.6～7.2	一台 ISG125-100 泵,n=2 950 r/min,D=102 mm,N=7.5 kW; 一台 10SH-12 泵,n=1 470 r/min,D=165 mm,N=22 kW	400	225
		300～500						轮灌	3	626		一台 ISW200-200A 泵,n=1 480 r/min,D=181 mm,N=11 kW; 一台 250S-14 泵,n=1 480 r/min,D=209 mm,N=30 kW	500	280
		500～800						轮灌	4	1 001		一台 ISG250-235 泵,n=1 480 r/min,D=200 mm,N=30 kW; 一台 ISG350-235 泵,n=1 480 r/min,D=238 mm,N=37 kW	630	355
稻麦轮作	土地流转农场经营	100～300	4.0～8.0	离心泵	一端	“丰”字型	5	轮灌	2	375	6.0～12.0	一台 ISG250-250 泵,n=1 480 r/min,D=227 mm,N=11 kW; 一台 10SH-13A 泵,n=1 470 r/min,D=199 mm,N=37 kW	400	225
		300～500						轮灌	3	626		一台 ISG150-250 泵,n=1 480 r/min,D=220 mm,N=18.5 kW; 一台 250S-14 泵,n=1 480 r/min,D=240 mm,N=30 kW	500	280
		500～800						轮灌	4	1 001		一台 ISG250-300 泵,n=1 480 r/min,D=219 mm,N=37 kW; 一台 14SH-19A 泵,n=1 470 r/min,D=229 mm,N=90 kW	630	355

(续表)

作物	经营方式	面积/亩	田面与常水位高差/m	泵型	泵站位置	管网布置形式	泡田时间/d	工作制度	轮灌组数	选泵流量/(m^3/h)	选泵扬程/m	水泵选择	硬塑料管选用规格/mm	
													干管	支管
稻麦轮作	土地流转农场经营	100～300	8.0～12.0	离心泵	一端	"丰"字型	5	轮灌	2	375	12.0～18.0	一台 ISG250-250 泵,n=1 480 r/min,D=270 mm,N=11 kW; 一台 10SH-13A 泵,n=1 470 r/min,D=238 mm,N=37 kW	400	200
		300～500						轮灌	3	626		一台 ISG200-250 泵,n=1 480 r/min,D=246 mm,N=18.5 kW; 一台 10SH-13 泵,n=1 470 r/min,D=261 mm,N=55 kW	500	250
		500～800						轮灌	4	1 001		一台 10SH-13 泵,n=1 470 r/min,D=244 mm,N=55 kW; 一台 300S-32 泵,n=1 480 r/min,D=293 mm,N=110 kW	630	315
稻麦轮作	土地流转农场经营	100～300	12.0～15.0	离心泵	一端	"丰"字型	5	轮灌	2	375	18.0～22.5	一台 ISG150-160 泵,n=2 950 r/min,D=144 mm,N=22 kW; 一台 250S-39 泵,n=1 480 r/min,D=279 mm,N=75 kW	400	200
		300～500						轮灌	3	626		一台 8SH-13A 泵,n=2 950 r/min,D=148 mm,N=45 kW; 一台 250S-24 泵,n=1 480 r/min,D=306 mm,N=45 kW	500	250
		500～800						轮灌	4	1 001		一台 250S-39 泵,n=1 480 r/min,D=283 mm,N=75 kW; 一台 400S-40 泵,n=970 r/min,D=432 mm,N=185 kW	630	315

附表 1-6-7　泵站一端布置、泡田时间 5 d,“丰”字型布局,轮灌组形式二,潜水泵(双泵)

作物	经营方式	面积/亩	田面与常水位高差/m	泵型	泵站位置	管网布置形式	泡田时间/d	工作制度	轮灌组数	选泵流量/(m³/h)	选泵扬程/m	水泵选择	硬塑料管选用规格/mm 干管	硬塑料管选用规格/mm 支管
稻麦轮作	土地流转农场经营	100～300	0.5～2.0	潜水泵	一端	“丰”字型	5	轮灌	2	375	1.0～4.0			
		300～500						轮灌	3	626				
		500～800						轮灌	4	1 001				
稻麦轮作	土地流转农场经营	100～300	2.0～4.0	潜水泵	一端	“丰”字型	5	轮灌	2	375	3.6～7.2			
		300～500						轮灌	3	626				
		500～800						轮灌	4	1 001				
稻麦轮作	土地流转农场经营	100～300	4.0～8.0	潜水泵	一端	“丰”字型	5	轮灌	2	375	6.0～12.0	一台 150QW130-15-11 泵,n=1 450 r/min,N=11 kW; 一台 200QW250-15-18.5 泵,n=1 450 r/min,N=18.5 kW	400	200
		300～500						轮灌	3	626		一台 200QW250-15-18.5 泵,n=1 450 r/min,N=18.5 kW; 一台 250QW400-15-30 泵,n=980 r/min,N=30 kW	500	250
		500～800						轮灌	4	1 001		一台 250QW400-15-30 泵,n=980 r/min,N=30 kW; 一台 250QW600-15-45 泵,n=980 r/min,N=45 kW	630	315
稻麦轮作	土地流转农场经营	100～300	8.0～12.0	潜水泵	一端	“丰”字型	5	轮灌	2	375	12.0～18.0			
		300～500						轮灌	3	626				
		500～800						轮灌	4	1 001				
稻麦轮作	土地流转农场经营	100～300	12.0～15.0	潜水泵	一端	“丰”字型	5	轮灌	2	375	18.0～22.5			
		300～500						轮灌	3	626		一台 150QW200-22-22 泵,n=980 r/min,N=22 kW; 一台 200QW450-22-45 泵,n=980 r/min,N=45 kW	500	250
		500～800						轮灌	4	1 001		一台 200QW300-22-37 泵,n=980 r/min,N=37 kW; 一台 250QW800-22-75 泵,n=980 r/min,N=75 kW	630	315

附表 1-6-8　泵站一端布置、泡田时间 5 d,“丰”字型布局,轮灌组形式二,轴流泵(双泵)

作物	经营方式	面积/亩	田面与常水位高差/m	泵型	泵站位置	管网布置形式	泡田时间/d	工作制度	轮灌组数	选泵流量/(m^3/h)	选泵扬程/m	水泵选择	硬塑料管选用规格/mm	
													干管	支管
稻麦轮作	土地流转农场经营	100～300	0.5～2.0	轴流泵	一端	“丰”字型	5	轮灌	2	375	1.0～4.0			
		300～500						轮灌	3	626				
		500～800						轮灌	4	1 001				
稻麦轮作	土地流转农场经营	100～300	2.0～4.0	轴流泵	一端	“丰”字型	5	轮灌	2	375	3.6～7.2			
		300～500						轮灌	3	626				
		500～800						轮灌	4	1 001				
稻麦轮作	土地流转农场经营	100～300	4.0～8.0	轴流泵	一端	“丰”字型	5	轮灌	2	375	6.0～12.0			
		300～500						轮灌	3	626				
		500～800						轮灌	4	1 001				
稻麦轮作	土地流转农场经营	100～300	8.0～12.0	轴流泵	一端	“丰”字型	5	轮灌	2	375	12.0～18.0			
		300～500						轮灌	3	626				
		500～800						轮灌	4	1 001				
稻麦轮作	土地流转农场经营	100～300	12.0～15.0	轴流泵	一端	“丰”字型	5	轮灌	2	375	18.0～22.5			
		300～500						轮灌	3	626				
		500～800						轮灌	4	1 001				

附表 2-1　泵站一端布置、泡田时间 1 d，“E”字型布局

轮灌组形式一：100 亩以下续灌，100～300 亩续灌，300～500 亩分 2 组轮灌，500～800 亩分 2 组轮灌

轮灌组形式二：100 亩以下续灌，100～300 亩分 2 组轮灌，300～500 亩分 3 组轮灌，500～800 亩分 4 组轮灌

附表 2-1-1　泵站一端布置、泡田时间 1 d，“E”字型布局，轮灌组形式一，混流泵

作物	经营方式	面积/亩	田面与常水位高差/m	泵型	泵站位置	管网布置形式	泡田时间/d	工作制度	轮灌组数	选泵流量/(m^3/h)	选泵扬程/m	水泵选择	硬塑料管选用规格/mm	
													干管	支管
稻麦轮作	土地流转农场经营	100 以下	0.5～2.0	混流泵	一端	“E”字型	1	续灌	1	626	1.0～4.0	一台 300HW-8 泵，n=970 r/min，D=226 mm	500	400
		100～300						续灌	1	1 877		一台 650HW-7A 泵，n=450 r/min，D=424 mm	900	355
		300～500						轮灌	2	3 128		一台 650HW-7A 泵，n=450 r/min，D=509 mm	1 000	500
		500～800						轮灌	2	5 004				
稻麦轮作	土地流转农场经营	100 以下	2.0～4.0	混流泵	一端	“E”字型	1	续灌	1	626	3.6～7.2	一台 250HW-8C 泵，n=1 450 r/min，D=212 mm	500	355
		100～300						续灌	1	1 877				
		300～500						轮灌	2	3 128		一台 650HW-7A 泵，n=450 r/min，D=606 mm	1 000	450
		500～800						轮灌	2	5 004				

（续表）

作物	经营方式	面积/亩	田面与常水位高差/m	泵型	泵站位置	管网布置形式	泡田时间/d	工作制度	轮灌组数	选泵流量/(m^3/h)	选泵扬程/m	水泵选择	硬塑料管选用规格/mm 干管	硬塑料管选用规格/mm 支管
稻麦轮作	土地流转农场经营	100 以下	4.0～8.0	混流泵	一端	“E”字型	1	续灌	1	626	6.0～12.0	一台 300HW-12 泵，n=970 r/min，D=331 mm	500	355
		100～300						续灌	1	1 877		一台 400HW-10B 泵，n=980 r/min，D=394 mm	900	315
		300～500						轮灌	2	3 128				
		500～800						轮灌	2	5 004				
稻麦轮作	土地流转农场经营	100 以下	8.0～12.0	混流泵	一端	“E”字型	1	续灌	1	626	12.0～18.0			
		100～300						续灌	1	1 877		一台 400HW-10B 泵，n=980 r/min，D=439 mm	900	315
		300～500						轮灌	2	3 128				
		500～800						轮灌	2	5 004				
稻麦轮作	土地流转农场经营	100 以下	12.0～15.0	混流泵	一端	“E”字型	1	续灌	1	626	18.0～22.5			
		100～300						续灌	1	1 877				
		300～500						轮灌	2	3 128				
		500～800						轮灌	2	5 004				

附表 2-1-2　泵站一端布置、泡田时间 1 d,"E"字型布局,轮灌组形式一,离心泵

作物	经营方式	面积/亩	田面与常水位高差/m	泵型	泵站位置	管网布置形式	泡田时间/d	工作制度	轮灌组数	选泵流量/(m³/h)	选泵扬程/m	水泵选择	硬塑料管选用规格/mm	
													干管	支管
稻麦轮作	土地流转农场经营	100 以下	0.5～2.0	离心泵	一端	"E"字型	1	续灌	1	626	1.0～4.0			
		100～300						续灌	1	1 877				
		300～500						轮灌	2	3 128				
		500～800						轮灌	2	5 004				
稻麦轮作	土地流转农场经营	100 以下	2.0～4.0	离心泵	一端	"E"字型	1	续灌	1	626	3.6～7.2	一台 ISG350-235 泵,n=1 480 r/min,D=227 mm	500	355
		100～300						续灌	1	1 877		一台 500S-13 泵,n=970 r/min,D=337 mm	900	315
		300～500						轮灌	2	3 128				
		500～800						轮灌	2	5 004				
稻麦轮作	土地流转农场经营	100 以下	4.0～8.0	离心泵	一端	"E"字型	1	续灌	1	626	6.0～12.0	一台 300S-19 泵,n=1 480 r/min,D=243 mm	500	355
		100～300						续灌	1	1 877		一台 24SH-28 泵,n=970 r/min,D=323 mm	900	315
		300～500						轮灌	2	3 128		一台 24SH-28A 泵,n=970 r/min,D=401 mm	1 000	450
		500～800						轮灌	2	5 004				
稻麦轮作	土地流转农场经营	100 以下	8.0～12.0	离心泵	一端	"E"字型	1	续灌	1	626	12.0～18.0	一台 300S-32 泵,n=1 480 r/min,D=283 mm	500	355
		100～300						续灌	1	1 877		一台 600S-32 泵,n=970 r/min,D=417 mm	900	315
		300～500						轮灌	2	3 128		一台 600S-22 泵,n=970 r/min,D=485 mm	1 000	450
		500～800						轮灌	2	5 004				
稻麦轮作	土地流转农场经营	100 以下	12.0～15.0	离心泵	一端	"E"字型	1	续灌	1	626	18.0～22.5	一台 300S-32 泵,n=1 480 r/min,D=308 mm	500	355
		100～300						续灌	1	1 877		一台 500S-35 泵,n=970 r/min,D=495 mm	900	315
		300～500						轮灌	2	3 128		一台 24SH-19 泵,n=970 r/min,D=483 mm	1 000	450
		500～800						轮灌	2	5 004				

附表 2-1-3 泵站一端布置、泡田时间 1 d,“E”字型布局,轮灌组形式一,潜水泵

作物	经营方式	面积/亩	田面与常水位高差/m	泵型	泵站位置	管网布置形式	泡田时间/d	工作制度	轮灌组数	选泵流量/(m^3/h)	选泵扬程/m	水泵选择	硬塑料管选用规格/mm	
													干管	支管
稻麦轮作	土地流转农场经营	100 以下	0.5～2.0	潜水泵	一端	“E”字型	1	续灌	1	626	1.0～4.0			
		100～300						续灌	1	1 877		一台 500QZ-100D 泵,+4°,n=740 r/min,D=450 mm	900	355
		300～500						轮灌	2	3 128		一台 600QZ-70 泵,−2°,n=740 r/min,D=550 mm	1 000	500
		500～800						轮灌	2	5 004				
稻麦轮作	土地流转农场经营	100 以下	2.0～4.0	潜水泵	一端	“E”字型	1	续灌	1	626	3.6～7.2	一台 250QW600-7-22 泵,n=980 r/min	500	355
		100～300						续灌	1	1 877		一台 500QZ-70 泵,−2°,n=980 r/min,D=450 mm	900	315
		300～500						轮灌	2	3 128		一台 700QZ-100 泵,−4°,n=740 r/min,D=600 mm	1 000	450
		500～800						轮灌	2	5 004				
稻麦轮作	土地流转农场经营	100 以下	4.0～8.0	潜水泵	一端	“E”字型	1	续灌	1	626	6.0～12.0	一台 250QW600-15-45 泵,n=980 r/min	500	355
		100～300						续灌	1	1 877		一台 600QH-50 泵,−4°,n=980 r/min,D=470 mm	900	315
		300～500						轮灌	2	3 128		一台 700QH-50 泵,0°,n=740 r/min,D=572 mm	1 000	450
		500～800						轮灌	2	5 004				
稻麦轮作	土地流转农场经营	100 以下	8.0～12.0	潜水泵	一端	“E”字型	1	续灌	1	626	12.0～18.0	一台 250QW600-20-55 泵,n=980 r/min	500	355
		100～300						续灌	1	1 877		一台 500QH-40 泵,+4°,n=1 450 r/min,D=333 mm	900	315
		300～500						轮灌	2	3 128				
		500～800						轮灌	2	5 004				
稻麦轮作	土地流转农场经营	100 以下	12.0～15.0	潜水泵	一端	“E”字型	1	续灌	1	626	18.0～22.5	一台 250QW600-25-75 泵,n=990 r/min	500	355
		100～300						续灌	1	1 877				
		300～500						轮灌	2	3 128		一台 500QW3000-24-280 泵,n=740 r/min	1 000	450
		500～800						轮灌	2	5 004				

附表 2-1-4　泵站一端布置、泡田时间 1 d,"E"字型布局,轮灌组形式一,轴流泵

作物	经营方式	面积/亩	田面与常水位高差/m	泵型	泵站位置	管网布置形式	泡田时间/d	工作制度	轮灌组数	选泵流量/(m^3/h)	选泵扬程/m	水泵选择	硬塑料管选用规格/mm	
													干管	支管
稻麦轮作	土地流转农场经营	100 以下	0.5～2.0	轴流泵	一端	"E"字型	1	续灌	1	626	1.0～4.0	一台 350ZLB-125 泵,－6°,n=1 470 r/min,D=300 mm	500	400
		100～300						续灌	1	1 877		一台 500ZLB-100(980)泵,0°,n=980 r/min,D=450 mm	900	315
		300～500						轮灌	2	3 128		一台 500ZLB-85 泵,＋3°,n=980 r/min,D=450 mm	1 000	500
		500～800						轮灌	2	5 004				
稻麦轮作	土地流转农场经营	100 以下	2.0～4.0	轴流泵	一端	"E"字型	1	续灌	1	626	3.6～7.2			
		100～300						续灌	1	1 877		一台 350ZLB-100 泵,0°,n=1 470 r/min,D=300 mm	900	315
		300～500						轮灌	2	3 128				
		500～800						轮灌	2	5 004				
稻麦轮作	土地流转农场经营	100 以下	4.0～8.0	轴流泵	一端	"E"字型	1	续灌	1	626	6.0～12.0			
		100～300						续灌	1	1 877				
		300～500						轮灌	2	3 128				
		500～800						轮灌	2	5 004				
稻麦轮作	土地流转农场经营	100 以下	8.0～12.0	轴流泵	一端	"E"字型	1	续灌	1	626	12.0～18.0			
		100～300						续灌	1	1 877				
		300～500						轮灌	2	3 128				
		500～800						轮灌	2	5 004				
稻麦轮作	土地流转农场经营	100 以下	12.0～15.0	轴流泵	一端	"E"字型	1	续灌	1	626	18.0～22.5			
		100～300						续灌	1	1 877				
		300～500						轮灌	2	3 128				
		500～800						轮灌	2	5 004				

附表 2-1-5　泵站一端布置、泡田时间 1 d,"E"字型布局,轮灌组形式二,混流泵

作物	经营方式	面积/亩	田面与常水位高差/m	泵型	泵站位置	管网布置形式	泡田时间/d	工作制度	轮灌组数	选泵流量/(m^3/h)	选泵扬程/m	水泵选择	硬塑料管选用规格/mm	
													干管	支管
稻麦轮作	土地流转农场经营	100 以下	0.5～2.0	混流泵	一端	"E"字型	1	续灌	1	626	1.0～4.0	一台 300HW-8 泵,n=970 r/min,D=226 mm	500	400
		100～300						轮灌	2	1 877		一台 650HW-7A 泵,n=450 r/min,D=424 mm	900	450
		300～500						轮灌	3	3 128		一台 650HW-7A 泵,n=450 r/min,D=509 mm	1 000	560
		500～800						轮灌	4	5 004				
稻麦轮作	土地流转农场经营	100 以下	2.0～4.0	混流泵	一端	"E"字型	1	续灌	1	626	3.6～7.2	一台 250HW-8C 泵,n=1 450 r/min,D=212 mm	500	355
		100～300						轮灌	2	1 877				
		300～500						轮灌	3	3 128		一台 650HW-7A 泵,n=450 r/min,D=606 mm	1 000	560
		500～800						轮灌	4	5 004				
稻麦轮作	土地流转农场经营	100 以下	4.0～8.0	混流泵	一端	"E"字型	1	续灌	1	626	6.0～12.0	一台 300HW-12 泵,n=970 r/min,D=331 mm	500	355
		100～300						轮灌	2	1 877		一台 400HW-10B 泵,n=980 r/min,D=394 mm	900	450
		300～500						轮灌	3	3 128				
		500～800						轮灌	4	5 004				
稻麦轮作	土地流转农场经营	100 以下	8.0～12.0	混流泵	一端	"E"字型	1	续灌	1	626	12.0～18.0			
		100～300						轮灌	2	1 877		一台 400HW-10B 泵,n=980 r/min,D=439 mm	900	450
		300～500						轮灌	3	3 128				
		500～800						轮灌	4	5 004				
稻麦轮作	土地流转农场经营	100 以下	12.0～15.0	混流泵	一端	"E"字型	1	续灌	1	626	18.0～22.5			
		100～300						轮灌	2	1 877				
		300～500						轮灌	3	3 128				
		500～800						轮灌	4	5 004				

附表 2-1-6　泵站一端布置、泡田时间 1 d,“E”字型布局,轮灌组形式二,离心泵

作物	经营方式	面积/亩	田面与常水位高差/m	泵型	泵站位置	管网布置形式	泡田时间/d	工作制度	轮灌组数	选泵流量/(m^3/h)	选泵扬程/m	水泵选择	硬塑料管选用规格/mm	
													干管	支管
稻麦轮作	土地流转农场经营	100 以下	0.5～2.0	离心泵	一端	“E”字型	1	续灌	1	626	1.0～4.0			
		100～300						轮灌	2	1 877				
		300～500						轮灌	3	3 128				
		500～800						轮灌	4	5 004				
稻麦轮作	土地流转农场经营	100 以下	2.0～4.0	离心泵	一端	“E”字型	1	续灌	1	626	3.6～7.2	一台 ISG350-235 泵,n=1 480 r/min,D=227 mm	500	355
		100～300						轮灌	2	1 877		一台 500S-13 泵,n=970 r/min,D=337 mm	900	450
		300～500						轮灌	3	3 128				
		500～800						轮灌	4	5 004				
稻麦轮作	土地流转农场经营	100 以下	4.0～8.0	离心泵	一端	“E”字型	1	续灌	1	626	6.0～12.0	一台 300S-19 泵,n=1 480 r/min,D=243 mm	500	355
		100～300						轮灌	2	1 877		一台 24SH-28 泵,n=970 r/min,D=323 mm	900	450
		300～500						轮灌	3	3 128		一台 24SH-28A 泵,n=970 r/min,D=401 mm	1 000	560
		500～800						轮灌	4	5 004				
稻麦轮作	土地流转农场经营	100 以下	8.0～12.0	离心泵	一端	“E”字型	1	续灌	1	626	12.0～18.0	一台 300S-32 泵,n=1 480 r/min,D=283 mm	500	355
		100～300						轮灌	2	1 877		一台 600S-32 泵,n=970 r/min,D=417 mm	900	450
		300～500						轮灌	3	3 128		一台 600S-22 泵,n=970 r/min,D=485 mm	1 000	560
		500～800						轮灌	4	5 004				
稻麦轮作	土地流转农场经营	100 以下	12.0～15.0	离心泵	一端	“E”字型	1	续灌	1	626	18.0～22.5	一台 300S-32 泵,n=1 480 r/min,D=308 mm	500	355
		100～300						轮灌	2	1 877		一台 500S-35 泵,n=970 r/min,D=495 mm	900	450
		300～500						轮灌	3	3 128		一台 24SH-19 泵,n=970 r/min,D=483 mm	1 000	560
		500～800						轮灌	4	5 004				

附表 2-1-7　泵站一端布置、泡田时间 1 d,"E"字型布局,轮灌组形式二,潜水泵

作物	经营方式	面积/亩	田面与常水位高差/m	泵型	泵站位置	管网布置形式	泡田时间/d	工作制度	轮灌组数	选泵流量/(m^3/h)	选泵扬程/m	水泵选择	硬塑料管选用规格/mm	
													干管	支管
稻麦轮作	土地流转农场经营	100 以下	0.5～2.0	潜水泵	一端	"E"字型	1	续灌	1	626	1.0～4.0			
		100～300						轮灌	2	1 877		一台 500QZ-100D 泵,+4°,n=740 r/min,D=450 mm	900	450
		300～500						轮灌	3	3 128		一台 600QZ-70 泵,−2°,n=740 r/min,D=550 mm	1 000	630
		500～800						轮灌	4	5 004				
稻麦轮作	土地流转农场经营	100 以下	2.0～4.0	潜水泵	一端	"E"字型	1	续灌	1	626	3.6～7.2	一台 250QW600-7-22 泵,n=980 r/min	500	355
		100～300						轮灌	2	1 877		一台 500QZ-70 泵,−2°,n=980 r/min,D=450 mm	900	450
		300～500						轮灌	3	3 128		一台 700QZ-100 泵,−4°,n=740 r/min,D=600 mm	1 000	560
		500～800						轮灌	4	5 004				
稻麦轮作	土地流转农场经营	100 以下	4.0～8.0	潜水泵	一端	"E"字型	1	续灌	1	626	6.0～12.0	一台 250QW600-15-45 泵,n=980 r/min	500	355
		100～300						轮灌	2	1 877		一台 600QH-50 泵,−4°,n=980 r/min,D=470 mm	900	450
		300～500						轮灌	3	3 128		一台 700QH-50 泵,0°,n=740 r/min,D=572 mm	1 000	560
		500～800						轮灌	4	5 004				
稻麦轮作	土地流转农场经营	100 以下	8.0～12.0	潜水泵	一端	"E"字型	1	续灌	1	626	12.0～18.0	一台 250QW600-20-55 泵,n=980 r/min	500	355
		100～300						轮灌	2	1 877		一台 500QH-40 泵,+4°,n=1 450 r/min,D=333 mm	900	450
		300～500						轮灌	3	3 128				
		500～800						轮灌	4	5 004				
稻麦轮作	土地流转农场经营	100 以下	12.0～15.0	潜水泵	一端	"E"字型	1	续灌	1	626	18.0～22.5	一台 250QW600-25-75 泵,n=990 r/min	500	355
		100～300						轮灌	2	1 877				
		300～500						轮灌	3	3 128		一台 500QW3000-24-280 泵,n=740 r/min	1 000	560
		500～800						轮灌	4	5 004				

附表 2-1-8　泵站一端布置、泡田时间 1 d,“E”字型布局,轮灌组形式二,轴流泵

作物	经营方式	面积/亩	田面与常水位高差/m	泵型	泵站位置	管网布置形式	泡田时间/d	工作制度	轮灌组数	选泵流量/(m^3/h)	选泵扬程/m	水泵选择	硬塑料管选用规格/mm 干管	硬塑料管选用规格/mm 支管
稻麦轮作	土地流转农场经营	100 以下	0.5～2.0	轴流泵	一端	“E”字型	1	续灌	1	626	1.0～4.0	一台 350ZLB-125 泵,−6°,n=1 470 r/min,D=300 mm	500	400
		100～300						轮灌	2	1 877		一台 500ZLB-100(980)泵,0°,n=980 r/min,D=450 mm	900	450
		300～500						轮灌	3	3 128		一台 500ZLB-85 泵,+3°,n=980 r/min,D=450 mm	1 000	560
		500～800						轮灌	4	5 004				
稻麦轮作	土地流转农场经营	100 以下	2.0～4.0	轴流泵	一端	“E”字型	1	续灌	1	626	3.6～7.2			
		100～300						轮灌	2	1 877		一台 350ZLB-100 泵,0°,n=1 470 r/min,D=300 mm	900	450
		300～500						轮灌	3	3 128				
		500～800						轮灌	4	5 004				
稻麦轮作	土地流转农场经营	100 以下	4.0～8.0	轴流泵	一端	“E”字型	1	续灌	1	626	6.0～12.0			
		100～300						轮灌	2	1 877				
		300～500						轮灌	3	3 128				
		500～800						轮灌	4	5 004				
稻麦轮作	土地流转农场经营	100 以下	8.0～12.0	轴流泵	一端	“E”字型	1	续灌	1	626	12.0～18.0			
		100～300						轮灌	2	1 877				
		300～500						轮灌	3	3 128				
		500～800						轮灌	4	5 004				
稻麦轮作	土地流转农场经营	100 以下	12.0～15.0	轴流泵	一端	“E”字型	1	续灌	1	626	18.0～22.5			
		100～300						轮灌	2	1 877				
		300～500						轮灌	3	3 128				
		500～800						轮灌	4	5 004				

附表 2-2　泵站一端布置、泡田时间 2 d，“E”字型布局

轮灌组形式一：100 亩以下续灌，100～300 亩续灌，300～500 亩分 2 组轮灌，500～800 亩分 2 组轮灌

轮灌组形式二：100 亩以下续灌，100～300 亩分 2 组轮灌，300～500 亩分 3 组轮灌，500～800 亩分 4 组轮灌

附表 2-2-1　泵站一端布置、泡田时间 2 d，“E”字型布局，轮灌组形式一，混流泵

作物	经营方式	面积/亩	田面与常水位高差/m	泵型	泵站位置	管网布置形式	泡田时间/d	工作制度	轮灌组数	选泵流量/(m^3/h)	选泵扬程/m	水泵选择	硬塑料管选用规格/mm	
													干管	支管
稻麦轮作	土地流转农场经营	100 以下	0.5～2.0	混流泵	一端	“E”字型	2	续灌	1	311	1.0～4.0	一台 250HW-7 泵，n=980 r/min，D=201 mm	355	315
		100～300						续灌	1	932				
		300～500						轮灌	2	1 553				
		500～800						轮灌	2	2 484		一台 650HW-7A 泵，n=450 r/min，D=462 mm	1 000	400
稻麦轮作	土地流转农场经营	100 以下	2.0～4.0	混流泵	一端	“E”字型	2	续灌	1	311	3.6～7.2	一台 200HW-12 泵，n=1 450 r/min，D=196 mm	355	280
		100～300						续灌	1	932		一台 350HW-8B 泵，n=980 r/min，D=292 mm	630	250
		300～500						轮灌	2	1 553		一台 400HW-7B 泵，n=980 r/min，D=315 mm	800	355
		500～800						轮灌	2	2 484		一台 650HW-7A 泵，n=450 r/min，D=567 mm	1 000	355

（续表）

作物	经营方式	面积/亩	田面与常水位高差/m	泵型	泵站位置	管网布置形式	泡田时间/d	工作制度	轮灌组数	选泵流量/(m^3/h)	选泵扬程/m	水泵选择	硬塑料管选用规格/mm	
													干管	支管
稻麦轮作	土地流转农场经营	100 以下	4.0～8.0	混流泵	一端	“E”字型	2	续灌	1	311	6.0～12.0	一台 200HW-12 泵，n=1 450 r/min，D=230 mm	355	280
		100～300						续灌	1	932		一台 300HW-7C 泵，n=1 300 r/min，D=277 mm	630	250
		300～500						轮灌	2	1 553		一台 400HW-7B 泵，n=980 r/min，D=365 mm	800	355
		500～800						轮灌	2	2 484				
稻麦轮作	土地流转农场经营	100 以下	8.0～12.0	混流泵	一端	“E”字型	2	续灌	1	311	12.0～18.0			
		100～300						续灌	1	932				
		300～500						轮灌	2	1 553		一台 400HW-10B 泵，n=980 r/min，D=412 mm	800	315
		500～800						轮灌	2	2 484				
稻麦轮作	土地流转农场经营	100 以下	12.0～15.0	混流泵	一端	“E”字型	2	续灌	1	311	18.0～22.5			
		100～300						续灌	1	932				
		300～500						轮灌	2	1 553		一台 500HLD-15 泵，n=980 r/min，D=472 mm	800	315
		500～800						轮灌	2	2 484		一台 500HLD-21 泵，n=980 r/min，D=537 mm	1 000	355

附表 2-2-2 泵站一端布置、泡田时间 2 d,"E"字型布局,轮灌组形式一,离心泵

作物	经营方式	面积/亩	田面与常水位高差/m	泵型	泵站位置	管网布置形式	泡田时间/d	工作制度	轮灌组数	选泵流量/(m^3/h)	选泵扬程/m	水泵选择	硬塑料管选用规格/mm	
													干管	支管
稻麦轮作	土地流转农场经营	100 以下	0.5～2.0	离心泵	一端	"E"字型	2	续灌	1	311	1.0～4.0			
		100～300						续灌	1	932				
		300～500						轮灌	2	1 553				
		500～800						轮灌	2	2 484				
稻麦轮作	土地流转农场经营	100 以下	2.0～4.0	离心泵	一端	"E"字型	2	续灌	1	311	3.6～7.2	一台 10SH-19A 泵,n=1 470 r/min,D=174 mm	355	280
		100～300						续灌	1	932		一台 350S-16 泵,n=1 480 r/min,D=209 mm	630	250
		300～500						轮灌	2	1 553		一台 500S-16 泵,n=970 r/min,D=309 mm	800	355
		500～800						轮灌	2	2 484		一台 24SH-28A 泵,n=970 r/min,D=315 mm	1 000	355
稻麦轮作	土地流转农场经营	100 以下	4.0～8.0	离心泵	一端	"E"字型	2	续灌	1	311	6.0～12.0	一台 10SH-13 泵,n=1 470 r/min,D=206 mm	355	280
		100～300						续灌	1	932		一台 350S-26 泵,n=1 480 r/min,D=252 mm	630	250
		300～500						轮灌	2	1 553		一台 20SH-19 泵,n=970 r/min,D=349 mm	800	355
		500～800						轮灌	2	2 484		一台 600S-22 泵,n=970 r/min,D=391 mm	1 000	355
稻麦轮作	土地流转农场经营	100 以下	8.0～12.0	离心泵	一端	"E"字型	2	续灌	1	311	12.0～18.0	一台 10SH-13 泵,n=1 470 r/min,D=245 mm	355	250
		100～300						续灌	1	932		一台 14SH-19 泵,n=1 470 r/min,D=279 mm	630	225
		300～500						轮灌	2	1 553		一台 500S-22 泵,n=970 r/min,D=427 mm	800	315
		500～800						轮灌	2	2 484		一台 600S-22 泵,n=970 r/min,D=444 mm	1 000	355
稻麦轮作	土地流转农场经营	100 以下	12.0～15.0	离心泵	一端	"E"字型	2	续灌	1	311	18.0～22.5	一台 250S-39 泵,n=1 480 r/min,D=284 mm	355	250
		100～300						续灌	1	932		一台 14SH-19 泵,n=1 470 r/min,D=302 mm	630	225
		300～500						轮灌	2	1 553		一台 20SH-13 泵,n=970 r/min,D=436 mm	800	315
		500～800						轮灌	2	2 484		一台 600S-47 泵,n=970 r/min,D=492 mm	1 000	355

附表 2-2-3　泵站一端布置、泡田时间 2 d,"E"字型布局,轮灌组形式一,潜水泵

作物	经营方式	面积/亩	田面与常水位高差/m	泵型	泵站位置	管网布置形式	泡田时间/d	工作制度	轮灌组数	选泵流量/(m^3/h)	选泵扬程/m	水泵选择	硬塑料管选用规格/mm	
													干管	支管
稻麦轮作	土地流转农场经营	100 以下	0.5～2.0	潜水泵	一端	"E"字型	2	续灌	1	311	1.0～4.0			
		100～300						续灌	1	932		一台 350QZ-130 泵,$-4°$,n=1 450 r/min,D=300 mm	630	250
		300～500						轮灌	2	1 553		一台 500QZ-100D 泵,0°,n=740 r/min,D=450 mm	800	355
		500～800						轮灌	2	2 484		一台 500QZ-70 泵,0°,n=980 r/min,D=450 mm	1 000	400
稻麦轮作	土地流转农场经营	100 以下	2.0～4.0	潜水泵	一端	"E"字型	2	续灌	1	311	3.6～7.2			
		100～300						续灌	1	932		一台 350QZ-100 泵,0°,n=1 450 r/min,D=300 mm	630	250
		300～500						轮灌	2	1 553		一台 500QZ-100G 泵,$-6°$,n=980 r/min,D=450 mm	800	355
		500～800						轮灌	2	2 484		一台 500QZ-100G 泵,$+4°$,n=980 r/min,D=450 mm	1 000	355
稻麦轮作	土地流转农场经营	100 以下	4.0～8.0	潜水泵	一端	"E"字型	2	续灌	1	311	6.0～12.0	一台 200QW-360-15-30 泵,n=980 r/min	400	280
		100～300						续灌	1	932		一台 300QW-900-15-55 泵,n=980 r/min	630	225
		300～500						轮灌	2	1 553		一台 500QH-40 泵,$-2°$,n=1 450 r/min,D=333 mm	800	315
		500～800						轮灌	2	2 484		一台 600QH-50 泵,$-2°$,n=980 r/min,D=470 mm	1 000	355
稻麦轮作	土地流转农场经营	100 以下	8.0～12.0	潜水泵	一端	"E"字型	2	续灌	1	311	12.0～18.0	一台 200QW-350-20-37 泵,n=980 r/min	355	250
		100～300						续灌	1	932		一台 500QH-40 泵,$-4°$,n=1 450 r/min,D=333 mm	630	225
		300～500						轮灌	2	1 553		一台 500QH-40 泵,$+2°$,n=1 450 r/min,D=333 mm	800	315
		500～800						轮灌	2	2 484				
稻麦轮作	土地流转农场经营	100 以下	12.0～15.0	潜水泵	一端	"E"字型	2	续灌	1	311	18.0～22.5	一台 200QW-300-22-37 泵,n=980 r/min	355	250
		100～300						续灌	1	932		一台 300QW-950-24-110 泵,n=990 r/min	630	225
		300～500						轮灌	2	1 553		一台 400QW-1700-22-160 泵,n=740 r/min	800	315
		500～800						轮灌	2	2 484		一台 500QW-1200-22-220 泵,n=740 r/min	1 000	355

附表 2-2-4　泵站一端布置、泡田时间 2 d,“E”字型布局,轮灌组形式一,轴流泵

作物	经营方式	面积/亩	田面与常水位高差/m	泵型	泵站位置	管网布置形式	泡田时间/d	工作制度	轮灌组数	选泵流量/(m³/h)	选泵扬程/m	水泵选择	硬塑料管选用规格/mm	
													干管	支管
稻麦轮作	土地流转农场经营	100 以下	0.5～2.0	轴流泵	一端	“E”字型	2	续灌	1	311	1.0～4.0			
		100～300						续灌	1	932		一台 350ZLB-100 泵,－6°,n=1 470 r/min,D=300 mm	630	280
		300～500						轮灌	2	1 553		一台 350ZLB-125 泵,＋3°,n=1 470 r/min,D=300 mm	800	400
		500～800						轮灌	2	2 484		一台 20ZLB-70(980)泵,0°,n=980 r/min,D=450 mm	1 000	400
稻麦轮作	土地流转农场经营	100 以下	2.0～4.0	轴流泵	一端	“E”字型	2	续灌	1	311	3.6～7.2			
		100～300						续灌	1	932		一台 350ZLB-100 泵,0°,n=1 470 r/min,D=300 mm	630	250
		300～500						轮灌	2	1 553		一台 500ZLB-85 泵,－3°,n=980 r/min,D=450 mm	800	315
		500～800						轮灌	2	2 484		一台 500ZLB-8.6 泵,＋4°,n=980 r/min,D=430 mm	1 000	355
稻麦轮作	土地流转农场经营	100 以下	4.0～8.0	轴流泵	一端	“E”字型	2	续灌	1	311	6.0～12.0			
		100～300						续灌	1	932				
		300～500						轮灌	2	1 553				
		500～800						轮灌	2	2 484				
稻麦轮作	土地流转农场经营	100 以下	8.0～12.0	轴流泵	一端	“E”字型	2	续灌	1	311	12.0～18.0			
		100～300						续灌	1	932				
		300～500						轮灌	2	1 553				
		500～800						轮灌	2	2 484				
稻麦轮作	土地流转农场经营	100 以下	12.0～15.0	轴流泵	一端	“E”字型	2	续灌	1	311	18.0～22.5			
		100～300						续灌	1	932				
		300～500						轮灌	2	1 553				
		500～800						轮灌	2	2 484				

附表 2-2-5 泵站一端布置、泡田时间 2 d，“E”字型布局，轮灌组形式二，混流泵

作物	经营方式	面积/亩	田面与常水位高差/m	泵型	泵站位置	管网布置形式	泡田时间/d	工作制度	轮灌组数	选泵流量/(m^3/h)	选泵扬程/m	水泵选择	硬塑料管选用规格/mm	
													干管	支管
稻麦轮作	土地流转农场经营	100 以下	0.5～2.0	混流泵	一端	“E”字型	2	续灌	1	311	1.0～4.0	一台 250HW-7 泵，n=980 r/min，D=201 mm	355	315
		100～300						轮灌	2	932				
		300～500						轮灌	3	1 553				
		500～800						轮灌	4	2 484		一台 650HW-7A 泵，n=450 r/min，D=462 mm	1 000	560
稻麦轮作	土地流转农场经营	100 以下	2.0～4.0	混流泵	一端	“E”字型	2	续灌	1	311	3.6～7.2	一台 200HW-12 泵，n=1 450 r/min，D=196 mm	355	280
		100～300						轮灌	2	932		一台 350HW-8B 泵，n=980 r/min，D=292 mm	630	315
		300～500						轮灌	3	1 553		一台 400HW-7B 泵，n=980 r/min，D=315 mm	800	400
		500～800						轮灌	4	2 484		一台 650HW-7A 泵，n=450 r/min，D=567 mm	1 000	500
稻麦轮作	土地流转农场经营	100 以下	4.0～8.0	混流泵	一端	“E”字型	2	续灌	1	311	6.0～12.0	一台 200HW-12 泵，n=1 450 r/min，D=230 mm	355	280
		100～300						轮灌	2	932		一台 300HW-7C 泵，n=1 300 r/min，D=277 mm	630	315
		300～500						轮灌	3	1 553		一台 400HW-7B 泵，n=980 r/min，D=365 mm	800	400
		500～800						轮灌	4	2 484				
稻麦轮作	土地流转农场经营	100 以下	8.0～12.0	混流泵	一端	“E”字型	2	续灌	1	311	12.0～18.0			
		100～300						轮灌	2	932				
		300～500						轮灌	3	1 553		一台 400HW-10B 泵，n=980 r/min，D=412 mm	800	400
		500～800						轮灌	4	2 484				
稻麦轮作	土地流转农场经营	100 以下	12.0～15.0	混流泵	一端	“E”字型	2	续灌	1	311	18.0～22.5			
		100～300						轮灌	2	932				
		300～500						轮灌	3	1 553		一台 500HLD-15 泵，n=980 r/min，D=472 mm	800	400
		500～800						轮灌	4	2 484		一台 500HLD-21 泵，n=980 r/min，D=537 mm	1 000	500

附表 2-2-6　泵站一端布置、泡田时间 2 d,"E"字型布局,轮灌组形式二,离心泵

作物	经营方式	面积/亩	田面与常水位高差/m	泵型	泵站位置	管网布置形式	泡田时间/d	工作制度	轮灌组数	选泵流量/(m^3/h)	选泵扬程/m	水泵选择	硬塑料管选用规格/mm	
													干管	支管
稻麦轮作	土地流转农场经营	100 以下	0.5～2.0	离心泵	一端	"E"字型	2	续灌	1	311	1.0～4.0			
		100～300						轮灌	2	932				
		300～500						轮灌	3	1 553				
		500～800						轮灌	4	2 484				
稻麦轮作	土地流转农场经营	100 以下	2.0～4.0	离心泵	一端	"E"字型	2	续灌	1	311	3.6～7.2	一台 10SH-19A 泵,n=1 470 r/min,D=174 mm	355	280
		100～300						轮灌	2	932		一台 350S-16 泵,n=1 480 r/min,D=209 mm	630	315
		300～500						轮灌	3	1 553		一台 500S-16 泵,n=970 r/min,D=309 mm	800	400
		500～800						轮灌	4	2 484		一台 24SH-28A 泵,n=970 r/min,D=315 mm	1 000	500
稻麦轮作	土地流转农场经营	100 以下	4.0～8.0	离心泵	一端	"E"字型	2	续灌	1	311	6.0～12.0	一台 10SH-13 泵,n=1 470 r/min,D=206 mm	355	280
		100～300						轮灌	2	932		一台 350S-26 泵,n=1 480 r/min,D=252 mm	630	315
		300～500						轮灌	3	1 553		一台 20SH-19 泵,n=970 r/min,D=349 mm	800	400
		500～800						轮灌	4	2 484		一台 600S-22 泵,n=970 r/min,D=391 mm	1 000	500
稻麦轮作	土地流转农场经营	100 以下	8.0～12.0	离心泵	一端	"E"字型	2	续灌	1	311	12.0～18.0	一台 10SH-13 泵,n=1 470 r/min,D=245 mm	355	250
		100～300						轮灌	2	932		一台 14SH-19 泵,n=1 470 r/min,D=279 mm	630	315
		300～500						轮灌	3	1 553		一台 500S-22 泵,n=970 r/min,D=427 mm	800	400
		500～800						轮灌	4	2 484		一台 600S-22 泵,n=970 r/min,D=444 mm	1 000	500
稻麦轮作	土地流转农场经营	100 以下	12.0～15.0	离心泵	一端	"E"字型	2	续灌	1	311	18.0～22.5	一台 250S-39 泵,n=1 480 r/min,D=284 mm	355	250
		100～300						轮灌	2	932		一台 14SH-19 泵,n=1 470 r/min,D=302 mm	630	315
		300～500						轮灌	3	1 553		一台 20SH-13 泵,n=970 r/min,D=436 mm	800	400
		500～800						轮灌	4	2 484		一台 600S-47 泵,n=970 r/min,D=492 mm	1 000	500

附表 2-2-7 泵站一端布置、泡田时间 2 d，“E”字型布局，轮灌组形式二，潜水泵

作物	经营方式	面积/亩	田面与常水位高差/m	泵型	泵站位置	管网布置形式	泡田时间/d	工作制度	轮灌组数	选泵流量/(m^3/h)	选泵扬程/m	水泵选择	硬塑料管选用规格/mm	
													干管	支管
稻麦轮作	土地流转农场经营	100 以下	0.5～2.0	潜水泵	一端	“E”字型	2	续灌	1	311	1.0～4.0			
		100～300						轮灌	2	932		一台 350QZ-130 泵，−4°，n=1 450 r/min，D=300 mm	630	355
		300～500						轮灌	3	1 553		一台 500QZ-100D 泵，0°，n=740 r/min，D=450 mm	800	400
		500～800						轮灌	4	2 484		一台 500QZ-70 泵，0°，n=980 r/min，D=450 mm	1 000	560
稻麦轮作	土地流转农场经营	100 以下	2.0～4.0	潜水泵	一端	“E”字型	2	续灌	1	311	3.6～7.2			
		100～300						轮灌	2	932		一台 350QZ-100 泵，0°，n=1 450 r/min，D=300 mm	630	315
		300～500						轮灌	3	1 553		一台 500QZ-100G 泵，−6°，n=980 r/min，D=450 mm	800	400
		500～800						轮灌	4	2 484		一台 500QZ-100G 泵，+4°，n=980 r/min，D=450 mm	1 000	500
稻麦轮作	土地流转农场经营	100 以下	4.0～8.0	潜水泵	一端	“E”字型	2	续灌	1	311	6.0～12.0	一台 200QW-360-15-30 泵，n=980 r/min	400	280
		100～300						轮灌	2	932		一台 300QW-900-15-55 泵，n=980 r/min	630	315
		300～500						轮灌	3	1 553		一台 500QH-40 泵，−2°，n=1 450 r/min，D=333 mm	800	400
		500～800						轮灌	4	2 484		一台 600QH-50 泵，−2°，n=980 r/min，D=470 mm	1 000	500
稻麦轮作	土地流转农场经营	100 以下	8.0～12.0	潜水泵	一端	“E”字型	2	续灌	1	311	12.0～18.0	一台 200QW-350-20-37 泵，n=980 r/min	355	250
		100～300						轮灌	2	932		一台 500QH-40 泵，−4°，n=1 450 r/min，D=333 mm	630	315
		300～500						轮灌	3	1 553		一台 500QH-40 泵，+2°，n=1 450 r/min，D=333 mm	800	400
		500～800						轮灌	4	2 484				
稻麦轮作	土地流转农场经营	100 以下	12.0～15.0	潜水泵	一端	“E”字型	2	续灌	1	311	18.0～22.5	一台 200QW-300-22-37 泵，n=980 r/min	355	250
		100～300						轮灌	2	932		一台 300QW-950-24-110 泵，n=990 r/min	630	315
		300～500						轮灌	3	1 553		一台 400QW-1700-22-160 泵，n=740 r/min	800	400
		500～800						轮灌	4	2 484		一台 500QW-1200-22-220 泵，n=740 r/min	1 000	500

附表 2-2-8　泵站一端布置、泡田时间 2 d,“E”字型布局,轮灌组形式二,轴流泵

作物	经营方式	面积/亩	田面与常水位高差/m	泵型	泵站位置	管网布置形式	泡田时间/d	工作制度	轮灌组数	选泵流量/(m^3/h)	选泵扬程/m	水泵选择	硬塑料管选用规格/mm 干管	硬塑料管选用规格/mm 支管
稻麦轮作	土地流转农场经营	100 以下	0.5～2.0	轴流泵	一端	“E”字型	2	续灌	1	311	1.0～4.0			
		100～300						轮灌	2	932		一台 350ZLB-100 泵,−6°,n=1 470 r/min,D=300 mm	630	355
		300～500						轮灌	3	1 553		一台 350ZLB-125 泵,+3°,n=1 470 r/min,D=300 mm	800	450
		500～800						轮灌	4	2 484		一台 20ZLB-70(980)泵,0°,n=980 r/min,D=450 mm	1 000	500
稻麦轮作	土地流转农场经营	100 以下	2.0～4.0	轴流泵	一端	“E”字型	2	续灌	1	311	3.6～7.2			
		100～300						轮灌	2	932		一台 350ZLB-100 泵,0°,n=1 470 r/min,D=300 mm	630	315
		300～500						轮灌	3	1 553		一台 500ZLB-85 泵,−3°,n=980 r/min,D=450 mm	800	400
		500～800						轮灌	4	2 484		一台 500ZLB-8.6 泵,+4°,n=980 r/min,D=430 mm	1 000	500
稻麦轮作	土地流转农场经营	100 以下	4.0～8.0	轴流泵	一端	“E”字型	2	续灌	1	311	6.0～12.0			
		100～300						轮灌	2	932				
		300～500						轮灌	3	1 553				
		500～800						轮灌	4	2 484				
稻麦轮作	土地流转农场经营	100 以下	8.0～12.0	轴流泵	一端	“E”字型	2	续灌	1	311	12.0～18.0			
		100～300						轮灌	2	932				
		300～500						轮灌	3	1 553				
		500～800						轮灌	4	2 484				
稻麦轮作	土地流转农场经营	100 以下	12.0～15.0	轴流泵	一端	“E”字型	2	续灌	1	311	18.0～22.5			
		100～300						轮灌	2	932				
		300～500						轮灌	3	1 553				
		500～800						轮灌	4	2 484				

附表 2-3 泵站一端布置、泡田时间 3 d，“E”字型布局

轮灌组形式一：100 亩以下续灌，100～300 亩续灌，300～500 亩分 2 组轮灌，500～800 亩分 2 组轮灌

轮灌组形式二：100 亩以下续灌，100～300 亩分 2 组轮灌，300～500 亩分 3 组轮灌，500～800 亩分 4 组轮灌

附表 2-3-1 泵站一端布置、泡田时间 3 d，“E”字型布局，轮灌组形式一，混流泵

作物	经营方式	面积/亩	田面与常水位高差/m	泵型	泵站位置	管网布置形式	泡田时间/d	工作制度	轮灌组数	选泵流量/(m^3/h)	选泵扬程/m	水泵选择	硬塑料管选用规格/mm	
													干管	支管
稻麦轮作	土地流转农场经营	100 以下	0.5～2.0	混流泵	一端	“E”字型	3	续灌	1	207	1.0～4.0	一台 200HW-5 泵，n=1 450 r/min，D=138 mm	315	280
		100～300						续灌	1	621		一台 300HW-8 泵，n=970 r/min，D=226 mm	500	250
		300～500						轮灌	2	1 035				
		500～800						轮灌	2	1 656				
稻麦轮作	土地流转农场经营	100 以下	2.0～4.0	混流泵	一端	“E”字型	3	续灌	1	207	3.6～7.2	一台 150HW-6B 泵，n=1 800 r/min，D=158 mm	280	250
		100～300						续灌	1	621		一台 300HW-12 泵，n=970 r/min，D=277 mm	500	225
		300～500						轮灌	2	1 035		一台 300HW-8B 泵，n=980 r/min，D=305 mm	630	315
		500～800						轮灌	2	1 656		一台 400HW-7B 泵，n=980 r/min，D=326 mm	800	315

（续表）

作物	经营方式	面积/亩	田面与常水位高差/m	泵型	泵站位置	管网布置形式	泡田时间/d	工作制度	轮灌组数	选泵流量/(m^3/h)	选泵扬程/m	水泵选择	硬塑料管选用规格/mm	
													干管	支管
稻麦轮作	土地流转农场经营	100 以下	4.0～8.0	混流泵	一端	“E”字型	3	续灌	1	207	6.0～12.0			
		100～300						续灌	1	621		一台 250HW-8C 泵，n=1 450 r/min，D=244 mm	500	225
		300～500						轮灌	2	1 035		一台 300HW-7C 泵，n=1 300 r/min，D=288 mm	630	315
		500～800						轮灌	2	1 656		一台 400HW-7B 泵，n=980 r/min，D=374 mm	800	315
稻麦轮作	土地流转农场经营	100 以下	8.0～12.0	混流泵	一端	“E”字型	3	续灌	1	207	12.0～18.0			
		100～300						续灌	1	621				
		300～500						轮灌	2	1 035		一台 500QH-40 泵，−4°，n=1 450 r/min，D=333 mm	630	280
		500～800						轮灌	2	1 656		一台 500QH-40 泵，+2°，n=1 450 r/min，D=333 mm	800	280
稻麦轮作	土地流转农场经营	100 以下	12.0～15.0	混流泵	一端	“E”字型	3	续灌	1	207	18.0～22.5			
		100～300						续灌	1	621				
		300～500						轮灌	2	1 035		一台 350HLD-21 泵，n=1 480 r/min，D=362 mm	630	250
		500～800						轮灌	2	1 656		一台 500HLD-15 泵，n=980 r/min，D=472 mm	800	355

附表 2-3-2　泵站一端布置、泡田时间 3 d,"E"字型布局,轮灌组形式一,离心泵

作物	经营方式	面积/亩	田面与常水位高差/m	泵型	泵站位置	管网布置形式	泡田时间/d	工作制度	轮灌组数	选泵流量/(m^3/h)	选泵扬程/m	水泵选择	硬塑料管选用规格/mm	
													干管	支管
稻麦轮作	土地流转农场经营	100 以下	0.5～2.0	离心泵	一端	"E"字型	3	续灌	1	207	1.0～4.0			
		100～300						续灌	1	621				
		300～500						轮灌	2	1 035				
		500～800						轮灌	2	1 656				
稻麦轮作	土地流转农场经营	100 以下	2.0～4.0	离心泵	一端	"E"字型	3	续灌	1	207	3.6～7.2	一台 ISG200-250(I)B 泵,n=1 480 r/min,D=185 mm	280	250
		100～300						续灌	1	621		一台 300S-12 泵,n=1 480 r/min,D=201 mm	500	225
		300～500						轮灌	2	1 035		一台 350S-16 泵,n=1 480 r/min,D=220 mm	630	315
		500～800						轮灌	2	1 656		一台 500S-16 泵,n=970 r/min,D=317 mm	800	315
稻麦轮作	土地流转农场经营	100 以下	4.0～8.0	离心泵	一端	"E"字型	3	续灌	1	207	6.0～12.0	一台 ISG150-200 泵,n=1 480 r/min,D=217 mm	280	250
		100～300						续灌	1	621		一台 300S-19 泵,n=1 480 r/min,D=242 mm	500	225
		300～500						轮灌	2	1 035		一台 350S-26 泵,n=1 480 r/min,D=265 mm	630	315
		500～800						轮灌	2	1 656		一台 500S-13 泵,n=970 r/min,D=371 mm	800	315
稻麦轮作	土地流转农场经营	100 以下	8.0～12.0	离心泵	一端	"E"字型	3	续灌	1	207	12.0～18.0	一台 ISG150-250 泵,n=1 480 r/min,D=261 mm	280	225
		100～300						续灌	1	621		一台 ISG300-250 泵,n=1 480 r/min,D=292 mm	500	200
		300～500						轮灌	2	1 035		一台 350S-26 泵,n=1 480 r/min,D=297 mm	630	280
		500～800						轮灌	2	1 656		一台 24SH-19 泵,n=970 r/min,D=399 mm	800	280
稻麦轮作	土地流转农场经营	100 以下	12.0～15.0	离心泵	一端	"E"字型	3	续灌	1	207	18.0～22.5	一台 200S-42 泵,n=2 950 r/min,D=156 mm	280	225
		100～300						续灌	1	621		一台 ISG350-315 泵,n=1 480 r/min,D=284 mm	500	180
		300～500						轮灌	2	1 035		一台 350S-26 泵,n=1 480 r/min,D=319 mm	630	250
		500～800						轮灌	2	1 656		一台 500S-35 泵,n=970 r/min,D=477 mm	800	280

附表 2-3-3　泵站一端布置、泡田时间 3 d,"E"字型布局,轮灌组形式一,潜水泵

作物	经营方式	面积/亩	田面与常水位高差/m	泵型	泵站位置	管网布置形式	泡田时间/d	工作制度	轮灌组数	选泵流量/(m^3/h)	选泵扬程/m	水泵选择	硬塑料管选用规格/mm	
													干管	支管
稻麦轮作	土地流转农场经营	100 以下	0.5～2.0	潜水泵	一端	"E"字型	3	续灌	1	207	1.0～4.0			
		100～300						续灌	1	621				
		300～500						轮灌	2	1 035		一台 350QZ-100 泵,−4°,n=1 450 r/min,D=300 mm	630	315
		500～800						轮灌	2	1 656		一台 500QZ-100D 泵,0°,n=740 r/min,D=450 mm	800	355
稻麦轮作	土地流转农场经营	100 以下	2.0～4.0	潜水泵	一端	"E"字型	3	续灌	1	207	3.6～7.2	一台 150QW210-7-7.5 泵,n=1 460 r/min	280	280
		100～300						续灌	1	621		一台 250QW600-7-22 泵,n=980 r/min	500	225
		300～500						轮灌	2	1 035		一台 350QZ-100 泵,+2°,n=1 450 r/min,D=300 mm	630	315
		500～800						轮灌	2	1 656		一台 500QZ-70 泵,−4°,n=980 r/min,D=450 mm	800	315
稻麦轮作	土地流转农场经营	100 以下	4.0～8.0	潜水泵	一端	"E"字型	3	续灌	1	207	6.0～12.0	一台 150QW200-10-11 泵,n=1 450 r/min	280	200
		100～300						续灌	1	621		一台 250QW600-15-45 泵,n=980 r/min	500	180
		300～500						轮灌	2	1 035		一台 350QW1200-15-75 泵,n=980 r/min	710	280
		500～800						轮灌	2	1 656				
稻麦轮作	土地流转农场经营	100 以下	8.0～12.0	潜水泵	一端	"E"字型	3	续灌	1	207	12.0～18.0	一台 150QW200-22-22 泵,n=980 r/min	280	200
		100～300						续灌	1	621		一台 250QW600-20-55 泵,n=980 r/min	500	180
		300～500						轮灌	2	1 035		一台 500QH-40 泵,−4°,n=1 450 r/min,D=333 mm	630	250
		500～800						轮灌	2	1 656		一台 500QH-40 泵,+2°,n=1 450 r/min,D=333 mm	800	280
稻麦轮作	土地流转农场经营	100 以下	12.0～15.0	潜水泵	一端	"E"字型	3	续灌	1	207	18.0～22.5	一台 150QW200-22-22 泵,n=980 r/min	280	225
		100～300						续灌	1	621		一台 250QW600-20-75 泵,n=990 r/min	500	180
		300～500						轮灌	2	1 035		一台 300QW1000-22-90 泵,n=980 r/min	630	250
		500～800						轮灌	2	1 656		一台 400QW1700-22-160 泵,n=740 r/min	800	280

附表 2-3-4 泵站一端布置、泡田时间 3 d,"E"字型布局,轮灌组形式一,轴流泵

作物	经营方式	面积/亩	田面与常水位高差/m	泵型	泵站位置	管网布置形式	泡田时间/d	工作制度	轮灌组数	选泵流量/(m^3/h)	选泵扬程/m	水泵选择	硬塑料管选用规格/mm 干管	硬塑料管选用规格/mm 支管
稻麦轮作	土地流转农场经营	100 以下	0.5～2.0	轴流泵	一端	"E"字型	3	续灌	1	207	1.0～4.0			
		100～300						续灌	1	621		一台 350ZLB-125 泵,−6°,n=1 470 r/min,D=300 mm	500	250
		300～500						轮灌	2	1 035		一台 350ZLB-100 泵,−4°,n=1 470 r/min,D=300 mm	630	355
		500～800						轮灌	2	1 656		一台 350ZLB-125 泵,+4°,n=1 470 r/min,D=300 mm	800	400
稻麦轮作	土地流转农场经营	100 以下	2.0～4.0	轴流泵	一端	"E"字型	3	续灌	1	207	3.6～7.2			
		100～300						续灌	1	621				
		300～500						轮灌	2	1 035		一台 350ZLB-70 泵,+4°,n=1 470 r/min,D=300 mm	630	280
		500～800						轮灌	2	1 656		一台 500ZLB-85 泵,−2°,n=980 r/min,D=450 mm	800	315
稻麦轮作	土地流转农场经营	100 以下	4.0～8.0	轴流泵	一端	"E"字型	3	续灌	1	207	6.0～12.0			
		100～300						续灌	1	621				
		300～500						轮灌	2	1 035				
		500～800						轮灌	2	1 656				
稻麦轮作	土地流转农场经营	100 以下	8.0～12.0	轴流泵	一端	"E"字型	3	续灌	1	207	12.0～18.0			
		100～300						续灌	1	621				
		300～500						轮灌	2	1 035				
		500～800						轮灌	2	1 656				
稻麦轮作	土地流转农场经营	100 以下	12.0～15.0	轴流泵	一端	"E"字型	3	续灌	1	207	18.0～22.5			
		100～300						续灌	1	621				
		300～500						轮灌	2	1 035				
		500～800						轮灌	2	1 656				

附表 2-3-5　泵站一端布置、泡田时间 3 d,"E"字型布局,轮灌组形式二,混流泵

作物	经营方式	面积/亩	田面与常水位高差/m	泵型	泵站位置	管网布置形式	泡田时间/d	工作制度	轮灌组数	选泵流量/(m^3/h)	选泵扬程/m	水泵选择	硬塑料管选用规格/mm	
													干管	支管
稻麦轮作	土地流转农场经营	100 以下	0.5～2.0	混流泵	一端	"E"字型	3	续灌	1	207	1.0～4.0	一台 200HW-5 泵,n=1 450 r/min,D=138 mm	315	280
		100～300						轮灌	2	621		一台 300HW-8 泵,n=970 r/min,D=226 mm	500	315
		300～500						轮灌	3	1 035				
		500～800						轮灌	4	1 656				
稻麦轮作	土地流转农场经营	100 以下	2.0～4.0	混流泵	一端	"E"字型	3	续灌	1	207	3.6～7.2	一台 150HW-6B 泵,n=1 800 r/min,D=158 mm	280	250
		100～300						轮灌	2	621		一台 300HW-12 泵,n=970 r/min,D=277 mm	500	280
		300～500						轮灌	3	1 035		一台 300HW-8B 泵,n=980 r/min,D=305 mm	630	355
		500～800						轮灌	4	1 656		一台 400HW-7B 泵,n=980 r/min,D=326 mm	800	450
稻麦轮作	土地流转农场经营	100 以下	4.0～8.0	混流泵	一端	"E"字型	3	续灌	1	207	6.0～12.0			
		100～300						轮灌	2	621		一台 250HW-8C 泵,n=1 450 r/min,D=244 mm	500	280
		300～500						轮灌	3	1 035		一台 300HW-7C 泵,n=1 300 r/min,D=288 mm	630	355
		500～800						轮灌	4	1 656		一台 400HW-7B 泵,n=980 r/min,D=374 mm	800	450
稻麦轮作	土地流转农场经营	100 以下	8.0～12.0	混流泵	一端	"E"字型	3	续灌	1	207	12.0～18.0			
		100～300						轮灌	2	621				
		300～500						轮灌	3	1 035		一台 500QH-40 泵,$-4°$,n=1 450 r/min,D=333 mm	630	315
		500～800						轮灌	4	1 656		一台 500QH-40 泵,$+2°$,n=1 450 r/min,D=333 mm	800	400
稻麦轮作	土地流转农场经营	100 以下	12.0～15.0	混流泵	一端	"E"字型	3	续灌	1	207	18.0～22.5			
		100～300						轮灌	2	621				
		300～500						轮灌	3	1 035		一台 350HLD-21 泵,n=1 480 r/min,D=362 mm	630	315
		500～800						轮灌	4	1 656		一台 500HLD-15 泵,n=980 r/min,D=472 mm	800	450

附表 2-3-6　泵站一端布置、泡田时间 3 d,"E"字型布局,轮灌组形式二,离心泵

作物	经营方式	面积/亩	田面与常水位高差/m	泵型	泵站位置	管网布置形式	泡田时间/d	工作制度	轮灌组数	选泵流量/(m^3/h)	选泵扬程/m	水泵选择	硬塑料管选用规格/mm	
													干管	支管
稻麦轮作	土地流转农场经营	100 以下	0.5～2.0	离心泵	一端	"E"字型	3	续灌	1	207	1.0～4.0			
		100～300						轮灌	2	621				
		300～500						轮灌	3	1 035				
		500～800						轮灌	4	1 656				
稻麦轮作	土地流转农场经营	100 以下	2.0～4.0	离心泵	一端	"E"字型	3	续灌	1	207	3.6～7.2	一台 ISG200-250(I)B 泵,n=1 480 r/min,D=185 mm	280	250
		100～300						轮灌	2	621		一台 300S-12 泵,n=1 480 r/min,D=201 mm	500	280
		300～500						轮灌	3	1 035		一台 350S-16 泵,n=1 480 r/min,D=220 mm	630	355
		500～800						轮灌	4	1 656		一台 500S-16 泵,n=970 r/min,D=317 mm	800	450
稻麦轮作	土地流转农场经营	100 以下	4.0～8.0	离心泵	一端	"E"字型	3	续灌	1	207	6.0～12.0	一台 ISG150-200 泵,n=1 480 r/min,D=217 mm	280	250
		100～300						轮灌	2	621		一台 300S-19 泵,n=1 480 r/min,D=242 mm	500	280
		300～500						轮灌	3	1 035		一台 350S-26 泵,n=1 480 r/min,D=265 mm	630	355
		500～800						轮灌	4	1 656		一台 500S-13 泵,n=970 r/min,D=371 mm	800	450
稻麦轮作	土地流转农场经营	100 以下	8.0～12.0	离心泵	一端	"E"字型	3	续灌	1	207	12.0～18.0	一台 ISG150-250 泵,n=1 480 r/min,D=261 mm	280	225
		100～300						轮灌	2	621		一台 ISG300-250 泵,n=1 480 r/min,D=292 mm	500	250
		300～500						轮灌	3	1 035		一台 350S-26 泵,n=1 480 r/min,D=297 mm	630	315
		500～800						轮灌	4	1 656		一台 24SH-19 泵,n=970 r/min,D=399 mm	800	400
稻麦轮作	土地流转农场经营	100 以下	12.0～15.0	离心泵	一端	"E"字型	3	续灌	1	207	18.0～22.5	一台 200S-42 泵,n=2 950 r/min,D=156 mm	280	225
		100～300						轮灌	2	621		一台 ISG350-315 泵,n=1 480 r/min,D=284 mm	500	250
		300～500						轮灌	3	1 035		一台 350S-26 泵,n=1 480 r/min,D=319 mm	630	315
		500～800						轮灌	4	1 656		一台 500S-35 泵,n=970 r/min,D=477 mm	800	400

附表 2-3-7　泵站一端布置、泡田时间 3 d，“E”字型布局，轮灌组形式二，潜水泵

作物	经营方式	面积/亩	田面与常水位高差/m	泵型	泵站位置	管网布置形式	泡田时间/d	工作制度	轮灌组数	选泵流量/(m^3/h)	选泵扬程/m	水泵选择	硬塑料管选用规格/mm 干管	支管
稻麦轮作	土地流转农场经营	100 以下	0.5～2.0	潜水泵	一端	“E”字型	3	续灌	1	207	1.0～4.0			
		100～300						轮灌	2	621				
		300～500						轮灌	3	1 035		一台 350QZ-100 泵，−4°，n=1 450 r/min，D=300 mm	630	450
		500～800						轮灌	4	1 656		一台 500QZ-100D 泵，0°，n=740 r/min，D=450 mm	800	500
稻麦轮作	土地流转农场经营	100 以下	2.0～4.0	潜水泵	一端	“E”字型	3	续灌	1	207	3.6～7.2	一台 150QW210-7-7.5 泵，n=1 460 r/min	280	280
		100～300						轮灌	2	621		一台 250QW600-7-22 泵，，n=980 r/min	500	280
		300～500						轮灌	3	1 035		一台 350QZ-100 泵，+2°，n=1 450 r/min，D=300 mm	630	355
		500～800						轮灌	4	1 656		一台 500QZ-70 泵，−4°，n=980 r/min，D=450 mm	800	400
稻麦轮作	土地流转农场经营	100 以下	4.0～8.0	潜水泵	一端	“E”字型	3	续灌	1	207	6.0～12.0	一台 150QW200-10-11 泵，n=1 450 r/min	280	200
		100～300						轮灌	2	621		一台 250QW600-15-45 泵，n=980 r/min	500	250
		300～500						轮灌	3	1 035		一台 350QW1200-15-75 泵，n=980 r/min	710	355
		500～800						轮灌	4	1 656				
稻麦轮作	土地流转农场经营	100 以下	8.0～12.0	潜水泵	一端	“E”字型	3	续灌	1	207	12.0～18.0	一台 150QW200-22-22 泵，n=980 r/min	280	200
		100～300						轮灌	2	621		一台 250QW600-20-55 泵，n=980 r/min	500	250
		300～500						轮灌	3	1 035		一台 500QH-40 泵，−4°，n=1 450 r/min，D=333 mm	630	315
		500～800						轮灌	4	1 656		一台 500QH-40 泵，+2°，n=1 450 r/min，D=333 mm	800	400
稻麦轮作	土地流转农场经营	100 以下	12.0～15.0	潜水泵	一端	“E”字型	3	续灌	1	207	18.0～22.5	一台 150QW200-22-22 泵，n=980 r/min	280	225
		100～300						轮灌	2	621		一台 250QW600-20-75 泵，n=990 r/min	500	250
		300～500						轮灌	3	1 035		一台 300QW1000-22-90 泵，n=980 r/min	630	315
		500～800						轮灌	4	1 656		一台 400QW1700-22-160 泵，n=740 r/min	800	400

附表 2-3-8　泵站一端布置、泡田时间 3 d,"E"字型布局,轮灌组形式二,轴流泵

作物	经营方式	面积/亩	田面与常水位高差/m	泵型	泵站位置	管网布置形式	泡田时间/d	工作制度	轮灌组数	选泵流量/(m^3/h)	选泵扬程/m	水泵选择	硬塑料管选用规格/mm 干管	支管
稻麦轮作	土地流转农场经营	100 以下	0.5～2.0	轴流泵	一端	"E"字型	3	续灌	1	207	1.0～4.0			
		100～300						轮灌	2	621		一台 350ZLB-125 泵,−6°,n=1 470 r/min,D=300 mm	500	315
		300～500						轮灌	3	1 035		一台 350ZLB-100 泵,−4°,n=1 470 r/min,D=300 mm	630	400
		500～800						轮灌	4	1 656		一台 350ZLB-125 泵,+4°,n=1 470 r/min,D=300 mm	800	500
稻麦轮作	土地流转农场经营	100 以下	2.0～4.0	轴流泵	一端	"E"字型	3	续灌	1	207	3.6～7.2			
		100～300						轮灌	2	621				
		300～500						轮灌	3	1 035		一台 350ZLB-70 泵,+4°,n=1 470 r/min,D=300 mm	630	355
		500～800						轮灌	4	1 656		一台 500ZLB-85 泵,−2°,n=980 r/min,D=450 mm	800	400
稻麦轮作	土地流转农场经营	100 以下	4.0～8.0	轴流泵	一端	"E"字型	3	续灌	1	207	6.0～12.0			
		100～300						轮灌	2	621				
		300～500						轮灌	3	1 035				
		500～800						轮灌	4	1 656				
稻麦轮作	土地流转农场经营	100 以下	8.0～12.0	轴流泵	一端	"E"字型	3	续灌	1	207	12.0～18.0			
		100～300						轮灌	2	621				
		300～500						轮灌	3	1 035				
		500～800						轮灌	4	1 656				
稻麦轮作	土地流转农场经营	100 以下	12.0～15.0	轴流泵	一端	"E"字型	3	续灌	1	207	18.0～22.5			
		100～300						轮灌	2	621				
		300～500						轮灌	3	1 035				
		500～800						轮灌	4	1 656				

附表 2-4　双泵、泵站一端布置、泡田时间 2 d, “E”字型布局

轮灌组形式一：100～300 亩续灌，300～500 亩分 2 组轮灌，500～800 亩分 2 组轮灌

轮灌组形式二：100～300 亩分 2 组轮灌，300～500 亩分 3 组轮灌，500～800 亩分 4 组轮灌

附表 2-4-1　泵站一端布置、泡田时间 2 d,“E”字型布局，轮灌组形式一，混流泵(双泵)

作物	经营方式	面积/亩	田面与常水位高差/m	泵型	泵站位置	管网布置形式	泡田时间/d	工作制度	轮灌组数	选泵流量/(m^3/h)	选泵扬程/m	水泵选择	硬塑料管选用规格/mm	
													干管	支管
稻麦轮作	土地流转农场经营	100～300	0.5～2.0	混流泵	一端	“E”字型	2	续灌	1	932	1.0～4.0	一台 200HW-5 泵，n=1 450 r/min，D=152 mm，N=7.5 kW； 一台 300HW-8 泵，n=970 r/min，D=231 mm，N=22 kW	630	280
		300～500						轮灌	2	1 553				
		500～800						轮灌	2	2 484				
稻麦轮作	土地流转农场经营	100～300	2.0～4.0	混流泵	一端	“E”字型	2	续灌	1	932	3.6～7.2	一台 200HW-8 泵，n=1 450 r/min，D=186 mm，N=11 kW； 一台 300HW-8 泵，n=970 r/min，D=275 mm，N=22 kW	630	250
		300～500						轮灌	2	1 553		一台 300HW-12 泵，n=970 r/min，D=254 mm，N=37 kW； 一台 400HW-7B 泵，n=980 r/min，D=273 mm，N=75 kW	800	355
		500～800						轮灌	2	2 484				

（续表）

作物	经营方式	面积/亩	田面与常水位高差/m	泵型	泵站位置	管网布置形式	泡田时间/d	工作制度	轮灌组数	选泵流量/(m^3/h)	选泵扬程/m	水泵选择	硬塑料管选用规格/mm	
													干管	支管
稻麦轮作	土地流转农场经营	100～300	4.0～8.0	混流泵	一端	“E”字型	2	续灌	1	932	6.0～12.0	一台 200HW-12 泵，n=1 450 r/min，D=224 mm，N=18.5 kW；一台 250HW-11C 泵，n=1 600 r/min，D=228 mm，N=37 kW	630	250
		300～500						轮灌	2	1 553		一台 250HW-12 泵，n=1 180 r/min，D=282 mm，N=30 kW；一台 400HW-10B 泵，n=980 r/min，D=323 mm，N=110 kW	800	355
		500～800						轮灌	2	2 484		一台 300HW-12 泵，n=970 r/min，D=348 mm，N=37 kW；一台 400HW-10B 泵，n=980 r/min，D=379 mm，N=110 kW	1 000	355
稻麦轮作	土地流转农场经营	100～300	8.0～12.0	混流泵	一端	“E”字型	2	续灌	1	932	12.0～18.0			
		300～500						轮灌	2	1 553				
		500～800						轮灌	2	2 484				
稻麦轮作	土地流转农场经营	100～300	12.0～15.0	混流泵	一端	“E”字型	2	续灌	1	932	18.0～22.5			
		300～500						轮灌	2	1 553				
		500～800						轮灌	2	2 484				

附表 2-4-2　泵站一端布置、泡田时间 2 d,"E"字型布局,轮灌组形式一,离心泵(双泵)

作物	经营方式	面积/亩	田面与常水位高差/m	泵型	泵站位置	管网布置形式	泡田时间/d	工作制度	轮灌组数	选泵流量/(m^3/h)	选泵扬程/m	水泵选择	硬塑料管选用规格/mm	
													干管	支管
稻麦轮作	土地流转农场经营	100～300	0.5～2.0	离心泵	一端	"E"字型	2	续灌	1	932	1.0～4.0			
		300～500						轮灌	2	1 553				
		500～800						轮灌	2	2 484				
稻麦轮作	土地流转农场经营	100～300	2.0～4.0	离心泵	一端	"E"字型	2	续灌	1	932	3.6～7.2	一台 10SH-19A 泵,n=1 470 r/min,D=168 mm,N=22 kW;一台 300S-12 泵,n=1 480 r/min,D=205 mm,N=37 kW	630	250
		300～500						轮灌	2	1 553		一台 ISG250-235 泵,n=1 480 r/min,D=237 mm,N=30 kW;一台 350S-16 泵,n=1 480 r/min,D=225 mm,N=75 kW	800	355
		500～800						轮灌	2	2 484		一台 300S-12 泵,n=1 480 r/min,D=218 mm,N=37 kW;一台 500S-13 泵,n=970 r/min,D=324 mm,N=110 kW	1 000	355
稻麦轮作	土地流转农场经营	100～300	4.0～8.0	离心泵	一端	"E"字型	2	续灌	1	932	6.0～12.0	一台 10SH-13A 泵,n=1 470 r/min,D=202 mm,N=37 kW;一台 300S-19 泵,n=1 480 r/min,D=247 mm,N=75 kW	630	250
		300～500						轮灌	2	1 553		一台 250S-14 泵,n=1 480 r/min,D=246 mm,N=30 kW;一台 350S-26 泵,n=1 480 r/min,D=272 mm,N=132 kW	800	355
		500～800						轮灌	2	2 484		一台 14SH-19A 泵,n=1 470 r/min,D=234 mm,N=90 kW;一台 500S-22 泵,n=970 r/min,D=392 mm,N=250 kW	1 000	355

（续表）

作物	经营方式	面积/亩	田面与常水位高差/m	泵型	泵站位置	管网布置形式	泡田时间/d	工作制度	轮灌组数	选泵流量/(m^3/h)	选泵扬程/m	水泵选择	硬塑料管选用规格/mm	
													干管	支管
稻麦轮作	土地流转农场经营	100～300	8.0～12.0	离心泵	一端	“E”字型	2	续灌	1	932	12.0～18.0	一台 250S-24 泵，n=1 480 r/min，D=260 mm，N=45 kW； 一台 300S-32 泵，n=1 480 r/min，D=287 mm，N=110 kW	630	225
		300～500						轮灌	2	1 553		一台 ISG250-300 泵，n=1 480 r/min，D=283 mm，N=37 kW； 一台 350S-26 泵，n=1 480 r/min，D=302 mm，N=132 kW	800	315
		500～800						轮灌	2	2 484		一台 300S-19 泵，n=1 480 r/min，D=294 mm，N=75 kW； 一台 24SH-19 泵，n=970 r/min，D=403 mm，N=380 kW	1 000	355
稻麦轮作	土地流转农场经营	100～300	12.0～15.0	离心泵	一端	“E”字型	2	续灌	1	932	18.0～22.5	一台 10SH-9 泵，n=1 470 r/min，D=269 mm，N=75 kW； 一台 12SH-13 泵，n=1 470 r/min，D=293 mm，N=90 kW	630	225
		300～500						轮灌	2	1 553		一台 250S-24 泵，n=1 480 r/min，D=310 mm，N=45 kW； 一台 350S-26 泵，n=1 480 r/min，D=324 mm，N=132 kW	800	315
		500～800						轮灌	2	2 484		一台 300S-32 泵，n=1 480 r/min，D=322 mm，N=110 kW； 一台 20SH-13A 泵，n=970 r/min，D=445 mm，N=220 kW	1 000	355

附表 2-4-3　泵站一端布置、泡田时间 2 d,"E"字型布局,轮灌组形式一,潜水泵(双泵)

作物	经营方式	面积/亩	田面与常水位高差/m	泵型	泵站位置	管网布置形式	泡田时间/d	工作制度	轮灌组数	选泵流量/(m^3/h)	选泵扬程/m	水泵选择	硬塑料管选用规格/mm	
													干管	支管
稻麦轮作	土地流转农场经营	100～300	0.5～2.0	潜水泵	一端	"E"字型	2	续灌	1	932	1.0～4.0			
		300～500						轮灌	2	1 553				
		500～800						轮灌	2	2 484		一台 350QZ－70D 泵,－2°,n＝980 r/min,D＝300 mm,N=15 kW; 一台 500QZ－100D 泵,＋2°,n＝740 r/min,D＝450 mm,N=30 kW	1 000	400
稻麦轮作	土地流转农场经营	100～300	2.0～4.0	潜水泵	一端	"E"字型	2	续灌	1	932	3.6～7.2			
		300～500						轮灌	2	1 553				
		500～800						轮灌	2	2 484		一台 350QZ－100 泵,－4°,n＝1 450 r/min,D＝300 mm,N=22 kW; 一台 500QZ－100G 泵,－4°,n＝980 r/min,D＝450 mm,N=45 kW	1 000	355
稻麦轮作	土地流转农场经营	100～300	4.0～8.0	潜水泵	一端	"E"字型	2	续灌	1	932	6.0～12.0			
		300～500						轮灌	2	1 553		一台 250QW400-15-30 泵,n=980 r/min,N=30 kW; 一台 350QW1200-15-75 泵,n=980 r/min,N=75 kW	800	315
		500～800						轮灌	2	2 484		一台 300QW900-15-55 泵,n=980 r/min,N=55 kW; 一台 600QH－50 泵,－4°,n＝980 r/min,D＝470 mm,N=110 kW	1 000	355
稻麦轮作	土地流转农场经营	100～300	8.0～12.0	潜水泵	一端	"E"字型	2	续灌	1	932	12.0～18.0			
		300～500						轮灌	2	1 553				
		500～800						轮灌	2	2 484				
稻麦轮作	土地流转农场经营	100～300	12.0～15.0	潜水泵	一端	"E"字型	2	续灌	1	932	18.0～22.5			
		300～500						轮灌	2	1 553				
		500～800						轮灌	2	2 484		一台 250QW800-22-75 泵,n=980 r/min,N=75 kW; 一台 400QW-1700-22-160 泵,n=740 r/min,N=160 kW	1 000	355

附表 2-4-4　泵站一端布置、泡田时间 2 d,"E"字型布局,轮灌组形式一,轴流泵(双泵)

作物	经营方式	面积/亩	田面与常水位高差/m	泵型	泵站位置	管网布置形式	泡田时间/d	工作制度	轮灌组数	选泵流量/(m^3/h)	选泵扬程/m	水泵选择	硬塑料管选用规格/mm	
													干管	支管
稻麦轮作	土地流转农场经营	100～300	0.5～2.0	轴流泵	一端	"E"字型	2	续灌	1	932	1.0～4.0			
		300～500						轮灌	2	1 553				
		500～800						轮灌	2	2 484		一台 350ZLB-125 泵,−4°,n=1 470 r/min,D=300 mm,N=18.5 kW; 一台 350ZLB-125 泵,+4°,n=1 470 r/min,D=300 mm,N=30 kW	1 000	400
稻麦轮作	土地流转农场经营	100～300	2.0～4.0	轴流泵	一端	"E"字型	2	续灌	1	932	3.6～7.2			
		300～500						轮灌	2	1 553				
		500～800						轮灌	2	2 484				
稻麦轮作	土地流转农场经营	100～300	4.0～8.0	轴流泵	一端	"E"字型	2	续灌	1	932	6.0～12.0			
		300～500						轮灌	2	1 553				
		500～800						轮灌	2	2 484				
稻麦轮作	土地流转农场经营	100～300	8.0～12.0	轴流泵	一端	"E"字型	2	续灌	1	932	12.0～18.0			
		300～500						轮灌	2	1 553				
		500～800						轮灌	2	2 484				
稻麦轮作	土地流转农场经营	100～300	12.0～15.0	轴流泵	一端	"E"字型	2	续灌	1	932	18.0～22.5			
		300～500						轮灌	2	1 553				
		500～800						轮灌	2	2 484				

附表 2-4-5　泵站一端布置、泡田时间 2 d,"E"字型布局,轮灌组形式二,混流泵(双泵)

作物	经营方式	面积/亩	田面与常水位高差/m	泵型	泵站位置	管网布置形式	泡田时间/d	工作制度	轮灌组数	选泵流量/(m^3/h)	选泵扬程/m	水泵选择	硬塑料管选用规格/mm 干管	支管
稻麦轮作	土地流转农场经营	100～300	0.5～2.0	混流泵	一端	"E"字型	2	轮灌	2	932	1.0～4.0	一台 200HW-5 泵,n=1 450 r/min,D=152 mm,N=7.5 kW; 一台 300HW-8 泵,n=970 r/min,D=231 mm,N=22 kW	630	355
		300～500						轮灌	3	1 553				
		500～800						轮灌	4	2 484				
稻麦轮作	土地流转农场经营	100～300	2.0～4.0	混流泵	一端	"E"字型	2	轮灌	2	932	3.6～7.2	一台 200HW-8 泵,n=1 450 r/min,D=186 mm,N=11 kW; 一台 300HW-8 泵,n=970 r/min,D=275 mm,N=22 kW	630	315
		300～500						轮灌	3	1 553		一台 300HW-12 泵,n=970 r/min,D=254 mm,N=37 kW; 一台 400HW-7B 泵,n=980 r/min,D=273 mm,N=75 kW	800	400
		500～800						轮灌	4	2 484				
稻麦轮作	土地流转农场经营	100～300	4.0～8.0	混流泵	一端	"E"字型	2	轮灌	2	932	6.0～12.0	一台 200HW-12 泵,n=1 450 r/min,D=224 mm,N=18.5 kW; 一台 250HW-11C 泵,n=1 600 r/min,D=228 mm,N=37 kW	630	315
		300～500						轮灌	3	1 553		一台 250HW-12 泵,n=1 180 r/min,D=282 mm,N=30 kW; 一台 400HW-10B 泵,n=980 r/min,D=323 mm,N=110 kW	800	400
		500～800						轮灌	4	2 484		一台 300HW-12 泵,n=970 r/min,D=348 mm,N=37 kW; 一台 400HW-10B 泵,n=980 r/min,D=379 mm,N=110 kW	1 000	500

（续表）

作物	经营方式	面积/亩	田面与常水位高差/m	泵型	泵站位置	管网布置形式	泡田时间/d	工作制度	轮灌组数	选泵流量/(m^3/h)	选泵扬程/m	水泵选择	硬塑料管选用规格/mm	
													干管	支管
稻麦轮作	土地流转农场经营	100～300	8.0～12.0	混流泵	一端	“E”字型	2	轮灌	2	932	12.0～18.0			
		300～500						轮灌	3	1 553				
		500～800						轮灌	4	2 484				
稻麦轮作	土地流转农场经营	100～300	12.0～15.0	混流泵	一端	“E”字型	2	轮灌	2	932	18.0～22.5			
		300～500						轮灌	3	1 553				
		500～800						轮灌	4	2 484				

附表 2-4-6　泵站一端布置、泡田时间 2 d,"E"字型布局,轮灌组形式二,离心泵(双泵)

作物	经营方式	面积/亩	田面与常水位高差/m	泵型	泵站位置	管网布置形式	泡田时间/d	工作制度	轮灌组数	选泵流量/(m^3/h)	选泵扬程/m	水泵选择	硬塑料管选用规格/mm	
													干管	支管
稻麦轮作	土地流转农场经营	100～300	0.5～2.0	离心泵	一端	"E"字型	2	轮灌	2	932	1.0～4.0			
		300～500						轮灌	3	1 553				
		500～800						轮灌	4	2 484				
稻麦轮作	土地流转农场经营	100～300	2.0～4.0	离心泵	一端	"E"字型	2	轮灌	2	932	3.6～7.2	一台 10SH-19A 泵,n=1 470 r/min,D=168 mm,N=22 kW; 一台 300S-12 泵,n=1 480 r/min,D=205 mm,N=37 kW	630	315
		300～500						轮灌	3	1 553		一台 ISG250-235 泵,n=1 480 r/min,D=237 mm,N=30 kW; 一台 350S-16 泵,n=1 480 r/min,D=225 mm,N=75 kW	800	400
		500～800						轮灌	4	2 484		一台 300S-12 泵,n=1 480 r/min,D=218 mm,N=37 kW; 一台 500S-13 泵,n=970 r/min,D=324 mm,N=110 kW	1 000	500
稻麦轮作	土地流转农场经营	100～300	4.0～8.0	离心泵	一端	"E"字型	2	轮灌	2	932	6.0～12.0	一台 10SH-13A 泵,n=1 470 r/min,D=202 mm,N=37 kW; 一台 300S-19 泵,n=1 480 r/min,D=247 mm,N=75 kW	630	315
		300～500						轮灌	3	1 553		一台 250S-14 泵,n=1 480 r/min,D=246 mm,N=30 kW; 一台 350S-26 泵,n=1 480 r/min,D=272 mm,N=132 kW	800	400
		500～800						轮灌	4	2 484		一台 14SH-19A 泵,n=1 470 r/min,D=234 mm,N=90 kW; 一台 500S-22 泵,n=970 r/min,D=392 mm,N=250 kW	1 000	500

（续表）

作物	经营方式	面积/亩	田面与常水位高差/m	泵型	泵站位置	管网布置形式	泡田时间/d	工作制度	轮灌组数	选泵流量/(m^3/h)	选泵扬程/m	水泵选择	硬塑料管选用规格/mm	
													干管	支管
稻麦轮作	土地流转农场经营	100～300	8.0～12.0	离心泵	一端	“E”字型	2	轮灌	2	932	12.0～18.0	一台 250S-24 泵，n=1 480 r/min，D=260 mm，N=45 kW； 一台 300S-32 泵，n=1 480 r/min，D=287 mm，N=110 kW	630	315
		300～500						轮灌	3	1 553		一台 ISG250-300 泵，n=1 480 r/min，D=283 mm，N=37 kW； 一台 350S-26 泵，n=1 480 r/min，D=302 mm，N=132 kW	800	400
		500～800						轮灌	4	2 484		一台 300S-19 泵，n=1 480 r/min，D=294 mm，N=75 kW； 一台 24SH-19 泵，n=970 r/min，D=403 mm，N=380 kW	1 000	500
稻麦轮作	土地流转农场经营	100～300	12.0～15.0	离心泵	一端	“E”字型	2	轮灌	2	932	18.0～22.5	一台 10SH-9 泵，n=1 470 r/min，D=269 mm，N=75 kW； 一台 12SH-13 泵，n=1 470 r/min，D=293 mm，N=90 kW	630	315
		300～500						轮灌	3	1 553		一台 250S-24 泵，n=1 480 r/min，D=310 mm，N=45 kW； 一台 350S-26 泵，n=1 480 r/min，D=324 mm，N=132 kW	800	400
		500～800						轮灌	4	2 484		一台 300S-32 泵，n=1 480 r/min，D=322 mm，N=110 kW； 一台 20SH-13A 泵，n=970 r/min，D=445 mm，N=220 kW	1 000	500

附表 2-4-7　泵站一端布置、泡田时间 2 d，“E”字型布局，轮灌组形式二，潜水泵(双泵)

作物	经营方式	面积/亩	田面与常水位高差/m	泵型	泵站位置	管网布置形式	泡田时间/d	工作制度	轮灌组数	选泵流量/(m^3/h)	选泵扬程/m	水泵选择	硬塑料管选用规格/mm	
													干管	支管
稻麦轮作	土地流转农场经营	100～300	0.5～2.0	潜水泵	一端	“E”字型	2	轮灌	2	932	1.0～4.0			
		300～500						轮灌	3	1 553				
		500～800						轮灌	4	2 484		一台 350QZ-70D 泵，−2°，n=980 r/min，D=300 mm，N=15 kW； 一台 500QZ-100D 泵，+2°，n=740 r/min，D=450 mm，N=30 kW	1 000	560
稻麦轮作	土地流转农场经营	100～300	2.0～4.0	潜水泵	一端	“E”字型	2	轮灌	2	932	3.6～7.2			
		300～500						轮灌	3	1 553				
		500～800						轮灌	4	2 484		一台 350QZ-100 泵，−4°，n=1 450 r/min，D=300 mm，N=22 kW； 一台 500QZ-100G 泵，−4°，n=980 r/min，D=450 mm，N=45 kW	1 000	500
稻麦轮作	土地流转农场经营	100～300	4.0～8.0	潜水泵	一端	“E”字型	2	轮灌	2	932	6.0～12.0			
		300～500						轮灌	3	1 553		一台 250QW400-15-30 泵，n=980 r/min，N=30 kW； 一台 350QW1200-15-75 泵，n=980 r/min，N=75 kW	800	400
		500～800						轮灌	4	2 484		一台 300QW900-15-55 泵，n=980 r/min，N=55 kW； 一台 600QH-50 泵，−4°，n=980 r/min，D=470 mm，N=110 kW	1 000	500
稻麦轮作	土地流转农场经营	100～300	8.0～12.0	潜水泵	一端	“E”字型	2	轮灌	2	932	12.0～18.0			
		300～500						轮灌	3	1 553				
		500～800						轮灌	4	2 484				
稻麦轮作	土地流转农场经营	100～300	12.0～15.0	潜水泵	一端	“E”字型	2	轮灌	2	932	18.0～22.5			
		300～500						轮灌	3	1 553				
		500～800						轮灌	4	2 484		一台 250QW800-22-75 泵，n=980 r/min，N=75 kW； 一台 400QW-1700-22-160 泵，n=740 r/min，N=160 kW	1 000	500

附表 2-4-8 泵站一端布置、泡田时间 2 d,“E”字型布局,轮灌组形式二,轴流泵(双泵)

作物	经营方式	面积/亩	田面与常水位高差/m	泵型	泵站位置	管网布置形式	泡田时间/d	工作制度	轮灌组数	选泵流量/(m^3/h)	选泵扬程/m	水泵选择	硬塑料管选用规格/mm	
													干管	支管
稻麦轮作	土地流转农场经营	100～300	0.5～2.0	轴流泵	一端	“E”字型	2	轮灌	2	932	1.0～4.0			
		300～500						轮灌	3	1 553				
		500～800						轮灌	4	2 484		一台 350ZLB-125 泵,−4°,n=1 470 r/min,D=300 mm,N=18.5 kW; 一台 350ZLB-125 泵,+4°,n=1 470 r/min,D=300 mm,N=30 kW	1 000	560
稻麦轮作	土地流转农场经营	100～300	2.0～4.0	轴流泵	一端	“E”字型	2	轮灌	2	932	3.6～7.2			
		300～500						轮灌	3	1 553				
		500～800						轮灌	4	2 484				
稻麦轮作	土地流转农场经营	100～300	4.0～8.0	轴流泵	一端	“E”字型	2	轮灌	2	932	6.0～12.0			
		300～500						轮灌	3	1 553				
		500～800						轮灌	4	2 484				
稻麦轮作	土地流转农场经营	100～300	8.0～12.0	轴流泵	一端	“E”字型	2	轮灌	2	932	12.0～18.0			
		300～500						轮灌	3	1 553				
		500～800						轮灌	4	2 484				
稻麦轮作	土地流转农场经营	100～300	12.0～15.0	轴流泵	一端	“E”字型	2	轮灌	2	932	18.0～22.5			
		300～500						轮灌	3	1 553				
		500～800						轮灌	4	2 484				

附表 2-5 双泵、泵站一端布置、泡田时间 3 d,“E”字型布局

轮灌组形式一：100～300 亩续灌，300～500 亩分 2 组轮灌，500～800 亩分 2 组轮灌

轮灌组形式二：100～300 亩分 2 组轮灌，300～500 亩分 3 组轮灌，500～800 亩分 4 组轮灌

附表 2-5-1 泵站一端布置、泡田时间 3 d,“E”字型布局，轮灌组形式一，混流泵(双泵)

作物	经营方式	面积/亩	田面与常水位高差/m	泵型	泵站位置	管网布置形式	泡田时间/d	工作制度	轮灌组数	选泵流量/(m^3/h)	选泵扬程/m	水泵选择	硬塑料管选用规格/mm	
													干管	支管
稻麦轮作	土地流转农场经营	100～300	0.5～2.0	混流泵	一端	“E”字型	3	续灌	1	621	1.0～4.0	一台 150HW-5 泵，n=1 450 r/min，D=157 mm，N=4 kW； 一台 250HW-8B 泵，n=1 180 r/min，D=188 mm，N=18.5 kW	500	250
		300～500						轮灌	2	1 035		一台 250HW-8A 泵，n=970 r/min，D=201 mm，N=11 kW； 一台 300HW-5 泵，n=970 r/min，D=230 mm，N=15 kW	630	355
		500～800						轮灌	2	1 656				
稻麦轮作	土地流转农场经营	100～300	2.0～4.0	混流泵	一端	“E”字型	3	续灌	1	621	3.6～7.2	一台 150HW-8 泵，n=1 450 r/min，D=196 mm，N=5.5 kW； 一台 250HW-12 泵，n=1 180 r/min，D=233 mm，N=30 kW	500	225
		300～500						轮灌	2	1 035		一台 200HW-10A 泵，n=1 200 r/min，D=220 mm，N=11 kW； 一台 300HW-8 泵，n=970 r/min，D=285 mm，N=22 kW	630	315
		500～800						轮灌	2	1 656		一台 300HW-12 泵，n=970 r/min，D=258 mm，N=37 kW； 一台 400HW-7B 泵，n=980 r/min，D=279 mm，N=75 kW	800	315

（续表）

作物	经营方式	面积/亩	田面与常水位高差/m	泵型	泵站位置	管网布置形式	泡田时间/d	工作制度	轮灌组数	选泵流量/(m^3/h)	选泵扬程/m	水泵选择	硬塑料管选用规格/mm	
													干管	支管
稻麦轮作	土地流转农场经营	100～300	4.0～8.0	混流泵	一端	“E”字型	3	续灌	1	621	6.0～12.0	一台 150HW-12 泵，n=2 900 r/min，D=135 mm，N=11 kW； 一台 250HW-12 泵，n=1 180 r/min，D=277 mm，N=30 kW	500	225
		300～500						轮灌	2	1 035		一台 200HW-12 泵，n=1 450 r/min，D=230 mm，N=18.5 kW； 一台 300HW-12 泵，n=970 r/min，D=345 mm，N=37 kW	630	315
		500～800						轮灌	2	1 656		一台 250HW-12 泵，n=1 180 r/min，D=288 mm，N=30 kW； 一台 400HW-10B 泵，n=980 r/min，D=328 mm，N=110 kW	800	315
稻麦轮作	土地流转农场经营	100～300	8.0～12.0	混流泵	一端	“E”字型	3	续灌	1	621	12.0～18.0			
		300～500						轮灌	2	1 035				
		500～800						轮灌	2	1 656				
稻麦轮作	土地流转农场经营	100～300	12.0～15.0	混流泵	一端	“E”字型	3	续灌	1	621	18.0～22.5			
		300～500						轮灌	2	1 035				
		500～800						轮灌	2	1 656				

附表 2-5-2　泵站一端布置、泡田时间 3 d,“E”字型布局,轮灌组形式一,离心泵(双泵)

作物	经营方式	面积/亩	田面与常水位高差/m	泵型	泵站位置	管网布置形式	泡田时间/d	工作制度	轮灌组数	选泵流量/(m^3/h)	选泵扬程/m	水泵选择	硬塑料管选用规格/mm	
													干管	支管
稻麦轮作	土地流转农场经营	100～300	0.5～2.0	离心泵	一端	“E”字型	3	续灌	1	621	1.0～4.0			
		300～500						轮灌	2	1 035				
		500～800						轮灌	2	1 656				
稻麦轮作	土地流转农场经营	100～300	2.0～4.0	离心泵	一端	“E”字型	3	续灌	1	621	3.6～7.2	一台 ISG150-200 泵,n=1 480 r/min,D=176 mm,N=15 kW;一台 ISG250-235 泵,n=1 480 r/min,D=230 mm,N=30 kW	500	225
		300～500						轮灌	2	1 035		一台 ISG250-235 泵,n=1 480 r/min,D=202 mm,N=30 kW;一台 300S-12 泵,n=1 480 r/min,D=215 mm,N=37 kW	630	315
		500～800						轮灌	2	1 656				
稻麦轮作	土地流转农场经营	100～300	4.0～8.0	离心泵	一端	“E”字型	3	续灌	1	621	6.0～12.0	一台 ISG150-200 泵,n=1 480 r/min,D=211 mm,N=15 kW;一台 ISG250-300 泵,n=1 480 r/min,D=241 mm,N=37 kW	500	225
		300～500						轮灌	2	1 035		一台 10SH-13A 泵,n=1 470 r/min,D=206 mm,N=37 kW;一台 300S-19 泵,n=1 480 r/min,D=259 mm,N=75 kW	630	315
		500～800						轮灌	2	1 656		一台 250S-14 泵,n=1 480 r/min,D=253 mm,N=30 kW;一台 350S-16 泵,n=1 480 r/min,D=265 mm,N=75 kW	800	315

（续表）

作物	经营方式	面积/亩	田面与常水位高差/m	泵型	泵站位置	管网布置形式	泡田时间/d	工作制度	轮灌组数	选泵流量/(m^3/h)	选泵扬程/m	水泵选择	硬塑料管选用规格/mm	
													干管	支管
		100～300						续灌	1	621		一台 ISG150-250 泵，n=1 480 r/min，D=255 mm，N=18.5 kW； 一台 10SH-13A 泵，n=1 470 r/min，D=262 mm，N=37 kW	500	200
稻麦轮作	土地流转农场经营	300～500	8.0～12.0	离心泵	一端	“E”字型	3	轮灌	2	1 035	12.0～18.0	一台 10SH-13 泵，n=1 470 r/min，D=245 mm，N=55 kW； 一台 300S-19 泵，n=1 480 r/min，D=291 mm，N=75 kW	630	280
		500～800						轮灌	2	1 656		一台 ISG300-315 泵，n=1 480 r/min，D=265 mm，N=90 kW； 一台 ISG350-450 泵，n=980 r/min，D=431 mm，N=90 kW	800	280
		100～300						续灌	1	621		一台 200S-42 泵，n=2 950 r/min，D=153 mm，N=55 kW； 一台 250S-24 泵，n=1 480 r/min，D=305 mm，N=45 kW	500	180
稻麦轮作	土地流转农场经营	300～500	12.0～15.0	离心泵	一端	“E”字型	3	轮灌	2	1 035	18.0～22.5	一台 250S-39 泵，n=1 480 r/min，D=284 mm，N=75 kW； 一台 ISG300-315 泵，n=1 480 r/min，D=318 mm，N=90 kW	630	250
		500～800						轮灌	2	1 656		一台 ISG300-300 泵，n=1 480 r/min，D=280 mm，N=75 kW； 一台 14SH-19 泵，n=1 470 r/min，D=324 mm，N=132 kW	800	280

附表 2-5-3　泵站一端布置、泡田时间 3 d，“E”字型布局，轮灌组形式一，潜水泵(双泵)

作物	经营方式	面积/亩	田面与常水位高差/m	泵型	泵站位置	管网布置形式	泡田时间/d	工作制度	轮灌组数	选泵流量/(m^3/h)	选泵扬程/m	水泵选择	硬塑料管选用规格/mm	
													干管	支管
稻麦轮作	土地流转农场经营	100～300	0.5～2.0	潜水泵	一端	“E”字型	3	续灌	1	621	1.0～4.0			
		300～500						轮灌	2	1 035				
		500～800						轮灌	2	1 656				
稻麦轮作	土地流转农场经营	100～300	2.0～4.0	潜水泵	一端	“E”字型	3	续灌	1	621	3.6～7.2			
		300～500						轮灌	2	1 035				
		500～800						轮灌	2	1 656		一台 200QW400-7-15 泵，n=1 450 r/min，N=15 kW； 一台 350QZ－70G 泵，－2°，n＝980 r/min，D＝300 mm，N=45 kW	800	355
稻麦轮作	土地流转农场经营	100～300	4.0～8.0	潜水泵	一端	“E”字型	3	续灌	1	621	6.0～12.0	一台 200QW250-15-18.5 泵，n=1 450 r/min，N=18.5 kW； 一台 250WQ400-15-30 泵，n=980 r/min，N=30 kW	500	180
		300～500						轮灌	2	1 035				
		500～800						轮灌	2	1 656		一台 250QW500-15-37 泵，n=980 r/min，N=37 kW； 一台 350WQ1200-15-75 泵，n=980 r/min，N=75 kW	800	315
稻麦轮作	土地流转农场经营	100～300	8.0～12.0	潜水泵	一端	“E”字型	3	续灌	1	621	12.0～18.0			
		300～500						轮灌	2	1 035				
		500～800						轮灌	2	1 656				
稻麦轮作	土地流转农场经营	100～300	12.0～15.0	潜水泵	一端	“E”字型	3	续灌	1	621	18.0～22.5	一台 150QW200-22-22 泵，n=980 r/min，N=22 kW； 一台 200WQ450-22-45 泵，n=980 r/min，N=45 kW	500	200
		300～500						轮灌	2	1 035		一台 200QW300-22-37 泵，n=980 r/min，N=37 kW； 一台 250WQ800-22-75 泵，n=980 r/min，N=75 kW	630	280
		500～800						轮灌	2	1 656				

附表 2-5-4　泵站一端布置、泡田时间 3 d,“E”字型布局,轮灌组形式一,轴流泵(双泵)

作物	经营方式	面积/亩	田面与常水位高差/m	泵型	泵站位置	管网布置形式	泡田时间/d	工作制度	轮灌组数	选泵流量/(m^3/h)	选泵扬程/m	水泵选择	硬塑料管选用规格/mm	
													干管	支管
稻麦轮作	土地流转农场经营	100～300	0.5～2.0	轴流泵	一端	“E”字型	3	续灌	1	621	1.0～4.0			
		300～500						轮灌	2	1 035				
		500～800						轮灌	2	1 656				
稻麦轮作	土地流转农场经营	100～300	2.0～4.0	轴流泵	一端	“E”字型	3	续灌	1	621	3.6～7.2			
		300～500						轮灌	2	1 035				
		500～800						轮灌	2	1 656				
稻麦轮作	土地流转农场经营	100～300	4.0～8.0	轴流泵	一端	“E”字型	3	续灌	1	621	6.0～12.0			
		300～500						轮灌	2	1 035				
		500～800						轮灌	2	1 656				
稻麦轮作	土地流转农场经营	100～300	8.0～12.0	轴流泵	一端	“E”字型	3	续灌	1	621	12.0～18.0			
		300～500						轮灌	2	1 035				
		500～800						轮灌	2	1 656				
稻麦轮作	土地流转农场经营	100～300	12.0～15.0	轴流泵	一端	“E”字型	3	续灌	1	621	18.0～22.5			
		300～500						轮灌	2	1 035				
		500～800						轮灌	2	1 656				

附表 2-5-5　泵站一端布置、泡田时间 3 d,“E”字型布局,轮灌组形式二,混流泵(双泵)

作物	经营方式	面积/亩	田面与常水位高差/m	泵型	泵站位置	管网布置形式	泡田时间/d	工作制度	轮灌组数	选泵流量/(m^3/h)	选泵扬程/m	水泵选择	硬塑料管选用规格/mm	
													干管	支管
稻麦轮作	土地流转农场经营	100～300	0.5～2.0	混流泵	一端	“E”字型	3	轮灌	2	621	1.0～4.0	一台 150HW-5 泵,n=1 450 r/min,D=157 mm,N=4 kW; 一台 250HW-8B 泵,n=1 180 r/min,D=188 mm,N=18.5 kW	500	315
		300～500						轮灌	3	1 035		一台 250HW-8A 泵,n=970 r/min,D=201 mm,N=11 kW; 一台 300HW-5 泵,n=970 r/min,D=230 mm,N=15 kW	630	400
		500～800						轮灌	4	1 656				
稻麦轮作	土地流转农场经营	100～300	2.0～4.0	混流泵	一端	“E”字型	3	轮灌	2	621	3.6～7.2	一台 150HW-8 泵,n=1 450 r/min,D=196 mm,N=5.5 kW; 一台 250HW-12 泵,n=1 180 r/min,D=233 mm,N=30 kW	500	280
		300～500						轮灌	3	1 035		一台 200HW-10A 泵,n=1 200 r/min,D=220 mm,N=11 kW; 一台 300HW-8 泵,n=970 r/min,D=285 mm,N=22 kW	630	355
		500～800						轮灌	4	1 656		一台 300HW-12 泵,n=970 r/min,D=258 mm,N=37 kW; 一台 400HW-7B 泵,n=980 r/min,D=279 mm,N=75 kW	800	450

（续表）

作物	经营方式	面积/亩	田面与常水位高差/m	泵型	泵站位置	管网布置形式	泡田时间/d	工作制度	轮灌组数	选泵流量/(m^3/h)	选泵扬程/m	水泵选择	硬塑料管选用规格/mm	
													干管	支管
稻麦轮作	土地流转农场经营	100～300	4.0～8.0	混流泵	一端	“E”字型	3	轮灌	2	621	6.0～12.0	一台 150HW-12 泵，n=2 900 r/min，D=135 mm，N=11 kW； 一台 250HW-12 泵，n=1 180 r/min，D=277 mm，N=30 kW	500	280
		300～500						轮灌	3	1 035		一台 200HW-12 泵，n=1 450 r/min，D=230 mm，N=18.5 kW； 一台 300HW-12 泵，n=970 r/min，D=345 mm，N=37 kW	630	355
		500～800						轮灌	4	1 656		一台 250HW-12 泵，n=1 180 r/min，D=288 mm，N=30 kW； 一台 400HW-10B 泵，n=980 r/min，D=328 mm，N=110 kW	800	450
稻麦轮作	土地流转农场经营	100～300	8.0～12.0	混流泵	一端	“E”字型	3	轮灌	2	621	12.0～18.0			
		300～500						轮灌	3	1 035				
		500～800						轮灌	4	1 656				
稻麦轮作	土地流转农场经营	100～300	12.0～15.0	混流泵	一端	“E”字型	3	轮灌	2	621	18.0～22.5			
		300～500						轮灌	3	1 035				
		500～800						轮灌	4	1 656				

附表 2-5-6　泵站一端布置、泡田时间 3 d,“E”字型布局,轮灌组形式二,离心泵(双泵)

作物	经营方式	面积/亩	田面与常水位高差/m	泵型	泵站位置	管网布置形式	泡田时间/d	工作制度	轮灌组数	选泵流量/(m^3/h)	选泵扬程/m	水泵选择	硬塑料管选用规格/mm	
													干管	支管
稻麦轮作	土地流转农场经营	100～300	0.5～2.0	离心泵	一端	“E”字型	3	轮灌	2	621	1.0～4.0			
		300～500						轮灌	3	1 035				
		500～800						轮灌	4	1 656				
稻麦轮作	土地流转农场经营	100～300	2.0～4.0	离心泵	一端	“E”字型	3	轮灌	2	621	3.6～7.2	一台 ISG150-200 泵,n=1 480 r/min,D=176 mm,N=15 kW; 一台 ISG250-235 泵,n=1 480 r/min,D=230 mm,N=30 kW	500	280
		300～500						轮灌	3	1 035		一台 ISG250-235 泵,n=1 480 r/min,D=202 mm,N=30 kW; 一台 300S-12 泵,n=1 480 r/min,D=215 mm,N=37 kW	630	355
		500～800						轮灌	4	1 656				
稻麦轮作	土地流转农场经营	100～300	4.0～8.0	离心泵	一端	“E”字型	3	轮灌	2	621	6.0～12.0	一台 ISG150-200 泵,n=1 480 r/min,D=211 mm,N=15 kW; 一台 ISG250-300 泵,n=1 480 r/min,D=241 mm,N=37 kW	500	280
		300～500						轮灌	3	1 035		一台 10SH-13A 泵,n=1 470 r/min,D=206 mm,N=37 kW; 一台 300S-19 泵,n=1 480 r/min,D=259 mm,N=75 kW	630	355
		500～800						轮灌	4	1 656		一台 250S-14 泵,n=1 480 r/min,D=253 mm,N=30 kW; 一台 350S-16 泵,n=1 480 r/min,D=265 mm,N=75 kW	800	450

（续表）

作物	经营方式	面积/亩	田面与常水位高差/m	泵型	泵站位置	管网布置形式	泡田时间/d	工作制度	轮灌组数	选泵流量/(m^3/h)	选泵扬程/m	水泵选择	硬塑料管选用规格/mm	
													干管	支管
稻麦轮作	土地流转农场经营	100～300	8.0～12.0	离心泵	一端	“E”字型	3	轮灌	2	621	12.0～18.0	一台 ISG150-250 泵，n=1 480 r/min，D=255 mm，N=18.5 kW；一台 10SH-13A 泵，n=1 470 r/min，D=262 mm，N=37 kW	500	250
		300～500						轮灌	3	1 035		一台 10SH-13 泵，n=1 470 r/min，D=245 mm，N=55 kW；一台 300S-19 泵，n=1 480 r/min，D=291 mm，N=75 kW	630	315
		500～800						轮灌	4	1 656		一台 ISG300-315 泵，n=1 480 r/min，D=265 mm，N=90 kW；一台 ISG350-450 泵，n=980 r/min，D=431 mm，N=90 kW	800	400
稻麦轮作	土地流转农场经营	100～300	12.0～15.0	离心泵	一端	“E”字型	3	轮灌	2	621	18.0～22.5	一台 200S-42 泵，n=2 950 r/min，D=153 mm，N=55 kW；一台 250S-24 泵，n=1 480 r/min，D=305 mm，N=45 kW	500	250
		300～500						轮灌	3	1 035		一台 250S-39 泵，n=1 480 r/min，D=284 mm，N=75 kW；一台 ISG300-315 泵，n=1 480 r/min，D=318 mm，N=90 kW	630	315
		500～800						轮灌	4	1 656		一台 ISG300-300 泵，n=1 480 r/min，D=280 mm，N=75 kW；一台 14SH-19 泵，n=1 470 r/min，D=324 mm，N=132 kW	800	400

附表 2-5-7 泵站一端布置、泡田时间 3 d,“E”字型布局,轮灌组形式二,潜水泵(双泵)

作物	经营方式	面积/亩	田面与常水位高差/m	泵型	泵站位置	管网布置形式	泡田时间/d	工作制度	轮灌组数	选泵流量/(m^3/h)	选泵扬程/m	水泵选择	硬塑料管选用规格/mm	
													干管	支管
稻麦轮作	土地流转农场经营	100~300	0.5~2.0	潜水泵	一端	“E”字型	3	轮灌	2	621	1.0~4.0			
		300~500						轮灌	3	1 035				
		500~800						轮灌	4	1 656				
稻麦轮作	土地流转农场经营	100~300	2.0~4.0	潜水泵	一端	“E”字型	3	轮灌	2	621	3.6~7.2			
		300~500						轮灌	3	1 035				
		500~800						轮灌	4	1 656		一台 200QW400-7-15 泵,n=1 450 r/min,N=15 kW; 一台 350QZ-70G 泵,-2°,n=980 r/min,D=300 mm,N=45 kW	800	450
稻麦轮作	土地流转农场经营	100~300	4.0~8.0	潜水泵	一端	“E”字型	3	轮灌	2	621	6.0~12.0	一台 200QW250-15-18.5 泵,n=1 450 r/min,N=18.5 kW; 一台 250WQ400-15-30 泵,n=980 r/min,N=30 kW	500	250
		300~500						轮灌	3	1 035				
		500~800						轮灌	4	1 656		一台 250QW500-15-37 泵,n=980 r/min,N=37 kW; 一台 350WQ1200-15-75 泵,n=980 r/min,N=75 kW	800	450
稻麦轮作	土地流转农场经营	100~300	8.0~12.0	潜水泵	一端	“E”字型	3	轮灌	2	621	12.0~18.0			
		300~500						轮灌	3	1 035				
		500~800						轮灌	4	1 656				
稻麦轮作	土地流转农场经营	100~300	12.0~15.0	潜水泵	一端	“E”字型	3	轮灌	2	621	18.0~22.5	一台 150QW200-22-22 泵,n=980 r/min,N=22 kW; 一台 200WQ450-22-45 泵,n=980 r/min,N=45 kW	500	250
		300~500						轮灌	3	1 035		一台 200QW300-22-37 泵,n=980 r/min,N=37 kW; 一台 250WQ800-22-75 泵,n=980 r/min,N=75 kW	630	315
		500~800						轮灌	4	1 656				

附表 2-5-8 泵站一端布置、泡田时间 3 d,"E"字型布局,轮灌组形式二,轴流泵(双泵)

作物	经营方式	面积/亩	田面与常水位高差/m	泵型	泵站位置	管网布置形式	泡田时间/d	工作制度	轮灌组数	选泵流量/(m^3/h)	选泵扬程/m	水泵选择	硬塑料管选用规格/mm	
													干管	支管
稻麦轮作	土地流转农场经营	100～300	0.5～2.0	轴流泵	一端	"E"字型	3	轮灌	2	621	1.0～4.0			
		300～500						轮灌	3	1 035				
		500～800						轮灌	4	1 656				
稻麦轮作	土地流转农场经营	100～300	2.0～4.0	轴流泵	一端	"E"字型	3	轮灌	2	621	3.6～7.2			
		300～500						轮灌	3	1 035				
		500～800						轮灌	4	1 656				
稻麦轮作	土地流转农场经营	100～300	4.0～8.0	轴流泵	一端	"E"字型	3	轮灌	2	621	6.0～12.0			
		300～500						轮灌	3	1 035				
		500～800						轮灌	4	1 656				
稻麦轮作	土地流转农场经营	100～300	8.0～12.0	轴流泵	一端	"E"字型	3	轮灌	2	621	12.0～18.0			
		300～500						轮灌	3	1 035				
		500～800						轮灌	4	1 656				
稻麦轮作	土地流转农场经营	100～300	12.0～15.0	轴流泵	一端	"E"字型	3	轮灌	2	621	18.0～22.5			
		300～500						轮灌	3	1 035				
		500～800						轮灌	4	1 656				

附表 2-6 双泵、泵站一端布置、泡田时间 5 d,"E"字型布局

轮灌组形式一：100～300 亩续灌，300～500 亩分 2 组轮灌，500～800 亩分 2 组轮灌

轮灌组形式二：100～300 亩分 2 组轮灌，300～500 亩分 3 组轮灌，500～800 亩分 4 组轮灌

附表 2-6-1 泵站一端布置、泡田时间 5 d,"E"字型布局，轮灌组形式一，混流泵(双泵)

作物	经营方式	面积/亩	田面与常水位高差/m	泵型	泵站位置	管网布置形式	泡田时间/d	工作制度	轮灌组数	选泵流量/(m^3/h)	选泵扬程/m	水泵选择	硬塑料管选用规格/mm	
													干管	支管
稻麦轮作	土地流转农场经营	100～300	0.5～2.0	混流泵	一端	"E"字型	5	续灌	1	375	1.0～4.0	一台 150HW-6A 泵，n=1 450 r/min，D=131 mm，N=5.5 kW；一台 200HW-8 泵，n=1 450 r/min，D=150 mm，N=11 kW	400	200
		300～500						轮灌	2	626		一台 150HW-5 泵，n=1 450 r/min，D=158 mm，N=4 kW；一台 250HW-11A 泵，n=980 r/min，D=225 mm，N=11 kW	500	315
		500～800						轮灌	2	1 001		一台 250HW-8A 泵，n=970 r/min，D=199 mm，N=11 kW；一台 300HW-8 泵，n=970 r/min，D=239 mm，N=22 kW	630	355

（续表）

作物	经营方式	面积/亩	田面与常水位高差/m	泵型	泵站位置	管网布置形式	泡田时间/d	工作制度	轮灌组数	选泵流量/(m^3/h)	选泵扬程/m	水泵选择	硬塑料管选用规格/mm	
													干管	支管
稻麦轮作	土地流转农场经营	100～300	2.0～4.0	混流泵	一端	“E”字型	5	续灌	1	375	3.6～7.2	一台150HW-12泵，n=2 900 r/min，D=96 mm，N=11 kW；一台200HW-12泵，n=1 450 r/min，D=183 mm，N=18.5 kW	400	180
		300～500						轮灌	2	626		一台150HW-6B泵，n=1 800 r/min，D=152 mm，N=7.5 kW；一台250HW-8B泵，n=1 180 r/min，D=225 mm，N=18.5 kW	500	250
		500～800						轮灌	2	1 001		一台200HW-8泵，n=1 450 r/min，D=190 mm，N=11 kW；一台300HW-7C泵，n=1 300 r/min，D=212 mm，N=55 kW	630	280
稻麦轮作	土地流转农场经营	100～300	4.0～8.0	混流泵	一端	“E”字型	5	续灌	1	375	6.0～12.0			
		300～500						轮灌	2	626				
		500～800						轮灌	2	1 001		一台200HW-12泵，n=1 450 r/min，D=228 mm，N=18.5 kW；一台300HW-12泵，n=970 r/min，D=341 mm，N=37 kW	630	280
稻麦轮作	土地流转农场经营	100～300	8.0～12.0	混流泵	一端	“E”字型	5	续灌	1	375	12.0～18.0			
		300～500						轮灌	2	626				
		500～800						轮灌	2	1 001				
稻麦轮作	土地流转农场经营	100～300	12.0～15.0	混流泵	一端	“E”字型	5	续灌	1	375	18.0～22.5			
		300～500						轮灌	2	626				
		500～800						轮灌	2	1 001				

附表 2-6-2　泵站一端布置、泡田时间 5 d,"E"字型布局,轮灌组形式一,离心泵(双泵)

作物	经营方式	面积/亩	田面与常水位高差/m	泵型	泵站位置	管网布置形式	泡田时间/d	工作制度	轮灌组数	选泵流量/(m^3/h)	选泵扬程/m	水泵选择	硬塑料管选用规格/mm	
													干管	支管
稻麦轮作	土地流转农场经营	100～300	0.5～2.0	离心泵	一端	"E"字型	5	续灌	1	375	1.0～4.0			
		300～500						轮灌	2	626				
		500～800						轮灌	2	1 001				
稻麦轮作	土地流转农场经营	100～300	2.0～4.0	离心泵	一端	"E"字型	5	续灌	1	375	3.6～7.2	一台 ISG125-100 泵,n=2 950 r/min,D=102 mm,N=7.5 kW; 一台 10SH-12 泵,n=1 470 r/min,D=165 mm,N=22 kW	400	180
		300～500						轮灌	2	626		一台 ISW200-200A 泵,n=1 480 r/min,D=181 mm,N=11 kW; 一台 250S-14 泵,n=1 480 r/min,D=209 mm,N=30 kW	500	250
		500～800						轮灌	2	1 001		一台 ISG250-235 泵,n=1 480 r/min,D=200 mm,N=30 kW; 一台 ISG350-235 泵,n=1 480 r/min,D=238 mm,N=37 kW	630	280
稻麦轮作	土地流转农场经营	100～300	4.0～8.0	离心泵	一端	"E"字型	5	续灌	1	375	6.0～12.0	一台 ISG250-250 泵,n=1 480 r/min,D=227 mm,N=11 kW; 一台 10SH-13A 泵,n=1 470 r/min,D=199 mm,N=37 kW	400	180
		300～500						轮灌	2	626		一台 ISG150-250 泵,n=1 480 r/min,D=220 mm,N=18.5 kW; 一台 250S-14 泵,n=1 480 r/min,D=240 mm,N=30 kW	500	250
		500～800						轮灌	2	1 001		一台 ISG250-300 泵,n=1 480 r/min,D=219 mm,N=37 kW; 一台 14SH-19A 泵,n=1 470 r/min,D=229 mm,N=90 kW	630	280

(续表)

作物	经营方式	面积/亩	田面与常水位高差/m	泵型	泵站位置	管网布置形式	泡田时间/d	工作制度	轮灌组数	选泵流量/(m^3/h)	选泵扬程/m	水泵选择	硬塑料管选用规格/mm	
													干管	支管
稻麦轮作	土地流转农场经营	100～300	8.0～12.0	离心泵	一端	"E"字型	5	续灌	1	375	12.0～18.0	一台 ISG250-250 泵,n=1 480 r/min,D=270 mm,N=11 kW; 一台 10SH-13A 泵,n=1 470 r/min,D=238 mm,N=37 kW	400	160
		300～500						轮灌	2	626		一台 ISG200-250 泵,n=1 480 r/min,D=246 mm,N=18.5 kW; 一台 10SH-13 泵,n=1 470 r/min,D=261 mm,N=55 kW	500	225
		500～800						轮灌	2	1 001		一台 10SH-13 泵,n=1 470 r/min,D=244 mm,N=55 kW; 一台 300S-32 泵,n=1 480 r/min,D=293 mm,N=110 kW	630	250
稻麦轮作	土地流转农场经营	100～300	12.0～15.0	离心泵	一端	"E"字型	5	续灌	1	375	18.0～22.5	一台 ISG150-160 泵,n=2 950 r/min,D=144 mm,N=22 kW; 一台 250S-39 泵,n=1 480 r/min,D=279 mm,N=75 kW	400	160
		300～500						轮灌	2	626		一台 8SH-13A 泵,n=2 950 r/min,D=148 mm,N=45 kW; 一台 250S-24 泵,n=1 480 r/min,D=306 mm,N=45 kW	500	200
		500～800						轮灌	2	1 001		一台 250S-39 泵,n=1 480 r/min,D=283 mm,N=75 kW; 一台 400S-40 泵,n=970 r/min,D=432 mm,N=185 kW	630	225

附表 2-6-3　泵站一端布置、泡田时间 5 d,"E"字型布局,轮灌组形式一,潜水泵(双泵)

作物	经营方式	面积/亩	田面与常水位高差/m	泵型	泵站位置	管网布置形式	泡田时间/d	工作制度	轮灌组数	选泵流量/(m^3/h)	选泵扬程/m	水泵选择	硬塑料管选用规格/mm	
													干管	支管
稻麦轮作	土地流转农场经营	100～300	0.5～2.0	潜水泵	一端	"E"字型	5	续灌	1	375	1.0～4.0			
		300～500						轮灌	2	626				
		500～800						轮灌	2	1 001				
稻麦轮作	土地流转农场经营	100～300	2.0～4.0	潜水泵	一端	"E"字型	5	续灌	1	375	3.6～7.2			
		300～500						轮灌	2	626				
		500～800						轮灌	2	1 001				
稻麦轮作	土地流转农场经营	100～300	4.0～8.0	潜水泵	一端	"E"字型	5	续灌	1	375	6.0～12.0	一台 150QW130-15-11 泵,n=1 450 r/min,N=11 kW; 一台 200QW250-15-18.5 泵,n=1 450 r/min,N=18.5 kW	400	140
		300～500						轮灌	2	626		一台 200QW250-15-18.5 泵,n=1 450 r/min,N=18.5 kW; 一台 250QW400-15-30 泵,n=980 r/min,N=30 kW	500	200
		500～800						轮灌	2	1 001		一台 250QW400-15-30 泵,n=980 r/min,N=30 kW; 一台 250QW600-15-45 泵,n=980 r/min,N=45 kW	630	225
稻麦轮作	土地流转农场经营	100～300	8.0～12.0	潜水泵	一端	"E"字型	5	续灌	1	375	12.0～18.0			
		300～500						轮灌	2	626				
		500～800						轮灌	2	1 001				
稻麦轮作	土地流转农场经营	100～300	12.0～15.0	潜水泵	一端	"E"字型	5	续灌	1	375	18.0～22.5			
		300～500						轮灌	2	626		一台 150QW200-22-22 泵,n=980 r/min,N=22 kW; 一台 200QW450-22-45 泵,n=980 r/min,N=45 kW	500	225
		500～800						轮灌	2	1 001		一台 200QW300-22-37 泵,n=980 r/min,N=37 kW; 一台 250QW800-22-75 泵,n=980 r/min,N=75 kW	630	250

附表 2-6-4　泵站一端布置、泡田时间 5 d,"E"字型布局,轮灌组形式一,轴流泵(双泵)

作物	经营方式	面积/亩	田面与常水位高差/m	泵型	泵站位置	管网布置形式	泡田时间/d	工作制度	轮灌组数	选泵流量/(m^3/h)	选泵扬程/m	水泵选择	硬塑料管选用规格/mm	
													干管	支管
稻麦轮作	土地流转农场经营	100～300	0.5～2.0	轴流泵	一端	"E"字型	5	续灌	1	375	1.0～4.0			
		300～500						轮灌	2	626				
		500～800						轮灌	2	1 001				
稻麦轮作	土地流转农场经营	100～300	2.0～4.0	轴流泵	一端	"E"字型	5	续灌	1	375	3.6～7.2			
		300～500						轮灌	2	626				
		500～800						轮灌	2	1 001				
稻麦轮作	土地流转农场经营	100～300	4.0～8.0	轴流泵	一端	"E"字型	5	续灌	1	375	6.0～12.0			
		300～500						轮灌	2	626				
		500～800						轮灌	2	1 001				
稻麦轮作	土地流转农场经营	100～300	8.0～12.0	轴流泵	一端	"E"字型	5	续灌	1	375	12.0～18.0			
		300～500						轮灌	2	626				
		500～800						轮灌	2	1 001				
稻麦轮作	土地流转农场经营	100～300	12.0～15.0	轴流泵	一端	"E"字型	5	续灌	1	375	18.0～22.5			
		300～500						轮灌	2	626				
		500～800						轮灌	2	1 001				

附表 2-6-5　泵站一端布置、泡田时间 5 d,“E”字型布局,轮灌组形式二,混流泵(双泵)

作物	经营方式	面积/亩	田面与常水位高差/m	泵型	泵站位置	管网布置形式	泡田时间/d	工作制度	轮灌组数	选泵流量/(m^3/h)	选泵扬程/m	水泵选择	硬塑料管选用规格/mm	
													干管	支管
稻麦轮作	土地流转农场经营	100～300	0.5～2.0	混流泵	一端	“E”字型	5	轮灌	2	375	1.0～4.0	一台 150HW-6A 泵,n=1 450 r/min,D=131 mm,N=5.5 kW;一台 200HW-8 泵,n=1 450 r/min,D=150 mm,N=11 kW	400	280
		300～500						轮灌	3	626		一台 150HW-5 泵,n=1 450 r/min,D=158 mm,N=4 kW;一台 250HW-11A 泵,n=980 r/min,D=225 mm,N=11 kW	500	355
		500～800						轮灌	4	1 001		一台 250HW-8A 泵,n=970 r/min,D=199 mm,N=11 kW;一台 300HW-8 泵,n=970 r/min,D=239 mm,N=22 kW	630	450
稻麦轮作	土地流转农场经营	100～300	2.0～4.0	混流泵	一端	“E”字型	5	轮灌	2	375	3.6～7.2	一台 150HW-12 泵,n=2 900 r/min,D=96 mm,N=11 kW;一台 200HW-12 泵,n=1 450 r/min,D=183 mm,N=18.5 kW	400	225
		300～500						轮灌	3	626		一台 150HW-6B 泵,n=1 800 r/min,D=152 mm,N=7.5 kW;一台 250HW-8B 泵,n=1 180 r/min,D=225 mm,N=18.5 kW	500	315
		500～800						轮灌	4	1 001		一台 200HW-8 泵,n=1 450 r/min,D=190 mm,N=11 kW;一台 300HW-7C 泵,n=1 300 r/min,D=212 mm,N=55 kW	630	355

（续表）

作物	经营方式	面积/亩	田面与常水位高差/m	泵型	泵站位置	管网布置形式	泡田时间/d	工作制度	轮灌组数	选泵流量/(m^3/h)	选泵扬程/m	水泵选择	硬塑料管选用规格/mm	
													干管	支管
稻麦轮作	土地流转农场经营	100～300	4.0～8.0	混流泵	一端	“E”字型	5	轮灌	2	375	6.0～12.0			
		300～500						轮灌	3	626				
		500～800						轮灌	4	1 001		一台200HW-12泵，n=1 450 r/min，D=228 mm，N=18.5 kW； 一台300HW-12泵，n=970 r/min，D=341 mm，N=37 kW	630	355
稻麦轮作	土地流转农场经营	100～300	8.0～12.0	混流泵	一端	“E”字型	5	轮灌	2	375	12.0～18.0			
		300～500						轮灌	3	626				
		500～800						轮灌	4	1 001				
稻麦轮作	土地流转农场经营	100～300	12.0～15.0	混流泵	一端	“E”字型	5	轮灌	2	375	18.0～22.5			
		300～500						轮灌	3	626				
		500～800						轮灌	4	1 001				

附表 2-6-6　泵站一端布置、泡田时间 5 d,“E”字型布局,轮灌组形式二,离心泵(双泵)

作物	经营方式	面积/亩	田面与常水位高差/m	泵型	泵站位置	管网布置形式	泡田时间/d	工作制度	轮灌组数	选泵流量/(m^3/h)	选泵扬程/m	水泵选择	硬塑料管选用规格/mm	
													干管	支管
稻麦轮作	土地流转农场经营	100～300	0.5～2.0	离心泵	一端	“E”字型	5	轮灌	2	375	1.0～4.0			
		300～500						轮灌	3	626				
		500～800						轮灌	4	1 001				
稻麦轮作	土地流转农场经营	100～300	2.0～4.0	离心泵	一端	“E”字型	5	轮灌	2	375	3.6～7.2	一台 ISG125-100 泵,n=2 950 r/min,D=102 mm,N=7.5 kW;一台 10SH-12 泵,n=1 470 r/min,D=165 mm,N=22 kW	400	225
		300～500						轮灌	3	626		一台 ISW200-200A 泵,n=1 480 r/min,D=181 mm,N=11 kW;一台 250S-14 泵,n=1 480 r/min,D=209 mm,N=30 kW	500	315
		500～800						轮灌	4	1 001		一台 ISG250-235 泵,n=1 480 r/min,D=200 mm,N=30 kW;一台 ISG350-235 泵,n=1 480 r/min,D=238 mm,N=37 kW	630	355
稻麦轮作	土地流转农场经营	100～300	4.0～8.0	离心泵	一端	“E”字型	5	轮灌	2	375	6.0～12.0	一台 ISG250-250 泵,n=1 480 r/min,D=227 mm,N=11 kW;一台 10SH-13A 泵,n=1 470 r/min,D=199 mm,N=37 kW	400	225
		300～500						轮灌	3	626		一台 ISG150-250 泵,n=1 480 r/min,D=220 mm,N=18.5 kW;一台 250S-14 泵,n=1 480 r/min,D=240 mm,N=30 kW	500	315
		500～800						轮灌	4	1 001		一台 ISG250-300 泵,n=1 480 r/min,D=219 mm,N=37 kW;一台 14SH-19A 泵,n=1 470 r/min,D=229 mm,N=90 kW	630	355

（续表）

作物	经营方式	面积/亩	田面与常水位高差/m	泵型	泵站位置	管网布置形式	泡田时间/d	工作制度	轮灌组数	选泵流量/(m^3/h)	选泵扬程/m	水泵选择	硬塑料管选用规格/mm	
													干管	支管
稻麦轮作	土地流转农场经营	100～300	8.0～12.0	离心泵	一端	“E”字型	5	轮灌	2	375	12.0～18.0	一台 ISG250-250 泵，n=1 480 r/min，D=270 mm，N=11 kW； 一台 10SH-13A 泵，n=1 470 r/min，D=238 mm，N=37 kW	400	200
		300～500						轮灌	3	626		一台 ISG200-250 泵，n=1 480 r/min，D=246 mm，N=18.5 kW； 一台 10SH-13 泵，n=1 470 r/min，D=261 mm，N=55 kW	500	250
		500～800						轮灌	4	1 001		一台 10SH-13 泵，n=1 470 r/min，D=244 mm，N=55 kW； 一台 300S-32 泵，n=1 480 r/min，D=293 mm，N=110 kW	630	315
稻麦轮作	土地流转农场经营	100～300	12.0～15.0	离心泵	一端	“E”字型	5	轮灌	2	375	18.0～22.5	一台 ISG150-160 泵，n=2 950 r/min，D=144 mm，N=22 kW； 一台 250S-39 泵，n=1 480 r/min，D=279 mm，N=75 kW	400	200
		300～500						轮灌	3	626		一台 8SH-13A 泵，n=2 950 r/min，D=148 mm，N=45 kW； 一台 250S-24 泵，n=1 480 r/min，D=306 mm，N=45 kW	500	250
		500～800						轮灌	4	1 001		一台 250S-39 泵，n=1 480 r/min，D=283 mm，N=75 kW； 一台 400S-40 泵，n=970 r/min，D=432 mm，N=185 kW	630	315

附表 2-6-7　泵站一端布置、泡田时间 5 d,“E”字型布局,轮灌组形式二,潜水泵(双泵)

作物	经营方式	面积/亩	田面与常水位高差/m	泵型	泵站位置	管网布置形式	泡田时间/d	工作制度	轮灌组数	选泵流量/(m^3/h)	选泵扬程/m	水泵选择	硬塑料管选用规格/mm	
													干管	支管
稻麦轮作	土地流转农场经营	100～300	0.5～2.0	潜水泵	一端	“E”字型	5	轮灌	2	375	1.0～4.0			
		300～500						轮灌	3	626				
		500～800						轮灌	4	1 001				
稻麦轮作	土地流转农场经营	100～300	2.0～4.0	潜水泵	一端	“E”字型	5	轮灌	2	375	3.6～7.2			
		300～500						轮灌	3	626				
		500～800						轮灌	4	1 001				
稻麦轮作	土地流转农场经营	100～300	4.0～8.0	潜水泵	一端	“E”字型	5	轮灌	2	375	6.0～12.0	一台 150QW130-15-11 泵,n=1 450 r/min,N=11 kW; 一台 200QW250-15-18.5 泵,n=1 450 r/min,N=18.5 kW	400	200
		300～500						轮灌	3	626		一台 200QW250-15-18.5 泵,n=1 450 r/min,N=18.5 kW; 一台 250QW400-15-30 泵,n=980 r/min,N=30 kW	500	250
		500～800						轮灌	4	1 001		一台 250QW400-15-30 泵,n=980 r/min,N=30 kW; 一台 250QW600-15-45 泵,n=980 r/min,N=45 kW	630	315
稻麦轮作	土地流转农场经营	100～300	8.0～12.0	潜水泵	一端	“E”字型	5	轮灌	2	375	12.0～18.0			
		300～500						轮灌	3	626				
		500～800						轮灌	4	1 001				
稻麦轮作	土地流转农场经营	100～300	12.0～15.0	潜水泵	一端	“E”字型	5	轮灌	2	375	18.0～22.5			
		300～500						轮灌	3	626		一台 150QW200-22-22 泵,n=980 r/min,N=22 kW; 一台 200QW450-22-45 泵,n=980 r/min,N=45 kW	500	250
		500～800						轮灌	4	1 001		一台 200QW300-22-37 泵,n=980 r/min,N=37 kW; 一台 250QW800-22-75 泵,n=980 r/min,N=75 kW	630	315

附表 2-6-8　泵站一端布置、泡田时间 5 d，"E"字型布局，轮灌组形式二，轴流泵(双泵)

作物	经营方式	面积/亩	田面与常水位高差/m	泵型	泵站位置	管网布置形式	泡田时间/d	工作制度	轮灌组数	选泵流量/(m^3/h)	选泵扬程/m	水泵选择	硬塑料管选用规格/mm	
													干管	支管
稻麦轮作	土地流转农场经营	100～300	0.5～2.0	轴流泵	一端	"E"字型	5	轮灌	2	375	1.0～4.0			
		300～500						轮灌	3	626				
		500～800						轮灌	4	1 001				
稻麦轮作	土地流转农场经营	100～300	2.0～4.0	轴流泵	一端	"E"字型	5	轮灌	2	375	3.6～7.2			
		300～500						轮灌	3	626				
		500～800						轮灌	4	1 001				
稻麦轮作	土地流转农场经营	100～300	4.0～8.0	轴流泵	一端	"E"字型	5	轮灌	2	375	6.0～12.0			
		300～500						轮灌	3	626				
		500～800						轮灌	4	1 001				
稻麦轮作	土地流转农场经营	100～300	8.0～12.0	轴流泵	一端	"E"字型	5	轮灌	2	375	12.0～18.0			
		300～500						轮灌	3	626				
		500～800						轮灌	4	1 001				
稻麦轮作	土地流转农场经营	100～300	12.0～15.0	轴流泵	一端	"E"字型	5	轮灌	2	375	18.0～22.5			
		300～500						轮灌	3	626				
		500～800						轮灌	4	1 001				

附表 3-1　泵站居中布置、泡田时间 1 d,“丰”字型布局

轮灌组形式一：100 亩以下续灌,100～300 亩续灌,300～500 亩分 2 组轮灌,500～800 亩分 2 组轮灌

轮灌组形式二：100 亩以下续灌,100～300 亩分 2 组轮灌,300～500 亩分 3 组轮灌,500～800 亩分 4 组轮灌

附表 3-1-1　泵站居中布置、泡田时间 1 d,“丰”字型布局,轮灌组形式一,混流泵

作物	经营方式	面积/亩	田面与常水位高差/m	泵型	泵站位置	管网布置形式	泡田时间/d	工作制度	轮灌组数	选泵流量/(m^3/h)	选泵扬程/m	水泵选择	硬塑料管选用规格/mm		
													干管	分干管	支管
稻麦轮作	土地流转农场经营	100 以下	0.5～2.0	混流泵	居中	“丰”字型	1	续灌	1	626	1.0～4.0	一台 300HW-8 泵,n=970 r/min,D=226 mm	500		400
		100～300						续灌	1	1 877		一台 650HW-7A 泵,n=450 r/min,D=424 mm	900	630	355
		300～500						轮灌	2	3 128		一台 650HW-7A 泵,n=450 r/min,D=509 mm	1 000	1 000	500
		500～800						轮灌	2	5 004					
稻麦轮作	土地流转农场经营	100 以下	2.0～4.0	混流泵	居中	“丰”字型	1	续灌	1	626	3.6～7.2	一台 250HW-8C 泵,n=1 450 r/min,D=212 mm	500		355
		100～300						续灌	1	1 877					
		300～500						轮灌	2	3 128		一台 650HW-7A 泵,n=450 r/min,D=606 mm	1 000	1 000	450
		500～800						轮灌	2	5 004					

（续表）

作物	经营方式	面积/亩	田面与常水位高差/m	泵型	泵站位置	管网布置形式	泡田时间/d	工作制度	轮灌组数	选泵流量/(m^3/h)	选泵扬程/m	水泵选择	硬塑料管选用规格/mm		
													干管	分干管	支管
稻麦轮作	土地流转农场经营	100以下	4.0～8.0	混流泵	居中	“丰”字型	1	续灌	1	626	6.0～12.0	一台300HW-12泵,n=970 r/min,D=331 mm	500		355
		100～300						续灌	1	1 877		一台400HW-10B泵,n=980 r/min,D=394 mm	900	630	315
		300～500						轮灌	2	3 128					
		500～800						轮灌	2	5 004					
稻麦轮作	土地流转农场经营	100以下	8.0～12.0	混流泵	居中	“丰”字型	1	续灌	1	626	12.0～18.0				
		100～300						续灌	1	1 877		一台400HW-10B泵,n=980 r/min,D=439 mm	900	630	315
		300～500						轮灌	2	3 128					
		500～800						轮灌	2	5 004					
稻麦轮作	土地流转农场经营	100以下	12.0～15.0	混流泵	居中	“丰”字型	1	续灌	1	626	18.0～22.5				
		100～300						续灌	1	1 877					
		300～500						轮灌	2	3 128					
		500～800						轮灌	2	5 004					

附表 3-1-2　泵站居中布置、泡田时间 1 d，“丰”字型布局，轮灌组形式一，离心泵

作物	经营方式	面积/亩	田面与常水位高差/m	泵型	泵站位置	管网布置形式	泡田时间/d	工作制度	轮灌组数	选泵流量/(m^3/h)	选泵扬程/m	水泵选择	硬塑料管选用规格/mm		
													干管	分干管	支管
稻麦轮作	土地流转农场经营	100 以下	0.5～2.0	离心泵	居中	“丰”字型	1	续灌	1	626	1.0～4.0				
		100～300						续灌	1	1 877					
		300～500						轮灌	2	3 128					
		500～800						轮灌	2	5 004					
稻麦轮作	土地流转农场经营	100 以下	2.0～4.0	离心泵	居中	“丰”字型	1	续灌	1	626	3.6～7.2	一台 ISG350－235 泵，n＝1 480 r/min，D＝227 mm	500		355
		100～300						续灌	1	1 877		一台 500S-13 泵，n=970 r/min，D=337 mm	900	630	315
		300～500						轮灌	2	3 128					
		500～800						轮灌	2	5 004					
稻麦轮作	土地流转农场经营	100 以下	4.0～8.0	离心泵	居中	“丰”字型	1	续灌	1	626	6.0～12.0	一台 300S-19 泵，n=1 480 r/min，D=243 mm	500		355
		100～300						续灌	1	1 877		一台 24SH-28 泵，n=970 r/min，D=323 mm	900	630	315
		300～500						轮灌	2	3 128		一台 24SH-28A 泵，n=970 r/min，D=401 mm	1 000	1 000	450
		500～800						轮灌	2	5 004					
稻麦轮作	土地流转农场经营	100 以下	8.0～12.0	离心泵	居中	“丰”字型	1	续灌	1	626	12.0～18.0	一台 300S-32 泵，n=1 480 r/min，D=283 mm	500		355
		100～300						续灌	1	1 877		一台 600S-32 泵，n=970 r/min，D=417 mm	900	630	315
		300～500						轮灌	2	3 128		一台 600S-22 泵，n=970 r/min，D=485 mm	1 000	1 000	450
		500～800						轮灌	2	5 004					
稻麦轮作	土地流转农场经营	100 以下	12.0～15.0	离心泵	居中	“丰”字型	1	续灌	1	626	18.0～22.5	一台 300S-32 泵，n=1 480 r/min，D=308 mm	500		355
		100～300						续灌	1	1 877		一台 500S-35 泵，n=970 r/min，D=495 mm	900	630	315
		300～500						轮灌	2	3 128		一台 24SH-19 泵，n=970 r/min，D=483 mm	1 000	1 000	450
		500～800						轮灌	2	5 004					

附表 3-1-3　泵站居中布置、泡田时间 1 d，“丰”字型布局，轮灌组形式一，潜水泵

作物	经营方式	面积/亩	田面与常水位高差/m	泵型	泵站位置	管网布置形式	泡田时间/d	工作制度	轮灌组数	选泵流量/(m^3/h)	选泵扬程/m	水泵选择	硬塑料管选用规格/mm		
													干管	分干管	支管
稻麦轮作	土地流转农场经营	100 以下	0.5～2.0	潜水泵	居中	“丰”字型	1	续灌	1	626	1.0～4.0				
		100～300						续灌	1	1 877		一台 500QZ-100D 泵，+4°，n=740 r/min，D=450 mm	900	630	355
		300～500						轮灌	2	3 128		一台 600QZ-70 泵，−2°，n=740 r/min，D=550 mm	1 000	1 000	500
		500～800						轮灌	2	5 004					
稻麦轮作	土地流转农场经营	100 以下	2.0～4.0	潜水泵	居中	“丰”字型	1	续灌	1	626	3.6～7.2	一台 250QW600-7-22 泵，n=980 r/min	500		355
		100～300						续灌	1	1 877		一台 500QZ-70 泵，−2°，n=980 r/min，D=450 mm	900	630	315
		300～500						轮灌	2	3 128		一台 700QZ-100 泵，−4°，n=740 r/min，D=600 mm	1 000	1 000	450
		500～800						轮灌	2	5 004					
稻麦轮作	土地流转农场经营	100 以下	4.0～8.0	潜水泵	居中	“丰”字型	1	续灌	1	626	6.0～12.0	一台 250QW600-15-45 泵，n=980 r/min	500		355
		100～300						续灌	1	1 877		一台 600QH-50 泵，−4°，n=980 r/min，D=470 mm	900	630	315
		300～500						轮灌	2	3 128		一台 700QH-50 泵，0°，n=740 r/min，D=572 mm	1 000	1 000	450
		500～800						轮灌	2	5 004					
稻麦轮作	土地流转农场经营	100 以下	8.0～12.0	潜水泵	居中	“丰”字型	1	续灌	1	626	12.0～18.0	一台 250QW600-20-55 泵，n=980 r/min	500		355
		100～300						续灌	1	1 877		一台 500QH-40 泵，+4°，n=1 450 r/min，D=333 mm	900	630	315
		300～500						轮灌	2	3 128					
		500～800						轮灌	2	5 004					
稻麦轮作	土地流转农场经营	100 以下	12.0～15.0	潜水泵	居中	“丰”字型	1	续灌	1	626	18.0～22.5	一台 250QW600-25-75 泵，n=990 r/min	500		355
		100～300						续灌	1	1 877					
		300～500						轮灌	2	3 128		一台 500QW3000-24-280 泵，n=740 r/min	1 000	1 000	450
		500～800						轮灌	2	5 004					

附表 3-1-4　泵站居中布置、泡田时间 1 d，“丰”字型布局，轮灌组形式一，轴流泵

作物	经营方式	面积/亩	田面与常水位高差/m	泵型	泵站位置	管网布置形式	泡田时间/d	工作制度	轮灌组数	选泵流量/(m^3/h)	选泵扬程/m	水泵选择	硬塑料管选用规格/mm		
													干管	分干管	支管
稻麦轮作	土地流转农场经营	100 以下	0.5～2.0	轴流泵	居中	“丰”字型	1	续灌	1	626	1.0～4.0	一台 350ZLB-125 泵，−6°，n=1 470 r/min，D=300 mm	500		400
		100～300						续灌	1	1 877		一台 500ZLB-100(980)泵，0°，n=980 r/min，D=450 mm	900	630	315
		300～500						轮灌	2	3 128		一台 500ZLB-85 泵，+3°，n=980 r/min，D=450 mm	1 000	1 000	500
		500～800						轮灌	2	5 004					
稻麦轮作	土地流转农场经营	100 以下	2.0～4.0	轴流泵	居中	“丰”字型	1	续灌	1	626	3.6～7.2				
		100～300						续灌	1	1 877		一台 350ZLB-100 泵，0°，n=1 470 r/min，D=300 mm	900	630	315
		300～500						轮灌	2						
		500～800						轮灌	2	5 004					
稻麦轮作	土地流转农场经营	100 以下	4.0～8.0	轴流泵	居中	“丰”字型	1	续灌	1	626	6.0～12.0				
		100～300						续灌	1	1 877					
		300～500						轮灌	2	3 128					
		500～800						轮灌	2	5 004					
稻麦轮作	土地流转农场经营	100 以下	8.0～12.0	轴流泵	居中	“丰”字型	1	续灌	1	626	12.0～18.0				
		100～300						续灌	1	1 877					
		300～500						轮灌	2	3 128					
		500～800						轮灌	2	5 004					
稻麦轮作	土地流转农场经营	100 以下	12.0～15.0	轴流泵	居中	“丰”字型	1	续灌	1	626	18.0～22.5				
		100～300						续灌	1						
		300～500						轮灌	2	3 128					
		500～800						轮灌	2	5 004					

附表 3-1-5　泵站居中布置、泡田时间 1 d,“丰”字型布局,轮灌组形式二,混流泵

作物	经营方式	面积/亩	田面与常水位高差/m	泵型	泵站位置	管网布置形式	泡田时间/d	工作制度	轮灌组数	选泵流量/(m^3/h)	选泵扬程/m	水泵选择	硬塑料管选用规格/mm		
													干管	分干管	支管
稻麦轮作	土地流转农场经营	100 以下	0.5～2.0	混流泵	居中	“丰”字型	1	续灌	1	626	1.0～4.0	一台 300HW-8 泵,n=970 r/min,D=226 mm	500		400
		100～300						轮灌	2	1 877		一台 650HW-7A 泵,n=450 r/min,D=424 mm	900	900	450
		300～500						轮灌	3	3 128		一台 650HW-7A 泵,n=450 r/min,D=509 mm	1 000	1 000	560
		500～800						轮灌	4	5 004					
稻麦轮作	土地流转农场经营	100 以下	2.0～4.0	混流泵	居中	“丰”字型	1	续灌	1	626	3.6～7.2	一台 250HW-8C 泵,n=1 450 r/min,D=212 mm	500		355
		100～300						轮灌	2	1 877					
		300～500						轮灌	3	3 128		一台 650HW-7A 泵,n=450 r/min,D=606 mm	1 000	1 000	560
		500～800						轮灌	4	5 004					
稻麦轮作	土地流转农场经营	100 以下	4.0～8.0	混流泵	居中	“丰”字型	1	续灌	1	626	6.0～12.0	一台 300HW-12 泵,n=970 r/min,D=331 mm	500		355
		100～300						轮灌	2	1 877		一台 400HW-10B 泵,n=980 r/min,D=394 mm	900	900	450
		300～500						轮灌	3	3 128					
		500～800						轮灌	4	5 004					
稻麦轮作	土地流转农场经营	100 以下	8.0～12.0	混流泵	居中	“丰”字型	1	续灌	1	626	12.0～18.0				
		100～300						轮灌	2	1 877		一台 400HW-10B 泵,n=980 r/min,D=439 mm	900	900	450
		300～500						轮灌	3	3 128					
		500～800						轮灌	4	5 004					
稻麦轮作	土地流转农场经营	100 以下	12.0～15.0	混流泵	居中	“丰”字型	1	续灌	1	626	18.0～22.5				
		100～300						轮灌	2	1 877					
		300～500						轮灌	3	3 128					
		500～800						轮灌	4	5 004					

附表 3-1-6　泵站居中布置、泡田时间 1 d,"丰"字型布局,轮灌组形式二,离心泵

作物	经营方式	面积/亩	田面与常水位高差/m	泵型	泵站位置	管网布置形式	泡田时间/d	工作制度	轮灌组数	选泵流量/(m^3/h)	选泵扬程/m	水泵选择	硬塑料管选用规格/mm		
													干管	分干管	支管
稻麦轮作	土地流转农场经营	100 以下	0.5～2.0	离心泵	居中	"丰"字型	1	续灌	1	626	1.0～4.0				
		100～300						轮灌	2	1 877					
		300～500						轮灌	3	3 128					
		500～800						轮灌	4	5 004					
稻麦轮作	土地流转农场经营	100 以下	2.0～4.0	离心泵	居中	"丰"字型	1	续灌	1	626	3.6～7.2	一台 ISG350－235 泵,n=1 480 r/min,D=227 mm	500		355
		100～300						轮灌	2	1 877		一台 500S-13 泵,n=970 r/min,D=337 mm	900	900	450
		300～500						轮灌	3	3 128					
		500～800						轮灌	4	5 004					
稻麦轮作	土地流转农场经营	100 以下	4.0～8.0	离心泵	居中	"丰"字型	1	续灌	1	626	6.0～12.0	一台 300S-19 泵,n=1 480 r/min,D=243 mm	500		355
		100～300						轮灌	2	1 877		一台 24SH-28 泵,n=970 r/min,D=323 mm	900	900	450
		300～500						轮灌	3	3 128		一台 24SH-28A 泵,n=970 r/min,D=401 mm	1 000	1 000	560
		500～800						轮灌	4	5 004					
稻麦轮作	土地流转农场经营	100 以下	8.0～12.0	离心泵	居中	"丰"字型	1	续灌	1	626	12.0～18.0	一台 300S-32 泵,n=1 480 r/min,D=283 mm	500		355
		100～300						轮灌	2	1 877		一台 600S-32 泵,n=970 r/min,D=417 mm	900	900	450
		300～500						轮灌	3	3 128		一台 600S-22 泵,n=970 r/min,D=485 mm	1 000	1 000	560
		500～800						轮灌	4	5 004					
稻麦轮作	土地流转农场经营	100 以下	12.0～15.0	离心泵	居中	"丰"字型	1	续灌	1	626	18.0～22.5	一台 300S-32 泵,n=1 480 r/min,D=308 mm	500		355
		100～300						轮灌	2	1 877		一台 500S-35 泵,n=970 r/min,D=495 mm	900	900	450
		300～500						轮灌	3	3 128		一台 24SH-19 泵,n=970 r/min,D=483 mm	1 000	1 000	560
		500～800						轮灌	4	5 004					

附表 3-1-7　泵站居中布置、泡田时间 1 d,“丰”字型布局,轮灌组形式二,潜水泵

作物	经营方式	面积/亩	田面与常水位高差/m	泵型	泵站位置	管网布置形式	泡田时间/d	工作制度	轮灌组数	选泵流量/(m^3/h)	选泵扬程/m	水泵选择	硬塑料管选用规格/mm		
													干管	分干管	支管
稻麦轮作	土地流转农场经营	100 以下	0.5～2.0	潜水泵	居中	“丰”字型	1	续灌	1	626	1.0～4.0				
		100～300						轮灌	2	1 877		一台 500QZ-100D 泵,+4°,n=740 r/min,D=450 mm	900	900	450
		300～500						轮灌	3	3 128		一台 600QZ-70 泵,−2°,n=740 r/min,D=550 mm	1 000	1 000	560
		500～800						轮灌	4	5 004					
稻麦轮作	土地流转农场经营	100 以下	2.0～4.0	潜水泵	居中	“丰”字型	1	续灌	1	626	3.6～7.2	一台 250QW600-7-22 泵,n=980 r/min	500		355
		100～300						轮灌	2	1 877		一台 500QZ-70 泵,−2°,n=980 r/min,D=450 mm	900	900	450
		300～500						轮灌	3	3 128		一台 700QZ-100 泵,−4°,n=740 r/min,D=600 mm	1 000	1 000	560
		500～800						轮灌	4	5 004					
稻麦轮作	土地流转农场经营	100 以下	4.0～8.0	潜水泵	居中	“丰”字型	1	续灌	1	626	6.0～12.0	一台 250QW600-15-45 泵,n=980 r/min	500		355
		100～300						轮灌	2	1 877		一台 600QH-50 泵,−4°,n=980 r/min,D=470 mm	900	900	450
		300～500						轮灌	3	3 128		一台 700QH-50 泵,0°,n=740 r/min,D=572 mm	1 000	1 000	560
		500～800						轮灌	4	5 004					
稻麦轮作	土地流转农场经营	100 以下	8.0～12.0	潜水泵	居中	“丰”字型	1	续灌	1	626	12.0～18.0	一台 250QW600-20-55 泵,n=980 r/min	500		355
		100～300						轮灌	2	1 877		一台 500QH-40 泵,+4°,n=1 450 r/min,D=333 mm	900	900	450
		300～500						轮灌	3	3 128					
		500～800						轮灌	4	5 004					
稻麦轮作	土地流转农场经营	100 以下	12.0～15.0	潜水泵	居中	“丰”字型	1	续灌	1	626	18.0～22.5	一台 250QW600-25-75 泵,n=990 r/min	500		355
		100～300						轮灌	2	1 877					
		300～500						轮灌	3	3 128		一台 500QW3000-24-280 泵,n=740 r/min	1 000	1 000	560
		500～800						轮灌	4	5 004					

附表 3-1-8　泵站居中布置、泡田时间 1 d,“丰”字型布局,轮灌组形式二,轴流泵

作物	经营方式	面积/亩	田面与常水位高差/m	泵型	泵站位置	管网布置形式	泡田时间/d	工作制度	轮灌组数	选泵流量/(m^3/h)	选泵扬程/m	水泵选择	硬塑料管选用规格/mm		
													干管	分干管	支管
稻麦轮作	土地流转农场经营	100 以下	0.5～2.0	轴流泵	居中	“丰”字型	1	续灌	1	626	1.0～4.0	一台 350ZLB-125 泵,−6°,n=1 470 r/min,D=300 mm	500		400
		100～300						轮灌	2	1 877		一台 500ZLB-100(980)泵,0°,n=980 r/min,D=450 mm	900	900	450
		300～500						轮灌	3	3 128		一台 500ZLB-85 泵,+3°,n=980 r/min,D=450 mm	1 000	1 000	560
		500～800						轮灌	4	5 004					
稻麦轮作	土地流转农场经营	100 以下	2.0～4.0	轴流泵	居中	“丰”字型	1	续灌	1	626	3.6～7.2				
		100～300						轮灌	2	1 877		一台 350ZLB-100 泵,0°,n=1 470 r/min,D=300 mm	900	900	450
		300～500						轮灌	3	3 128					
		500～800						轮灌	4	5 004					
稻麦轮作	土地流转农场经营	100 以下	4.0～8.0	轴流泵	居中	“丰”字型	1	续灌	1	626	6.0～12.0				
		100～300						轮灌	2	1 877					
		300～500						轮灌	3	3 128					
		500～800						轮灌	4	5 004					
稻麦轮作	土地流转农场经营	100 以下	8.0～12.0	轴流泵	居中	“丰”字型	1	续灌	1	626	12.0～18.0				
		100～300						轮灌	2	1 877					
		300～500						轮灌	3	3 128					
		500～800						轮灌	4	5 004					
稻麦轮作	土地流转农场经营	100 以下	12.0～15.0	轴流泵	居中	“丰”字型	1	续灌	1	626	18.0～22.5				
		100～300						轮灌	2	1 877					
		300～500						轮灌	3	3 128					
		500～800						轮灌	4	5 004					

附表 3-2　泵站居中布置、泡田时间 2 d,“丰”字型布局

轮灌组形式一：100 亩以下续灌,100～300 亩续灌,300～500 亩分 2 组轮灌,500～800 亩分 2 组轮灌

轮灌组形式二：100 亩以下续灌,100～300 亩分 2 组轮灌,300～500 亩分 3 组轮灌,500～800 亩分 4 组轮灌

附表 3-2-1　泵站居中布置、泡田时间 2 d,“丰”字型布局,轮灌组形式一,混流泵

作物	经营方式	面积/亩	田面与常水位高差/m	泵型	泵站位置	管网布置形式	泡田时间/d	工作制度	轮灌组数	选泵流量/(m^3/h)	选泵扬程/m	水泵选择	硬塑料管选用规格/mm		
													干管	分干管	支管
稻麦轮作	土地流转农场经营	100 以下	0.5～2.0	混流泵	居中	“丰”字型	2	续灌	1	311	1.0～4.0	一台 250HW-7 泵,n=980 r/min,D=201 mm	355		315
		100～300						续灌	1	932					
		300～500						轮灌	2	1 553					
		500～800						轮灌	2	2 484		一台 650HW-7A 泵,n=450 r/min,D=462 mm	1 000	1 000	400
稻麦轮作	土地流转农场经营	100 以下	2.0～4.0	混流泵	居中	“丰”字型	2	续灌	1	311	3.6～7.2	一台 200HW-12 泵,n=1 450 r/min,D=196 mm	355		280
		100～300						续灌	1	932		一台 350HW-8B 泵,n=980 r/min,D=292 mm	630	450	250
		300～500						轮灌	2	1 553		一台 400HW-7B 泵,n=980 r/min,D=315 mm	800	800	315
		500～800						轮灌	2	2 484		一台 650HW-7A 泵,n=450 r/min,D=567 mm	1 000	1 000	355

(续表)

作物	经营方式	面积/亩	田面与常水位高差/m	泵型	泵站位置	管网布置形式	泡田时间/d	工作制度	轮灌组数	选泵流量/(m^3/h)	选泵扬程/m	水泵选择	硬塑料管选用规格/mm		
													干管	分干管	支管
稻麦轮作	土地流转农场经营	100以下	4.0~8.0	混流泵	居中	“丰”字型	2	续灌	1	311	6.0~12.0	一台200HW-12泵,n=1 450 r/min,D=230 mm	355		280
		100~300						续灌	1	932		一台300HW-7C泵,n=1 300 r/min,D=277 mm	630	450	250
		300~500						轮灌	2	1 553		一台400HW-7B泵,n=980 r/min,D=365 mm	800	800	315
		500~800						轮灌	2	2 484					
稻麦轮作	土地流转农场经营	100以下	8.0~12.0	混流泵	居中	“丰”字型	2	续灌	1	311	12.0~18.0				
		100~300						续灌	1	932					
		300~500						轮灌	2	1 553		一台400HW-10B泵,n=980 r/min,D=412 mm	800	800	315
		500~800						轮灌	2	2 484					
稻麦轮作	土地流转农场经营	100以下	12.0~15.0	混流泵	居中	“丰”字型	2	续灌	1	311	18.0~22.5				
		100~300						续灌	1	932					
		300~500						轮灌	2	1 553		一台500HLD-15泵,n=980 r/min,D=472 mm	800	800	315
		500~800						轮灌	2	2 484		一台500HLD-21泵,n=980 r/min,D=537 mm	1 000	1 000	355

附表 3-2-2 泵站居中布置、泡田时间 2 d,“丰”字型布局,轮灌组形式一,离心泵

作物	经营方式	面积/亩	田面与常水位高差/m	泵型	泵站位置	管网布置形式	泡田时间/d	工作制度	轮灌组数	选泵流量/(m³/h)	选泵扬程/m	水泵选择	硬塑料管选用规格/mm		
													干管	分干管	支管
稻麦轮作	土地流转农场经营	100 以下	0.5～2.0	离心泵	居中	“丰”字型	2	续灌	1	311	1.0～4.0				
		100～300						续灌	1	932					
		300～500						轮灌	2	1 553					
		500～800						轮灌	2	2 484					
稻麦轮作	土地流转农场经营	100 以下	2.0～4.0	离心泵	居中	“丰”字型	2	续灌	1	311	3.6～7.2	一台 10SH-19A 泵,n=1 470 r/min,D=174 mm	355		280
		100～300						续灌	1	932		一台 350S-16 泵,n=1 480 r/min,D=209 mm	630	450	250
		300～500						轮灌	2	1 553		一台 500S-16 泵,n=970 r/min,D=309 mm	800	800	315
		500～800						轮灌	2	2 484		一台 24SH-28A 泵,n=970 r/min,D=315 mm	1 000	1 000	355
稻麦轮作	土地流转农场经营	100 以下	4.0～8.0	离心泵	居中	“丰”字型	2	续灌	1	311	6.0～12.0	一台 10SH-13 泵,n=1 470 r/min,D=206 mm	355		280
		100～300						续灌	1	932		一台 350S-26 泵,n=1 480 r/min,D=252 mm	630	450	250
		300～500						轮灌	2	1 553		一台 20SH-19 泵,n=970 r/min,D=349 mm	800	800	315
		500～800						轮灌	2	2 484		一台 600S-22 泵,n=970 r/min,D=391 mm	1 000	1 000	355
稻麦轮作	土地流转农场经营	100 以下	8.0～12.0	离心泵	居中	“丰”字型	2	续灌	1	311	12.0～18.0	一台 10SH-13 泵,n=1 470 r/min,D=245 mm	355		250
		100～300						续灌	1	932		一台 14SH-19 泵,n=1 470 r/min,D=279 mm	630	450	225
		300～500						轮灌	2	1 553		一台 500S-22 泵,n=970 r/min,D=427 mm	800	800	315
		500～800						轮灌	2	2 484		一台 600S-22 泵,n=970 r/min,D=444 mm	1 000	1 000	355
稻麦轮作	土地流转农场经营	100 以下	12.0～15.0	离心泵	居中	“丰”字型	2	续灌	1	311	18.0～22.5	一台 250S-39 泵,n=1 480 r/min,D=284 mm	355		250
		100～300						续灌	1	932		一台 14SH-19 泵,n=1 470 r/min,D=302 mm	630	450	225
		300～500						轮灌	2	1 553		一台 20SH-13 泵,n=970 r/min,D=436 mm	800	800	315
		500～800						轮灌	2	2 484		一台 600S-47 泵,n=970 r/min,D=492 mm	1 000	1 000	355

附表 3-2-3　泵站居中布置、泡田时间 2 d,"丰"字型布局,轮灌组形式一,潜水泵

作物	经营方式	面积/亩	田面与常水位高差/m	泵型	泵站位置	管网布置形式	泡田时间/d	工作制度	轮灌组数	选泵流量/(m³/h)	选泵扬程/m	水泵选择	硬塑料管选用规格/mm		
													干管	分干管	支管
稻麦轮作	土地流转农场经营	100 以下	0.5～2.0	潜水泵	居中	"丰"字型	2	续灌	1	311	1.0～4.0				
		100～300						续灌	1	932		一台 350QZ-130 泵,−4°,n=1 450 r/min,D=300 mm	630	450	250
		300～500						轮灌	2	1 553		一台 500QZ-100D 泵,0°,n=740 r/min,D=450 mm	800	800	355
		500～800						轮灌	2	2 484		一台 500QZ-70 泵,0°,n=980 r/min,D=450 mm	1 000	1 000	400
稻麦轮作	土地流转农场经营	100 以下	2.0～4.0	潜水泵	居中	"丰"字型	2	续灌	1	311	3.6～7.2				
		100～300						续灌	1	932		一台 350QZ-100 泵,0°,n=1 450 r/min,D=300 mm	630	450	250
		300～500						轮灌	2	1 553		一台 500QZ-100G 泵,−6°,n=980 r/min,D=450 mm	800	800	355
		500～800						轮灌	2	2 484		一台 500QZ-100G 泵,+4°,n=980 r/min,D=450 mm	1 000	1 000	355
稻麦轮作	土地流转农场经营	100 以下	4.0～8.0	潜水泵	居中	"丰"字型	2	续灌	1	311	6.0～12.0	一台 200QW-360-15-30 泵,n=980 r/min	400		280
		100～300						续灌	1	932		一台 300QW-900-15-55 泵,n=980 r/min	630	450	225
		300～500						轮灌	2	1 553		一台 500QH-40 泵,−2°,n=1 450 r/min,D=333 mm	800	800	315
		500～800						轮灌	2	2 484		一台 600QH-50 泵,−2°,n=980 r/min,D=470 mm	1 000	1 000	355
稻麦轮作	土地流转农场经营	100 以下	8.0～12.0	潜水泵	居中	"丰"字型	2	续灌	1	311	12.0～18.0	一台 200QW-350-20-37 泵,n=980 r/min	355		250
		100～300						续灌	1	932		一台 500QH-40 泵,−4°,n=1 450 r/min,D=333 mm	630	450	225
		300～500						轮灌	2	1 553		一台 500QH-40 泵,+2°,n=1 450 r/min,D=333 mm	800	800	315
		500～800						轮灌	2	2 484		两台 350QW-1200-18-90 泵,n=980 r/min	1 000	1 000	355
稻麦轮作	土地流转农场经营	100 以下	12.0～15.0	潜水泵	居中	"丰"字型	2	续灌	1	311	18.0～22.5	一台 200QW-300-22-37 泵,n=980 r/min	355		250
		100～300						续灌	1	932		一台 300QW-950-24-110 泵,n=990 r/min	630	450	225
		300～500						轮灌	2	1 553		一台 400QW-1700-22-160 泵,n=740 r/min	800	800	355
		500～800						轮灌	2	2 484		一台 500QW-1200-22-220 泵,n=740 r/min	1 000	1 000	355

附表 3-2-4　泵站居中布置、泡田时间 2 d,“丰”字型布局,轮灌组形式一,轴流泵

作物	经营方式	面积/亩	田面与常水位高差/m	泵型	泵站位置	管网布置形式	泡田时间/d	工作制度	轮灌组数	选泵流量/(m^3/h)	选泵扬程/m	水泵选择	硬塑料管选用规格/mm		
													干管	分干管	支管
稻麦轮作	土地流转农场经营	100 以下	0.5～2.0	轴流泵	居中	“丰”字型	2	续灌	1	311	1.0～4.0				
		100～300						续灌	1	932		一台 350ZLB-100 泵,−6°,n=1 470 r/min,D=300 mm	630	450	280
		300～500						轮灌	2	1 553		一台 350ZLB-125 泵,+3°,n=1 470 r/min,D=300 mm	800	800	355
		500～800						轮灌	2	2 484		一台 20ZLB-70(980)泵,0°,n=980 r/min,D=450 mm	1 000	1 000	400
稻麦轮作	土地流转农场经营	100 以下	2.0～4.0	轴流泵	居中	“丰”字型	2	续灌	1	311	3.6～7.2				
		100～300						续灌	1	932		一台 350ZLB-100 泵,0°,n=1 470 r/min,D=300 mm	630	450	250
		300～500						轮灌	2	1 553		一台 500ZLB-85 泵,−3°,n=980 r/min,D=450 mm	800	800	315
		500～800						轮灌	2	2 484		一台 500ZLB-8.6 泵,+4°,n=980 r/min,D=430 mm	1 000	1 000	355
稻麦轮作	土地流转农场经营	100 以下	4.0～8.0	轴流泵	居中	“丰”字型	2	续灌	1	311	6.0～12.0				
		100～300						续灌	1	932					
		300～500						轮灌	2	1 553					
		500～800						轮灌	2	2 484					
稻麦轮作	土地流转农场经营	100 以下	8.0～12.0	轴流泵	居中	“丰”字型	2	续灌	1	311	12.0～18.0				
		100～300						续灌	1	932					
		300～500						轮灌	2	1 553					
		500～800						轮灌	2	2 484					
稻麦轮作	土地流转农场经营	100 以下	12.0～15.0	轴流泵	居中	“丰”字型	2	续灌	1	311	18.0～22.5				
		100～300						续灌	1	932					
		300～500						轮灌	2	1 553					
		500～800						轮灌	2	2 484					

附表 3-2-5　泵站居中布置、泡田时间 2 d,“丰”字型布局,轮灌组形式二,混流泵

作物	经营方式	面积/亩	田面与常水位高差/m	泵型	泵站位置	管网布置形式	泡田时间/d	工作制度	轮灌组数	选泵流量/(m^3/h)	选泵扬程/m	水泵选择	硬塑料管选用规格/mm		
													干管	分干管	支管
稻麦轮作	土地流转农场经营	100 以下	0.5～2.0	混流泵	居中	“丰”字型	2	续灌	1	311	1.0～4.0	一台 250HW-7 泵,n=980 r/min,D=201 mm	355		315
		100～300						轮灌	2	932					
		300～500						轮灌	3	1 553					
		500～800						轮灌	4	2 484		一台 650HW-7A 泵,n=450 r/min,D=462 mm	1 000	1 000	560
稻麦轮作	土地流转农场经营	100 以下	2.0～4.0	混流泵	居中	“丰”字型	2	续灌	1	311	3.6～7.2	一台 200HW-12 泵,n=1 450 r/min,D=196 mm	355		280
		100～300						轮灌	2	932		一台 350HW-8B 泵,n=980 r/min,D=292 mm	630	630	315
		300～500						轮灌	3	1 553		一台 400HW-7B 泵,n=980 r/min,D=315 mm	800	800	400
		500～800						轮灌	4	2 484		一台 650HW-7A 泵,n=450 r/min,D=567 mm	1 000	1 000	500
稻麦轮作	土地流转农场经营	100 以下	4.0～8.0	混流泵	居中	“丰”字型	2	续灌	1	311	6.0～12.0	一台 200HW-12 泵,n=1 450 r/min,D=230 mm	355		280
		100～300						轮灌	2	932		一台 300HW-7C 泵,n=1 300 r/min,D=277 mm	630	630	315
		300～500						轮灌	3	1 553		一台 400HW-7B 泵,n=980 r/min,D=365 mm	800	800	400
		500～800						轮灌	4	2 484					
稻麦轮作	土地流转农场经营	100 以下	8.0～12.0	混流泵	居中	“丰”字型	2	续灌	1	311	12.0～18.0				
		100～300						轮灌	2	932					
		300～500						轮灌	3	1 553		一台 400HW-10B 泵,n=980 r/min,D=412 mm	800	800	400
		500～800						轮灌	4	2 484					
稻麦轮作	土地流转农场经营	100 以下	12.0～15.0	混流泵	居中	“丰”字型	2	续灌	1	311	18.0～22.5				
		100～300						轮灌	2	932					
		300～500						轮灌	3	1 553		一台 500HLD-15 泵,n=980 r/min,D=472 mm	800	800	400
		500～800						轮灌	4	2 484		一台 500HLD-21 泵,n=980 r/min,D=537 mm	1 000	1 000	500

附表 3-2-6　泵站居中布置、泡田时间 2 d,“丰”字型布局,轮灌组形式二,离心泵

作物	经营方式	面积/亩	田面与常水位高差/m	泵型	泵站位置	管网布置形式	泡田时间/d	工作制度	轮灌组数	选泵流量/(m^3/h)	选泵扬程/m	水泵选择	硬塑料管选用规格/mm		
													干管	分干管	支管
稻麦轮作	土地流转农场经营	100 以下	0.5～2.0	离心泵	居中	“丰”字型	2	续灌	1	311	1.0～4.0				
		100～300						轮灌	2	932					
		300～500						轮灌	3	1 553					
		500～800						轮灌	4	2 484					
稻麦轮作	土地流转农场经营	100 以下	2.0～4.0	离心泵	居中	“丰”字型	2	续灌	1	311	3.6～7.2	一台 10SH-19A 泵,n=1 470 r/min,D=174 mm	355		280
		100～300						轮灌	2	932		一台 350S-16 泵,n=1 480 r/min,D=209 mm	630	630	315
		300～500						轮灌	3	1 553		一台 500S-16 泵,n=970 r/min,D=309 mm	800	800	400
		500～800						轮灌	4	2 484		一台 24SH-28A 泵,n=970 r/min,D=315 mm	1 000	1 000	500
稻麦轮作	土地流转农场经营	100 以下	4.0～8.0	离心泵	居中	“丰”字型	2	续灌	1	311	6.0～12.0	一台 10SH-13 泵,n=1 470 r/min,D=206 mm	355		280
		100～300						轮灌	2	932		一台 350S-26 泵,n=1 480 r/min,D=252 mm	630	630	315
		300～500						轮灌	3	1 553		一台 20SH-19 泵,n=970 r/min,D=349 mm	800	800	400
		500～800						轮灌	4	2 484		一台 600S-22 泵,n=970 r/min,D=391 mm	1 000	1 000	500
稻麦轮作	土地流转农场经营	100 以下	8.0～12.0	离心泵	居中	“丰”字型	2	续灌	1	311	12.0～18.0	一台 10SH-13 泵,n=1 470 r/min,D=245 mm	355		250
		100～300						轮灌	2	932		一台 14SH-19 泵,n=1 470 r/min,D=279 mm	630	630	315
		300～500						轮灌	3	1 553		一台 500S-22 泵,n=970 r/min,D=427 mm	800	800	400
		500～800						轮灌	4	2 484		一台 600S-22 泵,n=970 r/min,D=444 mm	1 000	1 000	500
稻麦轮作	土地流转农场经营	100 以下	12.0～15.0	离心泵	居中	“丰”字型	2	续灌	1	311	18.0～22.5	一台 250S-39 泵,n=1 480 r/min,D=284 mm	355		250
		100～300						轮灌	2	932		一台 14SH-19 泵,n=1 470 r/min,D=302 mm	630	630	315
		300～500						轮灌	3	1 553		一台 20SH-13 泵,n=970 r/min,D=436 mm	800	800	400
		500～800						轮灌	4	2 484		一台 600S-47 泵,n=970 r/min,D=492 mm	1 000	1 000	500

附表 3-2-7　泵站居中布置、泡田时间 2 d,"丰"字型布局,轮灌组形式二,潜水泵

作物	经营方式	面积/亩	田面与常水位高差/m	泵型	泵站位置	管网布置形式	泡田时间/d	工作制度	轮灌组数	选泵流量/(m³/h)	选泵扬程/m	水泵选择	硬塑料管选用规格/mm		
													干管	分干管	支管
稻麦轮作	土地流转农场经营	100 以下	0.5～2.0	潜水泵	居中	"丰"字型	2	续灌	1	311	1.0～4.0				
		100～300						轮灌	2	932		一台 350QZ-130 泵,－4°,n＝1 450 r/min,D＝300 mm	630	630	355
		300～500						轮灌	3	1 553		一台 500QZ-100D 泵,0°,n＝740 r/min,D＝450 mm	800	800	400
		500～800						轮灌	4	2 484		一台 500QZ-70 泵,0°,n＝980 r/min,D＝450 mm	1 000	1 000	560
稻麦轮作	土地流转农场经营	100 以下	2.0～4.0	潜水泵	居中	"丰"字型	2	续灌	1	311	3.6～7.2				
		100～300						轮灌	2	932		一台 350QZ-100 泵,0°,n＝1 450 r/min,D＝300 mm	630	630	315
		300～500						轮灌	3	1 553		一台 500QZ-100G 泵,－6°,n＝980 r/min,D＝450 mm	800	800	400
		500～800						轮灌	4	2 484		一台 500QZ-100G 泵,＋4°,n＝980 r/min,D＝450 mm	1 000	1 000	500
稻麦轮作	土地流转农场经营	100 以下	4.0～8.0	潜水泵	居中	"丰"字型	2	续灌	1	311	6.0～12.0	一台 200QW-360-15-30 泵,n＝980 r/min	400		280
		100～300						轮灌	2	932		一台 300QW-900-15-55 泵,n＝980 r/min	630	630	315
		300～500						轮灌	3	1 553		一台 500QH-40 泵,－2°,n＝1 450 r/min,D＝333 mm	800	800	400
		500～800						轮灌	4	2 484		一台 600QH-50 泵,－2°,n＝980 r/min,D＝470 mm	1 000	1 000	500
稻麦轮作	土地流转农场经营	100 以下	8.0～12.0	潜水泵	居中	"丰"字型	2	续灌	1	311	12.0～18.0	一台 200QW-350-20-37 泵,n＝980 r/min	355		250
		100～300						轮灌	2	932		一台 500QH-40 泵,－4°,n＝1 450 r/min,D＝333 mm	630	630	315
		300～500						轮灌	3	1 553		一台 500QH-40 泵,＋2°,n＝1 450 r/min,D＝333 mm	800	800	400
		500～800						轮灌	4	2 484					
稻麦轮作	土地流转农场经营	100 以下	12.0～15.0	潜水泵	居中	"丰"字型	2	续灌	1	311	18.0～22.5	一台 200QW-300-22-37 泵,n＝980 r/min	355		250
		100～300						轮灌	2	932		一台 300QW-950-24-110 泵,n＝990 r/min	630	630	315
		300～500						轮灌	3	1 553		一台 400QW-1700-22-160 泵,n＝740 r/min	800	800	400
		500～800						轮灌	4	2 484		一台 500QW-1200-22-220 泵,n＝740 r/min	1 000	1 000	500

附表 3-2-8 泵站居中布置、泡田时间 2 d,"丰"字型布局,轮灌组形式二,轴流泵

作物	经营方式	面积/亩	田面与常水位高差/m	泵型	泵站位置	管网布置形式	泡田时间/d	工作制度	轮灌组数	选泵流量/(m^3/h)	选泵扬程/m	水泵选择	硬塑料管选用规格/mm		
													干管	分干管	支管
稻麦轮作	土地流转农场经营	100 以下	0.5～2.0	轴流泵	居中	"丰"字型	2	续灌	1	311	1.0～4.0				
		100～300						轮灌	2	932		一台 350ZLB-100 泵,−6°,n=1 470 r/min,D=300 mm	630	630	355
		300～500						轮灌	3	1 553		一台 350ZLB-125 泵,+3°,n=1 470 r/min,D=300 mm	800	800	450
		500～800						轮灌	4	2 484		一台 20ZLB-70(980)泵,0°,n=980 r/min,D=450 mm	1 000	1 000	500
稻麦轮作	土地流转农场经营	100 以下	2.0～4.0	轴流泵	居中	"丰"字型	2	续灌	1	311	3.6～7.2				
		100～300						轮灌	2	932		一台 350ZLB-100 泵,0°,n=1 470 r/min,D=300 mm	630	630	315
		300～500						轮灌	3	1 553		一台 500ZLB-85 泵,−3°,n=980 r/min,D=450 mm	800	800	400
		500～800						轮灌	4	2 484		一台 500ZLB-8.6 泵,+4°,n=980 r/min,D=430 mm	1 000	1 000	500
稻麦轮作	土地流转农场经营	100 以下	4.0～8.0	轴流泵	居中	"丰"字型	2	续灌	1	311	6.0～12.0				
		100～300						轮灌	2	932					
		300～500						轮灌	3	1 553					
		500～800						轮灌	4	2 484					
稻麦轮作	土地流转农场经营	100 以下	8.0～12.0	轴流泵	居中	"丰"字型	2	续灌	1	311	12.0～18.0				
		100～300						轮灌	2	932					
		300～500						轮灌	3	1 553					
		500～800						轮灌	4	2 484					
稻麦轮作	土地流转农场经营	100 以下	12.0～15.0	轴流泵	居中	"丰"字型	2	续灌	1	311	18.0～22.5				
		100～300						轮灌	2	932					
		300～500						轮灌	3	1 553					
		500～800						轮灌	4	2 484					

附表 3-3　泵站居中布置、泡田时间 3 d,“丰”字型布局

轮灌组形式一：100 亩以下续灌，100～300 亩续灌，300～500 亩分 2 组轮灌，500～800 亩分 2 组轮灌

轮灌组形式二：100 亩以下续灌，100～300 亩分 2 组轮灌，300～500 亩分 3 组轮灌，500～800 亩分 4 组轮灌

附表 3-3-1　泵站居中布置、泡田时间 3 d,“丰”字型布局，轮灌组形式一，混流泵

作物	经营方式	面积/亩	田面与常水位高差/m	泵型	泵站位置	管网布置形式	泡田时间/d	工作制度	轮灌组数	选泵流量/(m^3/h)	选泵扬程/m	水泵选择	硬塑料管选用规格/mm		
													干管	分干管	支管
稻麦轮作	土地流转农场经营	100 以下	0.5～2.0	混流泵	居中	“丰”字型	3	续灌	1	207	1.0～4.0	一台 200HW-5 泵，n=1 450 r/min，D=138 mm	315		280
		100～300						续灌	1	621		一台 300HW-8 泵，n=970 r/min，D=226 mm	500	355	250
		300～500						轮灌	2	1 035					
		500～800						轮灌	2	1 656					
稻麦轮作	土地流转农场经营	100 以下	2.0～4.0	混流泵	居中	“丰”字型	3	续灌	1	207	3.6～7.2	一台 150HW-6B 泵，n=1 800 r/min，D=158 mm	280		250
		100～300						续灌	1	621		一台 300HW-12 泵，n=970 r/min，D=277 mm	500	355	225
		300～500						轮灌	2	1 035		一台 300HW-8B 泵，n=980 r/min，D=305 mm	630	630	280
		500～800						轮灌	2	1 656		一台 400HW-7B 泵，n=980 r/min，D=326 mm	800	800	315

（续表）

作物	经营方式	面积/亩	田面与常水位高差/m	泵型	泵站位置	管网布置形式	泡田时间/d	工作制度	轮灌组数	选泵流量/(m^3/h)	选泵扬程/m	水泵选择	硬塑料管选用规格/mm		
													干管	分干管	支管
稻麦轮作	土地流转农场经营	100 以下	4.0～8.0	混流泵	居中	“丰”字型	3	续灌	1	207	6.0～12.0				
		100～300						续灌	1	621		一台 250HW-8C 泵，n=1 450 r/min，D=244 mm	500	355	225
		300～500						轮灌	2	1 035		一台 300HW-7C 泵，n=1 300 r/min，D=288 mm	630	630	280
		500～800						轮灌	2	1 656		一台 400HW-7B 泵，n=980 r/min，D=374 mm	800	800	315
稻麦轮作	土地流转农场经营	100 以下	8.0～12.0	混流泵	居中	“丰”字型	3	续灌	1	207	12.0～18.0				
		100～300						续灌	1	621					
		300～500						轮灌	2	1 035		一台 500QH-40 泵，－4°，n=1 450 r/min，D=333 mm	630	630	250
		500～800						轮灌	2	1 656		一台 500QH-40 泵，＋2°，n=1 450 r/min，D=333 mm	800	800	280
稻麦轮作	土地流转农场经营	100 以下	12.0～15.0	混流泵	居中	“丰”字型	3	续灌	1	207	18.0～22.5				
		100～300						续灌	1	621					
		300～500						轮灌	2	1 035		一台 350HLD-21 泵，n=1 480 r/min，D=362 mm	630	630	250
		500～800						轮灌	2	1 656		一台 500HLD-15 泵，n=980 r/min，D=472 mm	800	800	355

附表 3-3-2　泵站居中布置、泡田时间 3 d,“丰”字型布局,轮灌组形式一,离心泵

作物	经营方式	面积/亩	田面与常水位高差/m	泵型	泵站位置	管网布置形式	泡田时间/d	工作制度	轮灌组数	选泵流量/(m^3/h)	选泵扬程/m	水泵选择	硬塑料管选用规格/mm		
													干管	分干管	支管
稻麦轮作	土地流转农场经营	100 以下	0.5～2.0	离心泵	居中	“丰”字型	3	续灌	1	207	1.0～4.0				
		100～300						续灌	1	621					
		300～500						轮灌	2	1 035					
		500～800						轮灌	2	1 656					
稻麦轮作	土地流转农场经营	100 以下	2.0～4.0	离心泵	居中	“丰”字型	3	续灌	1	207	3.6～7.2	一台 ISG200-250(I)B 泵,n=1 480 r/min,D=185 mm	280		250
		100～300						续灌	1	621		一台 300S-12 泵,n=1 480 r/min,D=201 mm	500	355	225
		300～500						轮灌	2	1 035		一台 350S-16 泵,n=1 480 r/min,D=220 mm	630	630	280
		500～800						轮灌	2	1 656		一台 500S-16 泵,n=970 r/min,D=317 mm	800	800	315
稻麦轮作	土地流转农场经营	100 以下	4.0～8.0	离心泵	居中	“丰”字型	3	续灌	1	207	6.0～12.0	一台 ISG150-200 泵,n=1 480 r/min,D=217 mm	280		250
		100～300						续灌	1	621		一台 300S-19 泵,n=1 480 r/min,D=242 mm	500	355	225
		300～500						轮灌	2	1 035		一台 350S-26 泵,n=1 480 r/min,D=265 mm	630	630	280
		500～800						轮灌	2	1 656		一台 500S-13 泵,n=970 r/min,D=371 mm	800	800	315
稻麦轮作	土地流转农场经营	100 以下	8.0～12.0	离心泵	居中	“丰”字型	3	续灌	1	207	12.0～18.0	一台 ISG150-250 泵,n=1 480 r/min,D=261 mm	280		225
		100～300						续灌	1	621		一台 ISG300-250 泵,n=1 480 r/min,D=292 mm	500	355	200
		300～500						轮灌	2	1 035		一台 350S-26 泵,n=1 480 r/min,D=297 mm	630	630	250
		500～800						轮灌	2	1 656		一台 24SH-19 泵,n=970 r/min,D=399 mm	800	800	280
稻麦轮作	土地流转农场经营	100 以下	12.0～15.0	离心泵	居中	“丰”字型	3	续灌	1	207	18.0～22.5	一台 200S-42 泵,n=2 950 r/min,D=156 mm	280		225
		100～300						续灌	1	621		一台 ISG350-315 泵,n=1 480 r/min,D=284 mm	500	355	180
		300～500						轮灌	2	1 035		一台 350S-26 泵,n=1 480 r/min,D=319 mm	630	630	250
		500～800						轮灌	2	1 656		一台 500S-35 泵,n=970 r/min,D=477 mm	800	800	280

附表 3-3-3　泵站居中布置、泡田时间 3 d,“丰”字型布局,轮灌组形式一,潜水泵

作物	经营方式	面积/亩	田面与常水位高差/m	泵型	泵站位置	管网布置形式	泡田时间/d	工作制度	轮灌组数	选泵流量/(m^3/h)	选泵扬程/m	水泵选择	硬塑料管选用规格/mm		
													干管	分干管	支管
稻麦轮作	土地流转农场经营	100 以下	0.5～2.0	潜水泵	居中	“丰”字型	3	续灌	1	207	1.0～4.0				
		100～300						续灌	1	621					
		300～500						轮灌	2	1 035		一台 350QZ-100 泵,－4°,n=1 450 r/min,D=300 mm	630	630	355
		500～800						轮灌	2	1 656		一台 500QZ-100D 泵,0°,n=740 r/min,D=450 mm	800	800	355
稻麦轮作	土地流转农场经营	100 以下	2.0～4.0	潜水泵	居中	“丰”字型	3	续灌	1	207	3.6～7.2	一台 150QW210-7-7.5 泵,n=1 460 r/min	280		280
		100～300						续灌	1	621		一台 250QW600-7-22 泵,,n=980 r/min	500	355	225
		300～500						轮灌	2	1 035		一台 350QZ-100 泵,＋2°,n=1 450 r/min,D=300 mm	630	630	315
		500～800						轮灌	2	1 656		一台 500QZ-70 泵,－4°,n=980 r/min,D=450 mm	800	800	315
稻麦轮作	土地流转农场经营	100 以下	4.0～8.0	潜水泵	居中	“丰”字型	3	续灌	1	207	6.0～12.0	一台 150QW200-10-11 泵,n=1 450 r/min	280		200
		100～300						续灌	1	621		一台 250QW600-15-45 泵,n=980 r/min	500	355	180
		300～500						轮灌	2	1 035		一台 350QW1200-15-75 泵,n=980 r/min	710	710	280
		500～800						轮灌	2	1 656					
稻麦轮作	土地流转农场经营	100 以下	8.0～12.0	潜水泵	居中	“丰”字型	3	续灌	1	207	12.0～18.0	一台 150QW200-22-22 泵,n=980 r/min	280		200
		100～300						续灌	1	621		一台 250QW600-20-55 泵,n=980 r/min	500	355	180
		300～500						轮灌	2	1 035		一台 500QH-40 泵,－4°,n=1 450 r/min,D=333 mm	630	630	250
		500～800						轮灌	2	1 656		一台 500QH-40 泵,＋2°,n=1 450 r/min,D=333 mm	800	800	280
稻麦轮作	土地流转农场经营	100 以下	12.0～15.0	潜水泵	居中	“丰”字型	3	续灌	1	207	18.0～22.5	一台 150QW200-22-22 泵,n=980 r/min	280		225
		100～300						续灌	1	621		一台 250QW600-20-75 泵,n=990 r/min	500	355	180
		300～500						轮灌	2	1 035		一台 300QW1000-22-90 泵,n=980 r/min	630	630	250
		500～800						轮灌	2	1 656		一台 400QW1700-22-160 泵,n=740 r/min	800	800	280

附表 3-3-4　泵站居中布置、泡田时间 3 d,“丰”字型布局,轮灌组形式一,轴流泵

作物	经营方式	面积/亩	田面与常水位高差/m	泵型	泵站位置	管网布置形式	泡田时间/d	工作制度	轮灌组数	选泵流量/(m^3/h)	选泵扬程/m	水泵选择	硬塑料管选用规格/mm		
													干管	分干管	支管
稻麦轮作	土地流转农场经营	100 以下	0.5～2.0	轴流泵	居中	“丰”字型	3	续灌	1	207	1.0～4.0				
		100～300						续灌	1	621		一台 350ZLB-125 泵,－6°,n=1 470 r/min,D=300 mm	500	355	250
		300～500						轮灌	2	1 035		一台 350ZLB-100 泵,－4°,n=1 470 r/min,D=300 mm	630	630	355
		500～800						轮灌	2	1 656		一台 350ZLB-125 泵,＋4°,n=1 470 r/min,D=300 mm	800	800	355
稻麦轮作	土地流转农场经营	100 以下	2.0～4.0	轴流泵	居中	“丰”字型	3	续灌	1	207	3.6～7.2				
		100～300						续灌	1	621					
		300～500						轮灌	2	1 035		一台 350ZLB-70 泵,＋4°,n=1 470 r/min,D=300 mm	630	630	280
		500～800						轮灌	2	1 656		一台 500ZLB-85 泵,－2°,n=980 r/min,D=450 mm	800	800	315
稻麦轮作	土地流转农场经营	100 以下	4.0～8.0	轴流泵	居中	“丰”字型	3	续灌	1	207	6.0～12.0				
		100～300						续灌	1	621					
		300～500						轮灌	2	1 035					
		500～800						轮灌	2	1 656					
稻麦轮作	土地流转农场经营	100 以下	8.0～12.0	轴流泵	居中	“丰”字型	3	续灌	1	207	12.0～18.0				
		100～300						续灌	1	621					
		300～500						轮灌	2	1 035					
		500～800						轮灌	2	1 656					
稻麦轮作	土地流转农场经营	100 以下	12.0～15.0	轴流泵	居中	“丰”字型	3	续灌	1	207	18.0～22.5				
		100～300						续灌	1	621					
		300～500						轮灌	2	1 035					
		500～800						轮灌	2	1 656					

附表 3-3-5　泵站居中布置、泡田时间 3 d,“丰”字型布局,轮灌组形式二,混流泵

作物	经营方式	面积/亩	田面与常水位高差/m	泵型	泵站位置	管网布置形式	泡田时间/d	工作制度	轮灌组数	选泵流量/(m^3/h)	选泵扬程/m	水泵选择	硬塑料管选用规格/mm		
													干管	分干管	支管
稻麦轮作	土地流转农场经营	100 以下	0.5～2.0	混流泵	居中	“丰”字型	3	续灌	1	207	1.0～4.0	一台 200HW-5 泵,n=1 450 r/min,D=138 mm	315		280
		100～300						轮灌	2	621		一台 300HW-8 泵,n=970 r/min,D=226 mm	500	500	315
		300～500						轮灌	3	1 035					
		500～800						轮灌	4	1 656					
稻麦轮作	土地流转农场经营	100 以下	2.0～4.0	混流泵	居中	“丰”字型	3	续灌	1	207	3.6～7.2	一台 150HW-6B 泵,n=1 800 r/min,D=158 mm	280		250
		100～300						轮灌	2	621		一台 300HW-12 泵,n=970 r/min,D=277 mm	500	500	280
		300～500						轮灌	3	1 035		一台 300HW-8B 泵,n=980 r/min,D=305 mm	630	630	355
		500～800						轮灌	4	1 656		一台 400HW-7B 泵,n=980 r/min,D=326 mm	800	800	400
稻麦轮作	土地流转农场经营	100 以下	4.0～8.0	混流泵	居中	“丰”字型	3	续灌	1	207	6.0～12.0				
		100～300						轮灌	2	621		一台 250HW-8C 泵,n=1 450 r/min,D=244 mm	500	500	280
		300～500						轮灌	3	1 035		一台 300HW-7C 泵,n=1 300 r/min,D=288 mm	630	630	355
		500～800						轮灌	4	1 656		一台 400HW-7B 泵,n=980 r/min,D=374 mm	800	800	400
稻麦轮作	土地流转农场经营	100 以下	8.0～12.0	混流泵	居中	“丰”字型	3	续灌	1	207	12.0～18.0				
		100～300						轮灌	2	621					
		300～500						轮灌	3	1 035		一台 500QH-40 泵,－4°,n=1 450 r/min,D=333 mm	630	630	315
		500～800						轮灌	4	1 656		一台 500QH-40 泵,＋2°,n=1 450 r/min,D=333 mm	800	800	400
稻麦轮作	土地流转农场经营	100 以下	12.0～15.0	混流泵	居中	“丰”字型	3	续灌	1	207	18.0～22.5				
		100～300						轮灌	2	621					
		300～500						轮灌	3	1 035		一台 350HLD-21 泵,n=1 480 r/min,D=362 mm	630	630	315
		500～800						轮灌	4	1 656		一台 500HLD-15 泵,n=980 r/min,D=472 mm	800	800	450

附表 3-3-6 泵站居中布置、泡田时间 3 d,“丰”字型布局,轮灌组形式二,离心泵

作物	经营方式	面积/亩	田面与常水位高差/m	泵型	泵站位置	管网布置形式	泡田时间/d	工作制度	轮灌组数	选泵流量/(m^3/h)	选泵扬程/m	水泵选择	硬塑料管选用规格/mm		
													干管	分干管	支管
稻麦轮作	土地流转农场经营	100 以下	0.5～2.0	离心泵	居中	“丰”字型	3	续灌	1	207	1.0～4.0				
		100～300						轮灌	2	621					
		300～500						轮灌	3	1 035					
		500～800						轮灌	4	1 656					
稻麦轮作	土地流转农场经营	100 以下	2.0～4.0	离心泵	居中	“丰”字型	3	续灌	1	207	3.6～7.2	一台 ISG200－250(I)B 泵,n=1 480 r/min,D=185 mm	280		250
		100～300						轮灌	2	621		一台 300S-12 泵,n=1 480 r/min,D=201 mm	500	500	280
		300～500						轮灌	3	1 035		一台 350S-16 泵,n=1 480 r/min,D=220 mm	630	630	355
		500～800						轮灌	4	1 656		一台 500S-16 泵,n=970 r/min,D=317 mm	800	800	400
稻麦轮作	土地流转农场经营	100 以下	4.0～8.0	离心泵	居中	“丰”字型	3	续灌	1	207	6.0～12.0	一台 ISG150－200 泵,n=1 480 r/min,D=217 mm	280		250
		100～300						轮灌	2	621		一台 300S-19 泵,n=1 480 r/min,D=242 mm	500	500	280
		300～500						轮灌	3	1 035		一台 350S-26 泵,n=1 480 r/min,D=265 mm	630	630	355
		500～800						轮灌	4	1 656		一台 500S-13 泵,n=970 r/min,D=371 mm	800	800	400
稻麦轮作	土地流转农场经营	100 以下	8.0～12.0	离心泵	居中	“丰”字型	3	续灌	1	207	12.0～18.0	一台 ISG150－250 泵,n=1 480 r/min,D=261 mm	280		225
		100～300						轮灌	2	621		一台 ISG300－250 泵,n=1 480 r/min,D=292 mm	500	500	250
		300～500						轮灌	3	1 035		一台 350S-26 泵,n=1 480 r/min,D=297 mm	630	630	315
		500～800						轮灌	4	1 656		一台 24SH-19 泵,n=970 r/min,D=399 mm	800	800	400
稻麦轮作	土地流转农场经营	100 以下	12.0～15.0	离心泵	居中	“丰”字型	3	续灌	1	207	18.0～22.5	一台 200S-42 泵,n=2 950 r/min,D=156 mm	280		225
		100～300						轮灌	2	621		一台 ISG350－315 泵,n=1 480 r/min,D=284 mm	500	500	250
		300～500						轮灌	3	1 035		一台 350S-26 泵,n=1 480 r/min,D=319 mm	630	630	315
		500～800						轮灌	4	1 656		一台 500S-35 泵,n=970 r/min,D=477 mm	800	800	400

附表 3-3-7　泵站居中布置、泡田时间 3 d,"丰"字型布局,轮灌组形式二,潜水泵

作物	经营方式	面积/亩	田面与常水位高差/m	泵型	泵站位置	管网布置形式	泡田时间/d	工作制度	轮灌组数	选泵流量/(m^3/h)	选泵扬程/m	水泵选择	硬塑料管选用规格/mm		
													干管	分干管	支管
稻麦轮作	土地流转农场经营	100 以下	0.5～2.0	潜水泵	居中	"丰"字型	3	续灌	1	207	1.0～4.0				
		100～300						轮灌	2	621					
		300～500						轮灌	3	1 035		一台 350QZ-100 泵，－4°，n=1 450 r/min，D=300 mm	630	630	400
		500～800						轮灌	4	1 656		一台 500QZ-100D 泵，0°，n=740 r/min，D=450 mm	800	800	500
稻麦轮作	土地流转农场经营	100 以下	2.0～4.0	潜水泵	居中	"丰"字型	3	续灌	1	207	3.6～7.2	一台 150QW210-7-7.5 泵，n=1 460 r/min	280		280
		100～300						轮灌	2	621		一台 250QW600-7-22 泵，，n=980 r/min	500	500	280
		300～500						轮灌	3	1 035		一台 350QZ-100 泵，＋2°，n=1 450 r/min，D=300 mm	630	630	355
		500～800						轮灌	4	1 656		一台 500QZ-70 泵，－4°，n=980 r/min，D=450 mm	800	800	400
稻麦轮作	土地流转农场经营	100 以下	4.0～8.0	潜水泵	居中	"丰"字型	3	续灌	1	207	6.0～12.0	一台 150QW200-10-11 泵，n=1 450 r/min	280		200
		100～300						轮灌	2	621		一台 250QW600-15-45 泵，n=980 r/min	500	500	250
		300～500						轮灌	3	1 035		一台 350QW1200-15-75 泵，n=980 r/min	710	630	355
		500～800						轮灌	4	1 656					
稻麦轮作	土地流转农场经营	100 以下	8.0～12.0	潜水泵	居中	"丰"字型	3	续灌	1	207	12.0～18.0	一台 150QW200-22-22 泵，n=980 r/min	280		200
		100～300						轮灌	2	621		一台 250QW600-20-55 泵，n=980 r/min	500	500	250
		300～500						轮灌	3	1 035		一台 500QH-40 泵，－4°，n=1 450 r/min，D=333 mm	630	630	315
		500～800						轮灌	4	1 656		一台 500QH-40 泵，＋2°，n=1 450 r/min，D=333 mm	800	800	400
稻麦轮作	土地流转农场经营	100 以下	12.0～15.0	潜水泵	居中	"丰"字型	3	续灌	1	207	18.0～22.5	一台 150QW200-22-22 泵，n=980 r/min	280		225
		100～300						轮灌	2	621		一台 250QW600-20-75 泵，n=990 r/min	500	500	250
		300～500						轮灌	3	1 035		一台 300QW1000-22-90 泵，n=980 r/min	630	630	315
		500～800						轮灌	4	1 656		一台 400QW1700-22-160 泵，n=740 r/min	800	800	400

附表 3-3-8　泵站居中布置、泡田时间 3 d,"丰"字型布局,轮灌组形式二,轴流泵

作物	经营方式	面积/亩	田面与常水位高差/m	泵型	泵站位置	管网布置形式	泡田时间/d	工作制度	轮灌组数	选泵流量/(m^3/h)	选泵扬程/m	水泵选择	硬塑料管选用规格/mm		
													干管	分干管	支管
稻麦轮作	土地流转农场经营	100 以下	0.5～2.0	轴流泵	居中	"丰"字型	3	续灌	1	207	1.0～4.0				
		100～300						轮灌	2	621		一台 350ZLB-125 泵,−6°,n=1 470 r/min,D=300 mm	500	500	315
		300～500						轮灌	3	1 035		一台 350ZLB-100 泵,−4°,n=1 470 r/min,D=300 mm	630	630	400
		500～800						轮灌	4	1 656		一台 350ZLB-125 泵,+4°,n=1 470 r/min,D=300 mm	800	800	450
稻麦轮作	土地流转农场经营	100 以下	2.0～4.0	轴流泵	居中	"丰"字型	3	续灌	1	207	3.6～7.2				
		100～300						轮灌	2	621					
		300～500						轮灌	3	1 035		一台 350ZLB-70 泵,+4°,n=1 470 r/min,D=300 mm	630	630	315
		500～800						轮灌	4	1 656		一台 500ZLB-85 泵,−2°,n=980 r/min,D=450 mm	800	800	400
稻麦轮作	土地流转农场经营	100 以下	4.0～8.0	轴流泵	居中	"丰"字型	3	续灌	1	207	6.0～12.0				
		100～300						轮灌	2	621					
		300～500						轮灌	3	1 035					
		500～800						轮灌	4	1 656					
稻麦轮作	土地流转农场经营	100 以下	8.0～12.0	轴流泵	居中	"丰"字型	3	续灌	1	207	12.0～18.0				
		100～300						轮灌	2	621					
		300～500						轮灌	3	1 035					
		500～800						轮灌	4	1 656					
稻麦轮作	土地流转农场经营	100 以下	12.0～15.0	轴流泵	居中	"丰"字型	3	续灌	1	207	18.0～22.5				
		100～300						轮灌	2	621					
		300～500						轮灌	3	1 035					
		500～800						轮灌	4	1 656					

附表 3-4 双泵、泵站居中布置、泡田时间 2 d,“丰”字型布局

轮灌组形式一：100～300 亩续灌，300～500 亩分 2 组轮灌，500～800 亩分 2 组轮灌

轮灌组形式二：100～300 亩分 2 组轮灌，300～500 亩分 3 组轮灌，500～800 亩分 4 组轮灌

附表 3-4-1 泵站居中布置、泡田时间 2 d,“丰”字型布局，轮灌组形式一，混流泵(双泵)

作物	经营方式	面积/亩	田面与常水位高差/m	泵型	泵站位置	管网布置形式	泡田时间/d	工作制度	轮灌组数	选泵流量/(m^3/h)	选泵扬程/m	水泵选择	硬塑料管选用规格/mm		
													干管	分干管	支管
稻麦轮作	土地流转农场经营	100～300	0.5～2.0	混流泵	居中	“丰”字型	2	续灌	1	932	1.0～4.0	一台 200HW-5 泵，$n=1\ 450$ r/min，$D=152$ mm，$N=7.5$ kW；一台 300HW-8 泵，$n=970$ r/min，$D=231$ mm，$N=22$ kW	630	450	280
		300～500						轮灌	2	1 553					
		500～800						轮灌	2	2 484					
稻麦轮作	土地流转农场经营	100～300	2.0～4.0	混流泵	居中	“丰”字型	2	续灌	1	932	3.6～7.2	一台 200HW-8 泵，$n=1\ 450$ r/min，$D=186$ mm，$N=11$ kW；一台 300HW-8 泵，$n=970$ r/min，$D=275$ mm，$N=22$ kW	630	450	250
		300～500						轮灌	2	1 553		一台 300HW-12 泵，$n=970$ r/min，$D=254$ mm，$N=37$ kW；一台 400HW-7B 泵，$n=980$ r/min，$D=273$ mm，$N=75$ kW	800	800	315
		500～800						轮灌	2	2 484					

（续表）

作物	经营方式	面积/亩	田面与常水位高差/m	泵型	泵站位置	管网布置形式	泡田时间/d	工作制度	轮灌组数	选泵流量/(m^3/h)	选泵扬程/m	水泵选择	硬塑料管选用规格/mm		
													干管	分干管	支管
稻麦轮作	土地流转农场经营	100～300	4.0～8.0	混流泵	居中	“丰”字型	2	续灌	1	932	6.0～12.0	一台 200HW-12 泵，$n=1\ 450$ r/min，$D=224$ mm，$N=18.5$ kW；一台 250HW-11C 泵，$n=1\ 600$ r/min，$D=228$ mm，$N=37$ kW	630	450	250
		300～500						轮灌	2	1 553		一台 250HW-12 泵，$n=1\ 180$ r/min，$D=282$ mm，$N=30$ kW；一台 400HW-10B 泵，$n=980$ r/min，$D=323$ mm，$N=110$ kW	800	800	315
		500～800						轮灌	2	2 484		一台 300HW-12 泵，$n=970$ r/min，$D=348$ mm，$N=37$ kW；一台 400HW-10B 泵，$n=980$ r/min，$D=379$ mm，$N=110$ kW	1 000	1 000	355
稻麦轮作	土地流转农场经营	100～300	8.0～12.0	混流泵	居中	“丰”字型	2	续灌	1	932	12.0～18.0				
		300～500						轮灌	2	1 553					
		500～800						轮灌	2	2 484					
稻麦轮作	土地流转农场经营	100～300	12.0～15.0	混流泵	居中	“丰”字型	2	续灌	1	932	18.0～22.5				
		300～500						轮灌	2	1 553					
		500～800						轮灌	2	2 484					

附表 3-4-2　泵站居中布置、泡田时间 2 d,“丰”字型布局,轮灌组形式一,离心泵(双泵)

作物	经营方式	面积/亩	田面与常水位高差/m	泵型	泵站位置	管网布置形式	泡田时间/d	工作制度	轮灌组数	选泵流量/(m^3/h)	选泵扬程/m	水泵选择	硬塑料管选用规格/mm		
													干管	分干管	支管
稻麦轮作	土地流转农场经营	100～300	0.5～2.0	离心泵	居中	“丰”字型	2	续灌	1	932	1.0～4.0				
		300～500						轮灌	2	1 553					
		500～800						轮灌	2	2 484					
稻麦轮作	土地流转农场经营	100～300	2.0～4.0	离心泵	居中	“丰”字型	2	续灌	1	932	3.6～7.2	一台 10SH－19A 泵, n＝1 470 r/min, D＝168 mm, N＝22 kW; 一台 300S－12 泵, n＝1 480 r/min, D＝205 mm, N＝37 kW	630	450	250
		300～500						轮灌	2	1 553		一台 ISG250－235 泵, n＝1 480 r/min, D＝237 mm, N＝30 kW; 一台 350S－16 泵, n＝1 480 r/min, D＝225 mm, N＝75 kW	800	800	315
		500～800						轮灌	2	2 484		一台 300S－12 泵, n＝1 480 r/min, D＝218 mm, N＝37 kW; 一台 500S-13 泵, n=970 r/min, D=324 mm, N=110 kW	1 000	1 000	355
稻麦轮作	土地流转农场经营	100～300	4.0～8.0	离心泵	居中	“丰”字型	2	续灌	1	932	6.0～12.0	一台 10SH－13A 泵, n＝1 470 r/min, D＝202 mm, N＝37 kW; 一台 300S－19 泵, n＝1 480 r/min, D＝247 mm, N＝75 kW	630	450	250
		300～500						轮灌	2	1 553		一台 250S－14 泵, n＝1 480 r/min, D＝246 mm, N＝30 kW; 一台 350S－26 泵, n＝1 480 r/min, D＝272 mm, N＝132 kW	800	800	315
		500～800						轮灌	2	2 484		一台 14SH－19A 泵, n＝1 470 r/min, D＝234 mm, N＝90 kW; 一台 500S-22 泵, n=970 r/min, D=392 mm, N=250 kW	1 000	1 000	355

（续表）

作物	经营方式	面积/亩	田面与常水位高差/m	泵型	泵站位置	管网布置形式	泡田时间/d	工作制度	轮灌组数	选泵流量/(m^3/h)	选泵扬程/m	水泵选择	硬塑料管选用规格/mm		
													干管	分干管	支管
稻麦轮作	土地流转农场经营	100～300	8.0～12.0	离心泵	居中	“丰”字型	2	续灌	1	932	12.0～18.0	一台 250S－24 泵，$n=1\ 480$ r/min，$D=$260 mm，$N=$45 kW；一台 300S－32 泵，$n=1\ 480$ r/min，$D=$287 mm，$N=$110 kW	630	450	225
		300～500						轮灌	2	1 553		一台 ISG250－300 泵，$n=1\ 480$ r/min，$D=$283 mm，$N=$37 kW；一台 350S－26 泵，$n=1\ 480$ r/min，$D=$302 mm，$N=$132 kW	800	800	315
		500～800						轮灌	2	2 484		一台 300S－19 泵，$n=1\ 480$ r/min，$D=$294 mm，$N=$75 kW；一台 24SH－19 泵，$n=970$ r/min，$D=$403 mm，$N=$380 kW	1 000	1 000	355
稻麦轮作	土地流转农场经营	100～300	12.0～15.0	离心泵	居中	“丰”字型	2	续灌	1	932	18.0～22.5	一台 10SH－9 泵，$n=1\ 470$ r/min，$D=$269 mm，$N=$75 kW；一台 12SH－13 泵，$n=1\ 470$ r/min，$D=$293 mm，$N=$90 kW	630	450	225
		300～500						轮灌	2	1 553		一台 250S－24 泵，$n=1\ 480$ r/min，$D=$310 mm，$N=$45 kW；一台 350S－26 泵，$n=1\ 480$ r/min，$D=$324 mm，$N=$132 kW	800	800	315
		500～800						轮灌	2	2 484		一台 300S－32 泵，$n=1\ 480$ r/min，$D=$322 mm，$N=$110 kW；一台 20SH－13A 泵，$n=970$ r/min，$D=$445 mm，$N=$220 kW	1 000	1 000	355

附表 3-4-3　泵站居中布置、泡田时间 2 d，“丰”字型布局，轮灌组形式一，潜水泵(双泵)

作物	经营方式	面积/亩	田面与常水位高差/m	泵型	泵站位置	管网布置形式	泡田时间/d	工作制度	轮灌组数	选泵流量/(m^3/h)	选泵扬程/m	水泵选择	硬塑料管选用规格/mm		
													干管	分干管	支管
稻麦轮作	土地流转农场经营	100～300	0.5～2.0	潜水泵	居中	“丰”字型	2	续灌	1	932	1.0～4.0				
		300～500						轮灌	2	1 553					
		500～800						轮灌	2	2 484		一台 350QZ-70D 泵，−2°，n=980 r/min，D=300 mm，N=15 kW；一台 500QZ-100D 泵，+2°，n=740 r/min，D=450 mm，N=30 kW	1 000	1 000	400
稻麦轮作	土地流转农场经营	100～300	2.0～4.0	潜水泵	居中	“丰”字型	2	续灌	1	932	3.6～7.2				
		300～500						轮灌	2	1 553					
		500～800						轮灌	2	2 484		一台 350QZ-100 泵，−4°，n=1 450 r/min，D=300 mm，N=22 kW；一台 500QZ-100G 泵，−4°，n=980 r/min，D=450 mm，N=45 kW	1 000	1 000	355
稻麦轮作	土地流转农场经营	100～300	4.0～8.0	潜水泵	居中	“丰”字型	2	续灌	1	932	6.0～12.0				
		300～500						轮灌	2	1 553		一台 250QW400-15-30 泵，n=980 r/min，N=30 kW；一台 350QW1200-15-75 泵，n=980 r/min，N=75 kW	800	800	315
		500～800						轮灌	2	2 484		一台 300QW900-15-55 泵，n=980 r/min，N=55 kW；一台 600QH-50 泵，−4°，n=980 r/min，D=470 mm，N=110 kW	1 000	1 000	355
稻麦轮作	土地流转农场经营	100～300	8.0～12.0	潜水泵	居中	“丰”字型	2	续灌	1	932	12.0～18.0				
		300～500						轮灌	2	1 553					
		500～800						轮灌	2	2 484					
稻麦轮作	土地流转农场经营	100～300	12.0～15.0	潜水泵	居中	“丰”字型	2	续灌	1	932	18.0～22.5				
		300～500						轮灌	2	1 553					
		500～800						轮灌	2	2 484		一台 250QW800-22-75 泵，n=980 r/min，N=75 kW；一台 400QW-1700-22-160 泵，n=740 r/min，N=160 kW	1 000	1 000	355

附表 3-4-4　泵站居中布置、泡田时间 2 d,“丰”字型布局,轮灌组形式一,轴流泵(双泵)

作物	经营方式	面积/亩	田面与常水位高差/m	泵型	泵站位置	管网布置形式	泡田时间/d	工作制度	轮灌组数	选泵流量/(m^3/h)	选泵扬程/m	水泵选择	硬塑料管选用规格/mm		
													干管	分干管	支管
稻麦轮作	土地流转农场经营	100～300	0.5～2.0	轴流泵	居中	“丰”字型	2	续灌	1	932	1.0～4.0				
		300～500						轮灌	2	1 553					
		500～800						轮灌	2	2 484		一台 350ZLB-125 泵,$-4°$,n=1 470 r/min,D=300 mm,N=18.5 kW;一台 350ZLB-125 泵,$+4°$,n=1 470 r/min,D=300 mm,N=30 kW	1 000	1 000	400
稻麦轮作	土地流转农场经营	100～300	2.0～4.0	轴流泵	居中	“丰”字型	2	续灌	1	932	3.6～7.2				
		300～500						轮灌	2	1 553					
		500～800						轮灌	2	2 484					
稻麦轮作	土地流转农场经营	100～300	4.0～8.0	轴流泵	居中	“丰”字型	2	续灌	1	932	6.0～12.0				
		300～500						轮灌	2	1 553					
		500～800						轮灌	2	2 484					
稻麦轮作	土地流转农场经营	100～300	8.0～12.0	轴流泵	居中	“丰”字型	2	续灌	1	932	12.0～18.0				
		300～500						轮灌	2	1 553					
		500～800						轮灌	2	2 484					
稻麦轮作	土地流转农场经营	100～300	12.0～15.0	轴流泵	居中	“丰”字型	2	续灌	1	932	18.0～22.5				
		300～500						轮灌	2	1 553					
		500～800						轮灌	2	2 484					

附表 3-4-5 泵站居中布置、泡田时间 2 d,“丰”字型布局,轮灌组形式二,混流泵(双泵)

作物	经营方式	面积/亩	田面与常水位高差/m	泵型	泵站位置	管网布置形式	泡田时间/d	工作制度	轮灌组数	选泵流量/(m^3/h)	选泵扬程/m	水泵选择	硬塑料管选用规格/mm		
													干管	分干管	支管
稻麦轮作	土地流转农场经营	100～300	0.5～2.0	混流泵	居中	“丰”字型	2	轮灌	2	932	1.0～4.0	一台 200HW－5 泵,$n=1\ 450$ r/min,$D=$152 mm,$N=7.5$ kW;一台 300HW－8 泵,$n=970$ r/min,$D=$231 mm,$N=22$ kW	630	630	355
		300～500						轮灌	3	1 553					
		500～800						轮灌	4	2 484					
稻麦轮作	土地流转农场经营	100～300	2.0～4.0	混流泵	居中	“丰”字型	2	轮灌	2	932	3.6～7.2	一台 200HW－8 泵,$n=1\ 450$ r/min,$D=$186 mm,$N=11$ kW;一台 300HW－8 泵,$n=970$ r/min,$D=$275 mm,$N=22$ kW	630	630	315
		300～500						轮灌	3	1 553		一台 300HW－12 泵,$n=970$ r/min,$D=$254 mm,$N=37$ kW;一台 400HW－7B 泵,$n=980$ r/min,$D=$273 mm,$N=75$ kW	800	800	400
		500～800						轮灌	4	2 484					

（续表）

作物	经营方式	面积/亩	田面与常水位高差/m	泵型	泵站位置	管网布置形式	泡田时间/d	工作制度	轮灌组数	选泵流量/(m^3/h)	选泵扬程/m	水泵选择	硬塑料管选用规格/mm		
													干管	分干管	支管
稻麦轮作	土地流转农场经营	100～300	4.0～8.0	混流泵	居中	“丰”字型	2	轮灌	2	932	6.0～12.0	一台 200HW-12 泵，n=1 450 r/min，D=224 mm，N=18.5 kW；一台 250HW-11C 泵，n=1 600 r/min，D=228 mm，N=37 kW	630	630	315
		300～500						轮灌	3	1 553		一台 250HW-12 泵，n=1 180 r/min，D=282 mm，N=30 kW；一台 400HW-10B 泵，n=980 r/min，D=323 mm，N=110 kW	800	800	400
		500～800						轮灌	4	2 484		一台 300HW-12 泵，n=970 r/min，D=348 mm，N=37 kW；一台 400HW-10B 泵，n=980 r/min，D=379 mm，N=110 kW	1 000	1 000	500
稻麦轮作	土地流转农场经营	100～300	8.0～12.0	混流泵	居中	“丰”字型	2	轮灌	2	932	12.0～18.0				
		300～500						轮灌	3	1 553					
		500～800						轮灌	4	2 484					
稻麦轮作	土地流转农场经营	100～300	12.0～15.0	混流泵	居中	“丰”字型	2	轮灌	2	932	18.0～22.5				
		300～500						轮灌	3	1 553					
		500～800						轮灌	4	2 484					

附表 3-4-6　泵站居中布置、泡田时间 2 d,“丰”字型布局,轮灌组形式二,离心泵(双泵)

作物	经营方式	面积/亩	田面与常水位高差/m	泵型	泵站位置	管网布置形式	泡田时间/d	工作制度	轮灌组数	选泵流量/(m^3/h)	选泵扬程/m	水泵选择	硬塑料管选用规格/mm		
													干管	分干管	支管
稻麦轮作	土地流转农场经营	100～300	0.5～2.0	离心泵	居中	“丰”字型	2	轮灌	2	932	1.0～4.0				
		300～500						轮灌	3	1 553					
		500～800						轮灌	4	2 484					
稻麦轮作	土地流转农场经营	100～300	2.0～4.0	离心泵	居中	“丰”字型	2	轮灌	2	932	3.6～7.2	一台 10SH-19A 泵,n=1 470 r/min,D=168 mm,N=22 kW;一台 300S-12 泵,n=1 480 r/min,D=205 mm,N=37 kW	630	630	315
		300～500						轮灌	3	1 553		一台 ISG250-235 泵,n=1 480 r/min,D=237 mm,N=30 kW;一台 350S-16 泵,n=1 480 r/min,D=225 mm,N=75 kW	800	800	400
		500～800						轮灌	4	2 484		一台 300S-12 泵,n=1 480 r/min,D=218 mm,N=37 kW;一台 500S-13 泵,n=970 r/min,D=324 mm,N=110 kW	1 000	1 000	500
稻麦轮作	土地流转农场经营	100～300	4.0～8.0	离心泵	居中	“丰”字型	2	轮灌	2	932	6.0～12.0	一台 10SH-13A 泵,n=1 470 r/min,D=202 mm,N=37 kW;一台 300S-19 泵,n=1 480 r/min,D=247 mm,N=75 kW	630	630	315
		300～500						轮灌	3	1 553		一台 250S-14 泵,n=1 480 r/min,D=246 mm,N=30 kW;一台 350S-26 泵,n=1 480 r/min,D=272 mm,N=132 kW	800	800	400
		500～800						轮灌	4	2 484		一台 14SH-19A 泵,n=1 470 r/min,D=234 mm,N=90 kW;一台 500S-22 泵,n=970 r/min,D=392 mm,N=250 kW	1 000	1 000	500

（续表）

作物	经营方式	面积/亩	田面与常水位高差/m	泵型	泵站位置	管网布置形式	泡田时间/d	工作制度	轮灌组数	选泵流量/(m^3/h)	选泵扬程/m	水泵选择	硬塑料管选用规格/mm		
													干管	分干管	支管
稻麦轮作	土地流转农场经营	100～300	8.0～12.0	离心泵	居中	“丰”字型	2	轮灌	2	932	12.0～18.0	一台 250S－24 泵，n＝1 480 r/min，D＝260 mm，N＝45 kW；一台 300S－32 泵，n＝1 480 r/min，D＝287 mm，N＝110 kW	630	630	315
		300～500						轮灌	3	1 553		一台 ISG250－300 泵，n＝1 480 r/min，D＝283 mm，N＝37 kW；一台 350S－26 泵，n＝1 480 r/min，D＝302 mm，N＝132 kW	800	800	400
		500～800						轮灌	4	2 484		一台 300S－19 泵，n＝1 480 r/min，D＝294 mm，N＝75 kW；一台 24SH－19 泵，n＝970 r/min，D＝403 mm，N＝380 kW	1 000	1 000	500
稻麦轮作	土地流转农场经营	100～300	12.0～15.0	离心泵	居中	“丰”字型	2	轮灌	2	932	18.0～22.5	一台 10SH－9 泵，n＝1 470 r/min，D＝269 mm，N＝75 kW；一台 12SH－13 泵，n＝1 470 r/min，D＝293 mm，N＝90 kW	630	630	315
		300～500						轮灌	3	1 553		一台 250S－24 泵，n＝1 480 r/min，D＝310 mm，N＝45 kW；一台 350S－26 泵，n＝1 480 r/min，D＝324 mm，N＝132 kW	800	800	400
		500～800						轮灌	4	2 484		一台 300S－32 泵，n＝1 480 r/min，D＝322 mm，N＝110 kW；一台 20SH－13A 泵，n＝970 r/min，D＝445 mm，N＝220 kW	1 000	1 000	500

附表 3-4-7　泵站居中布置、泡田时间 2 d,"丰"字型布局,轮灌组形式二,潜水泵(双泵)

作物	经营方式	面积/亩	田面与常水位高差/m	泵型	泵站位置	管网布置形式	泡田时间/d	工作制度	轮灌组数	选泵流量/(m^3/h)	选泵扬程/m	水泵选择	硬塑料管选用规格/mm		
													干管	分干管	支管
稻麦轮作	土地流转农场经营	100～300	0.5～2.0	潜水泵	居中	"丰"字型	2	轮灌	2	932	1.0～4.0				
		300～500						轮灌	3	1 553					
		500～800						轮灌	4	2 484		一台 350QZ-70D 泵,−2°,n=980 r/min,D=300 mm,N=15 kW; 一台 500QZ-100D 泵,+2°,n=740 r/min,D=450 mm,N=30 kW	1 000	1 000	560
稻麦轮作	土地流转农场经营	100～300	2.0～4.0	潜水泵	居中	"丰"字型	2	轮灌	2	932	3.6～7.2				
		300～500						轮灌	3	1 553					
		500～800						轮灌	4	2 484		一台 350QZ-100 泵,−4°,n=1 450 r/min,D=300 mm,N=22 kW; 一台 500QZ-100G 泵,−4°,n=980 r/min,D=450 mm,N=45 kW	1 000	1 000	500
稻麦轮作	土地流转农场经营	100～300	4.0～8.0	潜水泵	居中	"丰"字型	2	轮灌	2	932	6.0～12.0				
		300～500						轮灌	3	1 553		一台 250QW400-15-30 泵,n=980 r/min,N=30 kW; 一台 350QW1200-15-75 泵,n=980 r/min,N=75 kW	800	800	400
		500～800						轮灌	4	2 484		一台 300QW900-15-55 泵,n=980 r/min,N=55 kW; 一台 600QH-50 泵,−4°,n=980 r/min,D=470 mm,N=110 kW	1 000	1 000	500
稻麦轮作	土地流转农场经营	100～300	8.0～12.0	潜水泵	居中	"丰"字型	2	轮灌	2	932	12.0～18.0				
		300～500						轮灌	3	1 553					
		500～800						轮灌	4	2 484					
稻麦轮作	土地流转农场经营	100～300	12.0～15.0	潜水泵	居中	"丰"字型	2	轮灌	2	932	18.0～22.5				
		300～500						轮灌	3	1 553					
		500～800						轮灌	4	2 484		一台 250QW800-22-75 泵,n=980 r/min,N=75 kW; 一台 400QW-1700-22-160 泵,n=740 r/min,N=160 kW	1 000	1 000	500

附表 3-4-8　泵站居中布置、泡田时间 2 d,“丰”字型布局,轮灌组形式二,轴流泵(双泵)

作物	经营方式	面积/亩	田面与常水位高差/m	泵型	泵站位置	管网布置形式	泡田时间/d	工作制度	轮灌组数	选泵流量/(m^3/h)	选泵扬程/m	水泵选择	硬塑料管选用规格/mm		
													干管	分干管	支管
稻麦轮作	土地流转农场经营	100～300	0.5～2.0	轴流泵	居中	“丰”字型	2	轮灌	2	932	1.0～4.0				
		300～500						轮灌	3	1 553					
		500～800						轮灌	4	2 484		一台 350ZLB-125 泵,$-4°$,n=1 470 r/min,D=300 mm,N=18.5 kW; 一台 350ZLB-125 泵,$+4°$,n=1 470 r/min,D=300 mm,N=30 kW	1 000	1 000	560
稻麦轮作	土地流转农场经营	100～300	2.0～4.0	轴流泵	居中	“丰”字型	2	轮灌	2	932	3.6～7.2				
		300～500						轮灌	3	1 553					
		500～800						轮灌	4	2 484					
稻麦轮作	土地流转农场经营	100～300	4.0～8.0	轴流泵	居中	“丰”字型	2	轮灌	2	932	6.0～12.0				
		300～500						轮灌	3	1 553					
		500～800						轮灌	4	2 484					
稻麦轮作	土地流转农场经营	100～300	8.0～12.0	轴流泵	居中	“丰”字型	2	轮灌	2	932	12.0～18.0				
		300～500						轮灌	3	1 553					
		500～800						轮灌	4	2 484					
稻麦轮作	土地流转农场经营	100～300	12.0～15.0	轴流泵	居中	“丰”字型	2	轮灌	2	932	18.0～22.5				
		300～500						轮灌	3	1 553					
		500～800						轮灌	4	2 484					

附表 3-5　双泵、泵站居中布置、泡田时间 3 d,“丰”字型布局

轮灌组形式一：100～300 亩续灌，300～500 亩分 2 组轮灌，500～800 亩分 2 组轮灌

轮灌组形式二：100～300 亩分 2 组轮灌，300～500 亩分 3 组轮灌，500～800 亩分 4 组轮灌

附表 3-5-1　泵站居中布置、泡田时间 3 d,“丰”字型布局，轮灌组形式一，混流泵(双泵)

作物	经营方式	面积/亩	田面与常水位高差/m	泵型	泵站位置	管网布置形式	泡田时间/d	工作制度	轮灌组数	选泵流量/(m^3/h)	选泵扬程/m	水泵选择	硬塑料管选用规格/mm		
													干管	分干管	支管
稻麦轮作	土地流转农场经营	100～300	0.5～2.0	混流泵	居中	“丰”字型	3	续灌	1	621	1.0～4.0	一台 150HW-5 泵，n=1 450 r/min，D=157 mm，N=4 kW； 一台 250HW-8B 泵，n=1 180 r/min，D=188 mm，N=18.5 kW	500	355	250
		300～500						轮灌	2	1 035		一台 250HW-8A 泵，n=970 r/min，D=201 mm，N=11 kW； 一台 300HW-5 泵，n=970 r/min，D=230 mm，N=15 kW	630	630	355
		500～800						轮灌	2	1 656					
稻麦轮作	土地流转农场经营	100～300	2.0～4.0	混流泵	居中	“丰”字型	3	续灌	1	621	3.6～7.2	一台 150HW-8 泵，n=1 450 r/min，D=196 mm，N=5.5 kW； 一台 250HW-12 泵，n=1 180 r/min，D=233 mm，N=30 kW	500	355	225
		300～500						轮灌	2	1 035		一台 200HW-10A 泵，n=1 200 r/min，D=220 mm，N=11 kW； 一台 300HW-8 泵，n=970 r/min，D=285 mm，N=22 kW	630	630	280
		500～800						轮灌	2	1 656		一台 300HW-12 泵，n=970 r/min，D=258 mm，N=37 kW； 一台 400HW-7B 泵，n=980 r/min，D=279 mm，N=75 kW	800	800	315

（续表）

作物	经营方式	面积/亩	田面与常水位高差/m	泵型	泵站位置	管网布置形式	泡田时间/d	工作制度	轮灌组数	选泵流量/(m^3/h)	选泵扬程/m	水泵选择	硬塑料管选用规格/mm		
													干管	分干管	支管
稻麦轮作	土地流转农场经营	100～300	4.0～8.0	混流泵	居中	“丰”字型	3	续灌	1	621	6.0～12.0	一台 150HW-12 泵，n=2 900 r/min，D=135 mm，N=11 kW； 一台 250HW-12 泵，n=1 180 r/min，D=277 mm，N=30 kW	500	355	225
		300～500						轮灌	2	1 035		一台 200HW-12 泵，n=1 450 r/min，D=230 mm，N=18.5 kW； 一台 300HW-12 泵，n=970 r/min，D=345 mm，N=37 kW	630	630	280
		500～800						轮灌	2	1 656		一台 250HW-12 泵，n=1 180 r/min，D=288 mm，N=30 kW； 一台 400HW-10B 泵，n=980 r/min，D=328 mm，N=110 kW	800	800	315
稻麦轮作	土地流转农场经营	100～300	8.0～12.0	混流泵	居中	“丰”字型	3	续灌	1	621	12.0～18.0				
		300～500						轮灌	2	1 035					
		500～800						轮灌	2	1 656					
稻麦轮作	土地流转农场经营	100～300	12.0～15.0	混流泵	居中	“丰”字型	3	续灌	1	621	18.0～22.5				
		300～500						轮灌	2	1 035					
		500～800						轮灌	2	1 656					

附表 3-5-2　泵站居中布置、泡田时间 3 d,“丰”字型布局,轮灌组形式一,离心泵(双泵)

作物	经营方式	面积/亩	田面与常水位高差/m	泵型	泵站位置	管网布置形式	泡田时间/d	工作制度	轮灌组数	选泵流量/(m^3/h)	选泵扬程/m	水泵选择	硬塑料管选用规格/mm 干管	分干管	支管
		100～300						续灌	1	621					
稻麦轮作	土地流转农场经营	300～500	0.5～2.0	离心泵	居中	“丰”字型	3	轮灌	2	1 035	1.0～4.0				
		500～800						轮灌	2	1 656					
		100～300						续灌	1	621		一台 ISG150－200 泵,n＝1 480 r/min,D＝176 mm,N＝15 kW;一台 ISG250－235 泵,n＝1 480 r/min,D＝230 mm,N＝30 kW	500	355	225
稻麦轮作	土地流转农场经营	300～500	2.0～4.0	离心泵	居中	“丰”字型	3	轮灌	2	1 035	3.6～7.2	一台 ISG250－235 泵,n＝1 480 r/min,D＝202 mm,N＝30 kW;一台 300S－12 泵,n＝1 480 r/min,D＝215 mm,N＝37 kW	630	630	280
		500～800						轮灌	2	1 656					
		100～300						续灌	1	621		一台 ISG150－200 泵,n＝1 480 r/min,D＝211 mm,N＝15 kW;一台 ISG250－300 泵,n＝1 480 r/min,D＝241 mm,N＝37 kW	500	355	225
稻麦轮作	土地流转农场经营	300～500	4.0～8.0	离心泵	居中	“丰”字型	3	轮灌	2	1 035	6.0～12.0	一台 10SH－13A 泵,n＝1 470 r/min,D＝206 mm,N＝37 kW;一台 300S－19 泵,n＝1 480 r/min,D＝259 mm,N＝75 kW	630	630	280
		500～800						轮灌	2	1 656		一台 250S－14 泵,n＝1 480 r/min,D＝253 mm,N＝30 kW;一台 350S－16 泵,n＝1 480 r/min,D＝265 mm,N＝75 kW	800	800	315

（续表）

作物	经营方式	面积/亩	田面与常水位高差/m	泵型	泵站位置	管网布置形式	泡田时间/d	工作制度	轮灌组数	选泵流量/(m^3/h)	选泵扬程/m	水泵选择	硬塑料管选用规格/mm		
													干管	分干管	支管
稻麦轮作	土地流转农场经营	100～300	8.0～12.0	离心泵	居中	“丰”字型	3	续灌	1	621	12.0～18.0	一台 ISG150-250 泵，n=1 480 r/min，D=255 mm，N=18.5 kW；一台 10SH-13A 泵，n=1 470 r/min，D=262 mm，N=37 kW	500	355	200
		300～500						轮灌	2	1 035		一台 10SH-13 泵，n=1 470 r/min，D=245 mm，N=55 kW；一台 300S-19 泵，n=1 480 r/min，D=291 mm，N=75 kW	630	630	250
		500～800						轮灌	2	1 656		一台 ISG300-315 泵，n=1 480 r/min，D=265 mm，N=90 kW；一台 ISG350-450 泵，n=980 r/min，D=431 mm，N=90 kW	800	800	280
稻麦轮作	土地流转农场经营	100～300	12.0～15.0	离心泵	居中	“丰”字型	3	续灌	1	621	18.0～22.5	一台 200S-42 泵，n=2 950 r/min，D=153 mm，N=55 kW；一台 250S-24 泵，n=1 480 r/min，D=305 mm，N=45 kW	500	355	180
		300～500						轮灌	2	1 035		一台 250S-39 泵，n=1 480 r/min，D=284 mm，N=75 kW；一台 ISG300-315 泵，n=1 480 r/min，D=318 mm，N=90 kW	630	630	250
		500～800						轮灌	2	1 656		一台 ISG300-300 泵，n=1 480 r/min，D=280 mm，N=75 kW；一台 14SH-19 泵，n=1 470 r/min，D=324 mm，N=132 kW	800	800	280

附表 3-5-3　泵站居中布置、泡田时间 3 d，“丰”字型布局，轮灌组形式一，潜水泵（双泵）

作物	经营方式	面积/亩	田面与常水位高差/m	泵型	泵站位置	管网布置形式	泡田时间/d	工作制度	轮灌组数	选泵流量/(m^3/h)	选泵扬程/m	水泵选择	硬塑料管选用规格/mm 干管	分干管	支管
稻麦轮作	土地流转农场经营	100～300	0.5～2.0	潜水泵	居中	“丰”字型	3	续灌	1	621	1.0～4.0				
		300～500						轮灌	2	1 035					
		500～800						轮灌	2	1 656					
稻麦轮作	土地流转农场经营	100～300	2.0～4.0	潜水泵	居中	“丰”字型	3	续灌	1	621	3.6～7.2				
		300～500						轮灌	2	1 035					
		500～800						轮灌	2	1 656		一台 200QW400-7-15 泵，n=1 450 r/min，N=15 kW；一台 350QZ-70G 泵，-2°，n=980 r/min，D=300 mm，N=45 kW	800	800	355
稻麦轮作	土地流转农场经营	100～300	4.0～8.0	潜水泵	居中	“丰”字型	3	续灌	1	621	6.0～12.0	一台 200QW250-15-18.5 泵，n=1 450 r/min，N=18.5 kW；一台 250WQ400-15-30 泵，n=980 r/min，N=30 kW	500	355	180
		300～500						轮灌	2	1 035					
		500～800						轮灌	2	1 656		一台 250QW500-15-37 泵，n=980 r/min，N=37 kW；一台 350WQ1200-15-75 泵，n=980 r/min，N=75 kW	800	800	280
稻麦轮作	土地流转农场经营	100～300	8.0～12.0	潜水泵	居中	“丰”字型	3	续灌	1	621	12.0～18.0				
		300～500						轮灌	2	1 035					
		500～800						轮灌	2	1 656					
稻麦轮作	土地流转农场经营	100～300	12.0～15.0	潜水泵	居中	“丰”字型	3	续灌	1	621	18.0～22.5	一台 150QW200-22-22 泵，n=980 r/min，N=22 kW；一台 200WQ450-22-45 泵，n=980 r/min，N=45 kW	500	355	180
		300～500						轮灌	2	1 035		一台 200QW300-22-37 泵，n=980 r/min，N=37 kW；一台 250WQ800-22-75 泵，n=980 r/min，N=75 kW	630	630	250
		500～800						轮灌	2	1 656					

附表 3-5-4　泵站居中布置、泡田时间 3 d,“丰”字型布局,轮灌组形式一,轴流泵(双泵)

作物	经营方式	面积/亩	田面与常水位高差/m	泵型	泵站位置	管网布置形式	泡田时间/d	工作制度	轮灌组数	选泵流量/(m^3/h)	选泵扬程/m	水泵选择	硬塑料管选用规格/mm		
													干管	分干管	支管
稻麦轮作	土地流转农场经营	100～300	0.5～2.0	轴流泵	居中	“丰”字型	3	续灌	1	621	1.0～4.0				
		300～500						轮灌	2	1 035					
		500～800						轮灌	2	1 656					
稻麦轮作	土地流转农场经营	100～300	2.0～4.0	轴流泵	居中	“丰”字型	3	续灌	1	621	3.6～7.2				
		300～500						轮灌	2	1 035					
		500～800						轮灌	2	1 656					
稻麦轮作	土地流转农场经营	100～300	4.0～8.0	轴流泵	居中	“丰”字型	3	续灌	1	621	6.0～12.0				
		300～500						轮灌	2	1 035					
		500～800						轮灌	2	1 656					
稻麦轮作	土地流转农场经营	100～300	8.0～12.0	轴流泵	居中	“丰”字型	3	续灌	1	621	12.0～18.0				
		300～500						轮灌	2	1 035					
		500～800						轮灌	2	1 656					
稻麦轮作	土地流转农场经营	100～300	12.0～15.0	轴流泵	居中	“丰”字型	3	续灌	1	621	18.0～22.5				
		300～500						轮灌	2	1 035					
		500～800						轮灌	2	1 656					

附表 3-5-5 泵站居中布置、泡田时间 3 d,“丰”字型布局,轮灌组形式二,混流泵(双泵)

作物	经营方式	面积/亩	田面与常水位高差/m	泵型	泵站位置	管网布置形式	泡田时间/d	工作制度	轮灌组数	选泵流量/(m^3/h)	选泵扬程/m	水泵选择	硬塑料管选用规格/mm		
													干管	分干管	支管
稻麦轮作	土地流转农场经营	100～300	0.5～2.0	混流泵	居中	“丰”字型	3	轮灌	2	621	1.0～4.0	一台 150HW-5 泵,n=1 450 r/min,D=157 mm,N=4 kW; 一台 250HW-8B 泵,n=1 180 r/min,D=188 mm,N=18.5 kW	500	500	315
		300～500						轮灌	3	1 035		一台 250HW-8A 泵,n=970 r/min,D=201 mm,N=11 kW; 一台 300HW-5 泵,n=970 r/min,D=230 mm,N=15 kW	630	630	400
		500～800						轮灌	4	1 656					
稻麦轮作	土地流转农场经营	100～300	2.0～4.0	混流泵	居中	“丰”字型	3	轮灌	2	621	3.6～7.2	一台 150HW-8 泵,n=1 450 r/min,D=196 mm,N=5.5 kW; 一台 250HW-12 泵,n=1 180 r/min,D=233 mm,N=30 kW	500	500	280
		300～500						轮灌	3	1 035		一台 200HW-10A 泵,n=1 200 r/min,D=220 mm,N=11 kW; 一台 300HW-8 泵,n=970 r/min,D=285 mm,N=22 kW	630	630	355
		500～800						轮灌	4	1 656		一台 300HW-12 泵,n=970 r/min,D=258 mm,N=37 kW; 一台 400HW-7B 泵,n=980 r/min,D=279 mm,N=75 kW	800	800	400

（续表）

作物	经营方式	面积/亩	田面与常水位高差/m	泵型	泵站位置	管网布置形式	泡田时间/d	工作制度	轮灌组数	选泵流量/(m^3/h)	选泵扬程/m	水泵选择	硬塑料管选用规格/mm		
													干管	分干管	支管
稻麦轮作	土地流转农场经营	100～300	4.0～8.0	混流泵	居中	“丰”字型	3	轮灌	2	621	6.0～12.0	一台 150HW－12 泵，n＝2 900 r/min，D＝135 mm，N＝11 kW；一台 250HW－12 泵，n＝1 180 r/min，D＝277 mm，N＝30 kW	500	500	280
		300～500						轮灌	3	1 035		一台 200HW－12 泵，n＝1 450 r/min，D＝230 mm，N＝18.5 kW；一台 300HW－12 泵，n＝970 r/min，D＝345 mm，N＝37 kW	630	630	355
		500～800						轮灌	4	1 656		一台 250HW－12 泵，n＝1 180 r/min，D＝288 mm，N＝30 kW；一台 400HW－10B 泵，n＝980 r/min，D＝328 mm，N＝110 kW	800	800	400
稻麦轮作	土地流转农场经营	100～300	8.0～12.0	混流泵	居中	“丰”字型	3	轮灌	2	621	12.0～18.0				
		300～500						轮灌	3	1 035					
		500～800						轮灌	4	1 656					
稻麦轮作	土地流转农场经营	100～300	12.0～15.0	混流泵	居中	“丰”字型	3	轮灌	2	621	18.0～22.5				
		300～500						轮灌	3	1 035					
		500～800						轮灌	4	1 656					

附表 3-5-6　泵站居中布置、泡田时间 3 d,“丰”字型布局,轮灌组形式二,离心泵(双泵)

作物	经营方式	面积/亩	田面与常水位高差/m	泵型	泵站位置	管网布置形式	泡田时间/d	工作制度	轮灌组数	选泵流量/(m^3/h)	选泵扬程/m	水泵选择	硬塑料管选用规格/mm		
													干管	分干管	支管
稻麦轮作	土地流转农场经营	100～300	0.5～2.0	离心泵	居中	“丰”字型	3	轮灌	2	621	1.0～4.0				
		300～500						轮灌	3	1 035					
		500～800						轮灌	4	1 656					
稻麦轮作	土地流转农场经营	100～300	2.0～4.0	离心泵	居中	“丰”字型	3	轮灌	2	621	3.6～7.2	一台 ISG150-200 泵,n=1 480 r/min,D=176 mm,N=15 kW;一台 ISG250-235 泵,n=1 480 r/min,D=230 mm,N=30 kW	500	500	280
		300～500						轮灌	3	1 035		一台 ISG250-235 泵,n=1 480 r/min,D=202 mm,N=30 kW;一台 300S-12 泵,n=1 480 r/min,D=215 mm,N=37 kW	630	630	355
		500～800						轮灌	4	1 656					
稻麦轮作	土地流转农场经营	100～300	4.0～8.0	离心泵	居中	“丰”字型	3	轮灌	2	621	6.0～12.0	一台 ISG150-200 泵,n=1 480 r/min,D=211 mm,N=15 kW;一台 ISG250-300 泵,n=1 480 r/min,D=241 mm,N=37 kW	500	500	280
		300～500						轮灌	3	1 035		一台 10SH-13A 泵,n=1 470 r/min,D=206 mm,N=37 kW;一台 300S-19 泵,n=1 480 r/min,D=259 mm,N=75 kW	630	630	355
		500～800						轮灌	4	1 656		一台 250S-14 泵,n=1 480 r/min,D=253 mm,N=30 kW;一台 350S-16 泵,n=1 480 r/min,D=265 mm,N=75 kW	800	800	400

（续表）

作物	经营方式	面积/亩	田面与常水位高差/m	泵型	泵站位置	管网布置形式	泡田时间/d	工作制度	轮灌组数	选泵流量/(m^3/h)	选泵扬程/m	水泵选择	硬塑料管选用规格/mm		
													干管	分干管	支管
		100～300						轮灌	2	621		一台 ISG150-250 泵，n=1 480 r/min，D=255 mm，N=18.5 kW；一台 10SH-13A 泵，n=1 470 r/min，D=262 mm，N=37 kW	500	500	250
稻麦轮作	土地流转农场经营	300～500	8.0～12.0	离心泵	居中	“丰”字型	3	轮灌	3	1 035	12.0～18.0	一台 10SH-13 泵，n=1 470 r/min，D=245 mm，N=55 kW；一台 300S-19 泵，n=1 480 r/min，D=291 mm，N=75 kW	630	630	315
		500～800						轮灌	4	1 656		一台 ISG300-315 泵，n=1 480 r/min，D=265 mm，N=90 kW；一台 ISG350-450 泵，n=980 r/min，D=431 mm，N=90 kW	800	800	400
		100～300						轮灌	2	621		一台 200S-42 泵，n=2 950 r/min，D=153 mm，N=55 kW；一台 250S-24 泵，n=1 480 r/min，D=305 mm，N=45 kW	500	500	250
稻麦轮作	土地流转农场经营	300～500	12.0～15.0	离心泵	居中	“丰”字型	3	轮灌	3	1 035	18.0～22.5	一台 250S-39 泵，n=1 480 r/min，D=284 mm，N=75 kW；一台 ISG300-315 泵，n=1 480 r/min，D=318 mm，N=90 kW	630	630	315
		500～800						轮灌	4	1 656		一台 ISG300-300 泵，n=1 480 r/min，D=280 mm，N=75 kW；一台 14SH-19 泵，n=1 470 r/min，D=324 mm，N=132 kW	800	800	400

附表 3-5-7　泵站居中布置、泡田时间 3 d，“丰”字型布局，轮灌组形式二，潜水泵（双泵）

作物	经营方式	面积/亩	田面与常水位高差/m	泵型	泵站位置	管网布置形式	泡田时间/d	工作制度	轮灌组数	选泵流量/(m^3/h)	选泵扬程/m	水泵选择	硬塑料管选用规格/mm		
													干管	分干管	支管
稻麦轮作	土地流转农场经营	100～300	0.5～2.0	潜水泵	居中	“丰”字型	3	轮灌	2	621	1.0～4.0				
		300～500						轮灌	3	1 035					
		500～800						轮灌	4	1 656					
稻麦轮作	土地流转农场经营	100～300	2.0～4.0	潜水泵	居中	“丰”字型	3	轮灌	2	621	3.6～7.2				
		300～500						轮灌	3	1 035					
		500～800						轮灌	4	1 656		一台 200QW400-7-15 泵，n=1 450 r/min，N=15 kW； 一台 350QZ-70G 泵，−2°，n=980 r/min，D=300 mm，N=45 kW	800	800	450
稻麦轮作	土地流转农场经营	100～300	4.0～8.0	潜水泵	居中	“丰”字型	3	轮灌	2	621	6.0～12.0	一台 200QW250-15-18.5 泵，n=1 450 r/min，N=18.5 kW； 一台 250WQ400-15-30 泵，n=980 r/min，N=30 kW	500	500	250
		300～500						轮灌	3	1 035					
		500～800						轮灌	4	1 656		一台 250QW500-15-37 泵，n=980 r/min，N=37 kW； 一台 350WQ1200-15-75 泵，n=980 r/min，N=75 kW	800	800	400
稻麦轮作	土地流转农场经营	100～300	8.0～12.0	潜水泵	居中	“丰”字型	3	轮灌	2	621	12.0～18.0				
		300～500						轮灌	3	1 035					
		500～800						轮灌	4	1 656					
稻麦轮作	土地流转农场经营	100～300	12.0～15.0	潜水泵	居中	“丰”字型	3	轮灌	2	621	18.0～22.5	一台 150QW200-22-22 泵，n=980 r/min，N=22 kW； 一台 200WQ450-22-45 泵，n=980 r/min，N=45 kW	500	500	250
		300～500						轮灌	3	1 035		一台 200QW300-22-37 泵，n=980 r/min，N=37 kW； 一台 250WQ800-22-75 泵，n=980 r/min，N=75 kW	630	630	315
		500～800						轮灌	4	1 656					

附表 3-5-8　泵站居中布置、泡田时间 3 d,“丰”字型布局,轮灌组形式二,轴流泵(双泵)

作物	经营方式	面积/亩	田面与常水位高差/m	泵型	泵站位置	管网布置形式	泡田时间/d	工作制度	轮灌组数	选泵流量/(m^3/h)	选泵扬程/m	水泵选择	硬塑料管选用规格/mm		
													干管	分干管	支管
稻麦轮作	土地流转农场经营	100～300	0.5～2.0	轴流泵	居中	“丰”字型	3	轮灌	2	621	1.0～4.0				
		300～500						轮灌	3	1 035					
		500～800						轮灌	4	1 656					
稻麦轮作	土地流转农场经营	100～300	2.0～4.0	轴流泵	居中	“丰”字型	3	轮灌	2	621	3.6～7.2				
		300～500						轮灌	3	1 035					
		500～800						轮灌	4	1 656					
稻麦轮作	土地流转农场经营	100～300	4.0～8.0	轴流泵	居中	“丰”字型	3	轮灌	2	621	6.0～12.0				
		300～500						轮灌	3	1 035					
		500～800						轮灌	4	1 656					
稻麦轮作	土地流转农场经营	100～300	8.0～12.0	轴流泵	居中	“丰”字型	3	轮灌	2	621	12.0～18.0				
		300～500						轮灌	3	1 035					
		500～800						轮灌	4	1 656					
稻麦轮作	土地流转农场经营	100～300	12.0～15.0	轴流泵	居中	“丰”字型	3	轮灌	2	621	18.0～22.5				
		300～500						轮灌	3	1 035					
		500～800						轮灌	4	1 656					

附表 3-6 双泵、泵站居中布置、泡田时间 5 d,“丰”字型布局

轮灌组形式一：100～300 亩续灌,300～500 亩分 2 组轮灌,500～800 亩分 2 组轮灌

轮灌组形式二：100～300 亩分 2 组轮灌,300～500 亩分 3 组轮灌,500～800 亩分 4 组轮灌

附表 3-6-1 泵站居中布置、泡田时间 5 d,“丰”字型布局,轮灌组形式一,混流泵(双泵)

作物	经营方式	面积/亩	田面与常水位高差/m	泵型	泵站位置	管网布置形式	泡田时间/d	工作制度	轮灌组数	选泵流量/(m^3/h)	选泵扬程/m	水泵选择	硬塑料管选用规格/mm		
													干管	分干管	支管
稻麦轮作	土地流转农场经营	100～300	0.5～2.0	混流泵	居中	“丰”字型	5	续灌	1	375	1.0～4.0	一台 150HW－6A 泵,n=1 450 r/min,D=131 mm,N=5.5 kW; 一台 200HW－8 泵,n=1 450 r/min,D=150 mm,N=11 kW	400	280	200
		300～500						轮灌	2	626		一台 150HW－5 泵,n=1 450 r/min,D=158 mm,N=4 kW; 一台 250HW－11A 泵,n=980 r/min,D=225 mm,N=11 kW	500	500	280
		500～800						轮灌	2	1 001		一台 250HW－8A 泵,n=970 r/min,D=199 mm,N=11 kW; 一台 300HW－8 泵,n=970 r/min,D=239 mm,N=22 kW	630	630	315

（续表）

作物	经营方式	面积/亩	田面与常水位高差/m	泵型	泵站位置	管网布置形式	泡田时间/d	工作制度	轮灌组数	选泵流量/(m^3/h)	选泵扬程/m	水泵选择	硬塑料管选用规格/mm		
													干管	分干管	支管
稻麦轮作	土地流转农场经营	100～300	2.0～4.0	混流泵	居中	“丰”字型	5	续灌	1	375	3.6～7.2	一台 150HW-12 泵，n=2 900 r/min，D=96 mm，N=11 kW；一台 200HW-12 泵，n=1 450 r/min，D=183 mm，N=18.5 kW	400	280	180
		300～500						轮灌	2	626		一台 150HW-6B 泵，n=1 800 r/min，D=152 mm，N=7.5 kW；一台 250HW-8B 泵，n=1 180 r/min，D=225 mm，N=18.5 kW	500	500	250
		500～800						轮灌	2	1 001		一台 200HW-8 泵，n=1 450 r/min，D=190 mm，N=11 kW；一台 300HW-7C 泵，n=1 300 r/min，D=212 mm，N=55 kW	630	630	280
稻麦轮作	土地流转农场经营	100～300	4.0～8.0	混流泵	居中	“丰”字型	5	续灌	1	375	6.0～12.0				
		300～500						轮灌	2	626					
		500～800						轮灌	2	1 001		一台 200HW-12 泵，n=1 450 r/min，D=228 mm，N=18.5 kW；一台 300HW-12 泵，n=970 r/min，D=341 mm，N=37 kW	630	630	280
稻麦轮作	土地流转农场经营	100～300	8.0～12.0	混流泵	居中	“丰”字型	5	续灌	1	375	12.0～18.0				
		300～500						轮灌	2	626					
		500～800						轮灌	2	1 001					
稻麦轮作	土地流转农场经营	100～300	12.0～15.0	混流泵	居中	“丰”字型	5	续灌	1	375	18.0～22.5				
		300～500						轮灌	2	626					
		500～800						轮灌	2	1 001					

附表 3-6-2　泵站居中布置、泡田时间 5 d,“丰”字型布局,轮灌组形式一,离心泵(双泵)

作物	经营方式	面积/亩	田面与常水位高差/m	泵型	泵站位置	管网布置形式	泡田时间/d	工作制度	轮灌组数	选泵流量/(m^3/h)	选泵扬程/m	水泵选择	硬塑料管选用规格/mm		
													干管	分干管	支管
稻麦轮作	土地流转农场经营	100～300	0.5～2.0	离心泵	居中	“丰”字型	5	续灌	1	375	1.0～4.0				
		300～500						轮灌	2	626					
		500～800						轮灌	2	1 001					
稻麦轮作	土地流转农场经营	100～300	2.0～4.0	离心泵	居中	“丰”字型	5	续灌	1	375	3.6～7.2	一台 ISG125-100 泵,n=2 950 r/min,D=102 mm,N=7.5 kW;一台 10SH-12 泵,n=1 470 r/min,D=165 mm,N=22 kW	400	280	180
		300～500						轮灌	2	626		一台 ISW200-200A 泵,n=1 480 r/min,D=181 mm,N=11 kW;一台 250S-14 泵,n=1 480 r/min,D=209 mm,N=30 kW	500	500	250
		500～800						轮灌	2	1 001		一台 ISG250-235 泵,n=1 480 r/min,D=200 mm,N=30 kW;一台 ISG350-235 泵,n=1 480 r/min,D=238 mm,N=37 kW	630	630	280
稻麦轮作	土地流转农场经营	100～300	4.0～8.0	离心泵	居中	“丰”字型	5	续灌	1	375	6.0～12.0	一台 ISG250-250 泵,n=1 480 r/min,D=227 mm,N=11 kW;一台 10SH-13A 泵,n=1 470 r/min,D=199 mm,N=37 kW	400	280	180
		300～500						轮灌	2	626		一台 ISG150-250 泵,n=1 480 r/min,D=220 mm,N=18.5 kW;一台 250S-14 泵,n=1 480 r/min,D=240 mm,N=30 kW	500	500	250
		500～800						轮灌	2	1 001		一台 ISG250-300 泵,n=1 480 r/min,D=219 mm,N=37 kW;一台 14SH-19A 泵,n=1 470 r/min,D=229 mm,N=90 kW	630	630	280

（续表）

作物	经营方式	面积/亩	田面与常水位高差/m	泵型	泵站位置	管网布置形式	泡田时间/d	工作制度	轮灌组数	选泵流量/(m^3/h)	选泵扬程/m	水泵选择	硬塑料管选用规格/mm		
													干管	分干管	支管
稻麦轮作	土地流转农场经营	100～300	8.0～12.0	离心泵	居中	“丰”字型	5	续灌	1	375	12.0～18.0	一台 ISG250－250 泵，n=1 480 r/min，D=270 mm，N=11 kW；一台 10SH－13A 泵，n=1 470 r/min，D=238 mm，N=37 kW	400	280	160
		300～500						轮灌	2	626		一台 ISG200－250 泵，n=1 480 r/min，D=246 mm，N=18.5 kW；一台 10SH－13 泵，n=1 470 r/min，D=261 mm，N=55 kW	500	500	225
		500～800						轮灌	2	1 001		一台 10SH－13 泵，n=1 470 r/min，D=244 mm，N=55 kW；一台 300S－32 泵，n=1 480 r/min，D=293 mm，N=110 kW	630	630	250
稻麦轮作	土地流转农场经营	100～300	12.0～15.0	离心泵	居中	“丰”字型	5	续灌	1	375	18.0～22.5	一台 ISG150－160 泵，n=2 950 r/min，D=144 mm，N=22 kW；一台 250S－39 泵，n=1 480 r/min，D=279 mm，N=75 kW	400	280	160
		300～500						轮灌	2	626		一台 8SH－13A 泵，n=2 950 r/min，D=148 mm，N=45 kW；一台 250S－24 泵，n=1 480 r/min，D=306 mm，N=45 kW	500	500	200
		500～800						轮灌	2	1 001		一台 250S－39 泵，n=1 480 r/min，D=283 mm，N=75 kW；一台 400S-40 泵，n=970 r/min，D=432 mm，N=185 kW	630	630	225

附表 3-6-3　泵站居中布置、泡田时间 5 d,“丰”字型布局,轮灌组形式一,潜水泵(双泵)

作物	经营方式	面积/亩	田面与常水位高差/m	泵型	泵站位置	管网布置形式	泡田时间/d	工作制度	轮灌组数	选泵流量/(m^3/h)	选泵扬程/m	水泵选择	硬塑料管选用规格/mm		
													干管	分干管	支管
稻麦轮作	土地流转农场经营	100～300	0.5～2.0	潜水泵	居中	“丰”字型	5	续灌	1	375	1.0～4.0				
		300～500						轮灌	2	626					
		500～800						轮灌	2	1 001					
稻麦轮作	土地流转农场经营	100～300	2.0～4.0	潜水泵	居中	“丰”字型	5	续灌	1	375	3.6～7.2				
		300～500						轮灌	2	626					
		500～800						轮灌	2	1 001					
稻麦轮作	土地流转农场经营	100～300	4.0～8.0	潜水泵	居中	“丰”字型	5	续灌	1	375	6.0～12.0	一台 150QW130-15-11 泵,n=1 450 r/min,N=11 kW;一台 200QW250-15-18.5 泵,n=1 450 r/min,N=18.5 kW	400	280	140
		300～500						轮灌	2	626		一台 200QW250-15-18.5 泵,n=1 450 r/min,N=18.5 kW;一台 250QW400-15-30 泵,n=980 r/min,N=30 kW	500	500	200
		500～800						轮灌	2	1 001		一台 250QW400-15-30 泵,n=980 r/min,N=30 kW;一台 250QW600-15-45 泵,n=980 r/min,N=45 kW	630	630	225
稻麦轮作	土地流转农场经营	100～300	8.0～12.0	潜水泵	居中	“丰”字型	5	续灌	1	375	12.0～18.0				
		300～500						轮灌	2	626					
		500～800						轮灌	2	1 001					
稻麦轮作	土地流转农场经营	100～300	12.0～15.0	潜水泵	居中	“丰”字型	5	续灌	1	375	18.0～22.5				
		300～500						轮灌	2	626		一台 150QW200-22-22 泵,n=980 r/min,N=22 kW;一台 200QW450-22-45 泵,n=980 r/min,N=45 kW	500	500	225
		500～800						轮灌	2	1 001		一台 200QW300-22-37 泵,n=980 r/min,N=37 kW;一台 250QW800-22-75 泵,n=980 r/min,N=75 kW	630	630	250

附表 3-6-4　泵站居中布置、泡田时间 5 d,“丰”字型布局,轮灌组形式一,轴流泵(双泵)

作物	经营方式	面积/亩	田面与常水位高差/m	泵型	泵站位置	管网布置形式	泡田时间/d	工作制度	轮灌组数	选泵流量/(m^3/h)	选泵扬程/m	水泵选择	硬塑料管选用规格/mm		
													干管	分干管	支管
稻麦轮作	土地流转农场经营	100～300	0.5～2.0	轴流泵	居中	“丰”字型	5	续灌	1	375	1.0～4.0				
		300～500						轮灌	2	626					
		500～800						轮灌	2	1 001					
稻麦轮作	土地流转农场经营	100～300	2.0～4.0	轴流泵	居中	“丰”字型	5	续灌	1	375	3.6～7.2				
		300～500						轮灌	2	626					
		500～800						轮灌	2	1 001					
稻麦轮作	土地流转农场经营	100～300	4.0～8.0	轴流泵	居中	“丰”字型	5	续灌	1	375	6.0～12.0				
		300～500						轮灌	2	626					
		500～800						轮灌	2	1 001					
稻麦轮作	土地流转农场经营	100～300	8.0～12.0	轴流泵	居中	“丰”字型	5	续灌	1	375	12.0～18.0				
		300～500						轮灌	2	626					
		500～800						轮灌	2	1 001					
稻麦轮作	土地流转农场经营	100～300	12.0～15.0	轴流泵	居中	“丰”字型	5	续灌	1	375	18.0～22.5				
		300～500						轮灌	2	626					
		500～800						轮灌	2	1 001					

附表 3-6-5　泵站居中布置、泡田时间 5 d,“丰”字型布局,轮灌组形式二,混流泵(双泵)

作物	经营方式	面积/亩	田面与常水位高差/m	泵型	泵站位置	管网布置形式	泡田时间/d	工作制度	轮灌组数	选泵流量/(m^3/h)	选泵扬程/m	水泵选择	硬塑料管选用规格/mm		
													干管	分干管	支管
稻麦轮作	土地流转农场经营	100～300	0.5～2.0	混流泵	居中	“丰”字型	5	轮灌	2	375	1.0～4.0	一台 150HW-6A 泵,n=1 450 r/min,D=131 mm,N=5.5 kW; 一台 200HW-8 泵,n=1 450 r/min,D=150 mm,N=11 kW	400	400	280
		300～500						轮灌	3	626		一台 150HW-5 泵,n=1 450 r/min,D=158 mm,N=4 kW; 一台 250HW-11A 泵,n=980 r/min,D=225 mm,N=11 kW	500	500	355
		500～800						轮灌	4	1 001		一台 250HW-8A 泵,n=970 r/min,D=199 mm,N=11 kW; 一台 300HW-8 泵,n=970 r/min,D=239 mm,N=22 kW	630	630	400
稻麦轮作	土地流转农场经营	100～300	2.0～4.0	混流泵	居中	“丰”字型	5	轮灌	2	375	3.6～7.2	一台 150HW-12 泵,n=2 900 r/min,D=96 mm,N=11 kW; 一台 200HW-12 泵,n=1 450 r/min,D=183 mm,N=18.5 kW	400	400	225
		300～500						轮灌	3	626		一台 150HW-6B 泵,n=1 800 r/min,D=152 mm,N=7.5 kW; 一台 250HW-8B 泵,n=1 180 r/min,D=225 mm,N=18.5 kW	500	500	280
		500～800						轮灌	4	1 001		一台 200HW-8 泵,n=1 450 r/min,D=190 mm,N=11 kW; 一台 300HW-7C 泵,n=1 300 r/min,D=212 mm,N=55 kW	630	630	355

（续表）

作物	经营方式	面积/亩	田面与常水位高差/m	泵型	泵站位置	管网布置形式	泡田时间/d	工作制度	轮灌组数	选泵流量/(m^3/h)	选泵扬程/m	水泵选择	硬塑料管选用规格/mm		
													干管	分干管	支管
稻麦轮作	土地流转农场经营	100～300	4.0～8.0	混流泵	居中	“丰”字型	5	轮灌	2	375	6.0～12.0				
		300～500						轮灌	3	626					
		500～800						轮灌	4	1 001		一台 200HW－12 泵，$n=1\ 450$ r/min，$D=228$ mm，$N=18.5$ kW；一台 300HW－12 泵，$n=970$ r/min，$D=341$ mm，$N=37$ kW	630	630	355
稻麦轮作	土地流转农场经营	100～300	8.0～12.0	混流泵	居中	“丰”字型	5	轮灌	2	375	12.0～18.0				
		300～500						轮灌	3	626					
		500～800						轮灌	4	1 001					
稻麦轮作	土地流转农场经营	100～300	12.0～15.0	混流泵	居中	“丰”字型	5	轮灌	2	375	18.0～22.5				
		300～500						轮灌	3	626					
		500～800						轮灌	4	1 001					

附表 3-6-6　泵站居中布置、泡田时间 5 d，“丰”字型布局，轮灌组形式二，离心泵（双泵）

作物	经营方式	面积/亩	田面与常水位高差/m	泵型	泵站位置	管网布置形式	泡田时间/d	工作制度	轮灌组数	选泵流量/(m^3/h)	选泵扬程/m	水泵选择	硬塑料管选用规格/mm		
													干管	分干管	支管
稻麦轮作	土地流转农场经营	100～300	0.5～2.0	离心泵	居中	“丰”字型	5	轮灌	2	375	1.0～4.0				
		300～500						轮灌	3	626					
		500～800						轮灌	4	1 001					
稻麦轮作	土地流转农场经营	100～300	2.0～4.0	离心泵	居中	“丰”字型	5	轮灌	2	375	3.6～7.2	一台 ISG125-100 泵，n=2 950 r/min，D=102 mm，N=7.5 kW；一台 10SH-12 泵，n=1 470 r/min，D=165 mm，N=22 kW	400	400	225
		300～500						轮灌	3	626		一台 ISW200-200A 泵，n=1 480 r/min，D=181 mm，N=11 kW；一台 250S-14 泵，n=1 480 r/min，D=209 mm，N=30 kW	500	500	280
		500～800						轮灌	4	1 001		一台 ISG250-235 泵，n=1 480 r/min，D=200 mm，N=30 kW；一台 ISG350-235 泵，n=1 480 r/min，D=238 mm，N=37 kW	630	630	355
稻麦轮作	土地流转农场经营	100～300	4.0～8.0	离心泵	居中	“丰”字型	5	轮灌	2	375	6.0～12.0	一台 ISG250-250 泵，n=1 480 r/min，D=227 mm，N=11 kW；一台 10SH-13A 泵，n=1 470 r/min，D=199 mm，N=37 kW	400	400	225
		300～500						轮灌	3	626		一台 ISG150-250 泵，n=1 480 r/min，D=220 mm，N=18.5 kW；一台 250S-14 泵，n=1 480 r/min，D=240 mm，N=30 kW	500	500	280
		500～800						轮灌	4	1 001		一台 ISG250-300 泵，n=1 480 r/min，D=219 mm，N=37 kW；一台 14SH-19A 泵，n=1 470 r/min，D=229 mm，N=90 kW	630	630	355

（续表）

作物	经营方式	面积/亩	田面与常水位高差/m	泵型	泵站位置	管网布置形式	泡田时间/d	工作制度	轮灌组数	选泵流量/(m^3/h)	选泵扬程/m	水泵选择	硬塑料管选用规格/mm		
													干管	分干管	支管
稻麦轮作	土地流转农场经营	100～300	8.0～12.0	离心泵	居中	“丰”字型	5	轮灌	2	375	12.0～18.0	一台 ISG250-250 泵，n=1 480 r/min，D=270 mm，N=11 kW；一台 10SH-13A 泵，n=1 470 r/min，D=238 mm，N=37 kW	400	400	200
		300～500						轮灌	3	626		一台 ISG200-250 泵，n=1 480 r/min，D=246 mm，N=18.5 kW；一台 10SH-13 泵，n=1 470 r/min，D=261 mm，N=55 kW	500	500	250
		500～800						轮灌	4	1 001		一台 10SH-13 泵，n=1 470 r/min，D=244 mm，N=55 kW；一台 300S-32 泵，n=1 480 r/min，D=293 mm，N=110 kW	630	630	315
稻麦轮作	土地流转农场经营	100～300	12.0～15.0	离心泵	居中	“丰”字型	5	轮灌	2	375	18.0～22.5	一台 ISG150-160 泵，n=2 950 r/min，D=144 mm，N=22 kW；一台 250S-39 泵，n=1 480 r/min，D=279 mm，N=75 kW	400	400	200
		300～500						轮灌	3	626		一台 8SH-13A 泵，n=2 950 r/min，D=148 mm，N=45 kW；一台 250S-24 泵，n=1 480 r/min，D=306 mm，N=45 kW	500	500	250
		500～800						轮灌	4	1 001		一台 250S-39 泵，n=1 480 r/min，D=283 mm，N=75 kW；一台 400S-40 泵，n=970 r/min，D=432 mm，N=185 kW	630	630	315

附表 3-6-7　泵站居中布置、泡田时间 5 d,“丰”字型布局,轮灌组形式二,潜水泵(双泵)

作物	经营方式	面积/亩	田面与常水位高差/m	泵型	泵站位置	管网布置形式	泡田时间/d	工作制度	轮灌组数	选泵流量/(m^3/h)	选泵扬程/m	水泵选择	硬塑料管选用规格/mm 干管	分干管	支管
稻麦轮作	土地流转农场经营	100～300	0.5～2.0	潜水泵	居中	“丰”字型	5	轮灌	2	375	1.0～4.0				
		300～500						轮灌	3	626					
		500～800						轮灌	4	1 001					
稻麦轮作	土地流转农场经营	100～300	2.0～4.0	潜水泵	居中	“丰”字型	5	轮灌	2	375	3.6～7.2				
		300～500						轮灌	3	626					
		500～800						轮灌	4	1 001					
稻麦轮作	土地流转农场经营	100～300	4.0～8.0	潜水泵	居中	“丰”字型	5	轮灌	2	375	6.0～12.0	一台 150QW130-15-11 泵,n=1 450 r/min,N=11 kW; 一台 200QW250-15-18.5 泵,n=1 450 r/min,N=18.5 kW	400	400	200
		300～500						轮灌	3	626		一台 200QW250-15-18.5 泵,n=1 450 r/min,N=18.5 kW; 一台 250QW400-15-30 泵,n=980 r/min,N=30 kW	500	500	250
		500～800						轮灌	4	1 001		一台 250QW400-15-30 泵,n=980 r/min,N=30 kW; 一台 250QW600-15-45 泵,n=980 r/min,N=45 kW	630	630	315
稻麦轮作	土地流转农场经营	100～300	8.0～12.0	潜水泵	居中	“丰”字型	5	轮灌	2	375	12.0～18.0				
		300～500						轮灌	3	626					
		500～800						轮灌	4	1 001					
稻麦轮作	土地流转农场经营	100～300	12.0～15.0	潜水泵	居中	“丰”字型	5	轮灌	2	375	18.0～22.5				
		300～500						轮灌	3	626		一台 150QW200-22-22 泵,n=980 r/min,N=22 kW; 一台 200QW450-22-45 泵,n=980 r/min,N=45 kW	500	500	250
		500～800						轮灌	4	1 001		一台 200QW300-22-37 泵,n=980 r/min,N=37 kW; 一台 250QW800-22-75 泵,n=980 r/min,N=75 kW	630	630	315

附表 3-6-8　泵站居中布置、泡田时间 5 d，“丰”字型布局，轮灌组形式二，轴流泵（双泵）

作物	经营方式	面积/亩	田面与常水位高差/m	泵型	泵站位置	管网布置形式	泡田时间/d	工作制度	轮灌组数	选泵流量/(m^3/h)	选泵扬程/m	水泵选择	硬塑料管选用规格/mm		
													干管	分干管	支管
稻麦轮作	土地流转农场经营	100～300	0.5～2.0	轴流泵	居中	“丰”字型	5	轮灌	2	375	1.0～4.0				
		300～500						轮灌	3	626					
		500～800						轮灌	4	1 001					
稻麦轮作	土地流转农场经营	100～300	2.0～4.0	轴流泵	居中	“丰”字型	5	轮灌	2	375	3.6～7.2				
		300～500						轮灌	3	626					
		500～800						轮灌	4	1 001					
稻麦轮作	土地流转农场经营	100～300	4.0～8.0	轴流泵	居中	“丰”字型	5	轮灌	2	375	6.0～12.0				
		300～500						轮灌	3	626					
		500～800						轮灌	4	1 001					
稻麦轮作	土地流转农场经营	100～300	8.0～12.0	轴流泵	居中	“丰”字型	5	轮灌	2	375	12.0～18.0				
		300～500						轮灌	3	626					
		500～800						轮灌	4	1 001					
稻麦轮作	土地流转农场经营	100～300	12.0～15.0	轴流泵	居中	“丰”字型	5	轮灌	2	375	18.0～22.5				
		300～500						轮灌	3	626					
		500～800						轮灌	4	1 001					

附表 4-1　泵站居中布置、泡田时间 1 d，“E”字型布局

轮灌组形式一：100 亩以下续灌，100～300 亩续灌，300～500 亩分 2 组轮灌，500～800 亩分 2 组轮灌

轮灌组形式二：100 亩以下续灌，100～300 亩分 2 组轮灌，300～500 亩分 3 组轮灌，500～800 亩分 4 组轮灌

附表 4-1-1　泵站居中布置、泡田时间 1 d，“E”字型布局，轮灌组形式一，混流泵

作物	经营方式	面积/亩	田面与常水位高差/m	泵型	泵站位置	管网布置形式	泡田时间/d	工作制度	轮灌组数	选泵流量/(m^3/h)	选泵扬程/m	水泵选择	硬塑料管选用规格/mm		
													干管	分干管	支管
稻麦轮作	土地流转农场经营	100 以下	0.5～2.0	混流泵	居中	“E”字型	1	续灌	1	626	1.0～4.0	一台 300HW-8 泵，n=970 r/min，D=226 mm	500		400
		100～300						续灌	1	1 877		一台 650HW-7A 泵，n=450 r/min，D=424 mm	900	450	355
		300～500						轮灌	2	3 128		一台 650HW-7A 泵，n=450 r/min，D=509 mm	1 000	800	500
		500～800						轮灌	2	5 004					
稻麦轮作	土地流转农场经营	100 以下	2.0～4.0	混流泵	居中	“E”字型	1	续灌	1	626	3.6～7.2	一台 250HW-8C 泵，n=1 450 r/min，D=212 mm	500		355
		100～300						续灌	1	1 877					
		300～500						轮灌	2	3 128		一台 650HW-7A 泵，n=450 r/min，D=606 mm	1 000	800	450
		500～800						轮灌	2	5 004					

（续表）

作物	经营方式	面积/亩	田面与常水位高差/m	泵型	泵站位置	管网布置形式	泡田时间/d	工作制度	轮灌组数	选泵流量/(m^3/h)	选泵扬程/m	水泵选择	硬塑料管选用规格/mm		
													干管	分干管	支管
稻麦轮作	土地流转农场经营	100 以下	4.0～8.0	混流泵	居中	“E”字型	1	续灌	1	626	6.0～12.0	一台 300HW-12 泵，n=970 r/min，D=331 mm	500		355
		100～300						续灌	1	1 877		一台 400HW-10B 泵，n=980 r/min，D=394 mm	900	450	315
		300～500						轮灌	2	3 128					
		500～800						轮灌	2	5 004					
稻麦轮作	土地流转农场经营	100 以下	8.0～12.0	混流泵	居中	“E”字型	1	续灌	1	626	12.0～18.0				
		100～300						续灌	1	1 877		一台 400HW-10B 泵，n=980 r/min，D=439 mm	900	450	315
		300～500						轮灌	2	3 128					
		500～800						轮灌	2	5 004					
稻麦轮作	土地流转农场经营	100 以下	12.0～15.0	混流泵	居中	“E”字型	1	续灌	1	626	18.0～22.5				
		100～300						续灌	1	1 877					
		300～500						轮灌	2	3 128					
		500～800						轮灌	2	5 004					

附表 4-1-2　泵站居中布置、泡田时间 1 d,"E"字型布局,轮灌组形式一,离心泵

作物	经营方式	面积/亩	田面与常水位高差/m	泵型	泵站位置	管网布置形式	泡田时间/d	工作制度	轮灌组数	选泵流量/(m^3/h)	选泵扬程/m	水泵选择	硬塑料管选用规格/mm		
													干管	分干管	支管
稻麦轮作	土地流转农场经营	100 以下	0.5～2.0	离心泵	居中	"E"字型	1	续灌	1	626	1.0～4.0				
		100～300						续灌	1	1 877					
		300～500						轮灌	2	3 128					
		500～800						轮灌	2	5 004					
稻麦轮作	土地流转农场经营	100 以下	2.0～4.0	离心泵	居中	"E"字型	1	续灌	1	626	3.6～7.2	一台 ISG350－235 泵,n＝1 480 r/min,D＝227 mm	500		355
		100～300						续灌	1	1 877		一台 500S-13 泵,n=970 r/min,D=337 mm	900	450	315
		300～500						轮灌	2	3 128					
		500～800						轮灌	2	5 004					
稻麦轮作	土地流转农场经营	100 以下	4.0～8.0	离心泵	居中	"E"字型	1	续灌	1	626	6.0～12.0	一台 300S-19 泵,n=1 480 r/min,D=243 mm	500		355
		100～300						续灌	1	1 877		一台 24SH-28 泵,n=970 r/min,D=323 mm	900	450	315
		300～500						轮灌	2	3 128		一台 24SH-28A 泵,n=970 r/min,D=401 mm	1 000	800	450
		500～800						轮灌	2	5 004					
稻麦轮作	土地流转农场经营	100 以下	8.0～12.0	离心泵	居中	"E"字型	1	续灌	1	626	12.0～18.0	一台 300S-32 泵,n=1 480 r/min,D=283 mm	500		355
		100～300						续灌	1	1 877		一台 600S-32 泵,n=970 r/min,D=417 mm	900	450	315
		300～500						轮灌	2	3 128		一台 600S-22 泵,n=970 r/min,D=485 mm	1 000	800	450
		500～800						轮灌	2	5 004					
稻麦轮作	土地流转农场经营	100 以下	12.0～15.0	离心泵	居中	"E"字型	1	续灌	1	626	18.0～22.5	一台 300S-32 泵,n=1 480 r/min,D=308 mm	500		355
		100～300						续灌	1	1 877		一台 500S-35 泵,n=970 r/min,D=495 mm	900	450	315
		300～500						轮灌	2	3 128		一台 24SH-19 泵,n=970 r/min,D=483 mm	1 000	800	450
		500～800						轮灌	2	5 004					

附表 4-1-3　泵站居中布置、泡田时间 1 d,“E”字型布局,轮灌组形式一,潜水泵

作物	经营方式	面积/亩	田面与常水位高差/m	泵型	泵站位置	管网布置形式	泡田时间/d	工作制度	轮灌组数	选泵流量/(m^3/h)	选泵扬程/m	水泵选择	硬塑料管选用规格/mm		
													干管	分干管	支管
稻麦轮作	土地流转农场经营	100 以下	0.5～2.0	潜水泵	居中	“E”字型	1	续灌	1	626	1.0～4.0				
		100～300						续灌	1	1 877		一台 500QZ-100D 泵,＋4°,n＝740 r/min,D=450 mm	900	450	355
		300～500						轮灌	2	3 128		一台 600QZ-70 泵,－2°,n＝740 r/min,D=550 mm	1 000	800	500
		500～800						轮灌	2	5 004					
稻麦轮作	土地流转农场经营	100 以下	2.0～4.0	潜水泵	居中	“E”字型	1	续灌	1	626	3.6～7.2	一台 250QW600-7-22 泵,n=980 r/min	500		355
		100～300						续灌	1	1 877		一台 500QZ-70 泵,－2°,n＝980 r/min,D=450 mm	900	450	315
		300～500						轮灌	2	3 128		一台 700QZ-100 泵,－4°,n=740 r/min,D=600 mm	1 000	800	450
		500～800						轮灌	2	5 004					
稻麦轮作	土地流转农场经营	100 以下	4.0～8.0	潜水泵	居中	“E”字型	1	续灌	1	626	6.0～12.0	一台 250QW600-15-45 泵,n=980 r/min	500		355
		100～300						续灌	1	1 877		一台 600QH-50 泵,－4°,n=980 r/min,D=470 mm	900	450	315
		300～500						轮灌	2	3 128		一台 700QH-50 泵,0°,n＝740 r/min,D=572 mm	1 000	800	450
		500～800						轮灌	2	5 004					
稻麦轮作	土地流转农场经营	100 以下	8.0～12.0	潜水泵	居中	“E”字型	1	续灌	1	626	12.0～18.0	一台 250QW600-20-55 泵,n=980 r/min	500		355
		100～300						续灌	1	1 877		一台 500QH-40 泵,＋4°,n＝1 450 r/min,D=333 mm	900	450	315
		300～500						轮灌	2	3 128					
		500～800						轮灌	2	5 004					
稻麦轮作	土地流转农场经营	100 以下	12.0～15.0	潜水泵	居中	“E”字型	1	续灌	1	626	18.0～22.5	一台 250QW600-25-75 泵,n=990 r/min	500		355
		100～300						续灌	1	1 877					
		300～500						轮灌	2	3 128		一台 500QW3000-24-280 泵,n=740 r/min	1 000	800	450
		500～800						轮灌	2	5 004					

附表 4-1-4　泵站居中布置、泡田时间 1 d,"E"字型布局,轮灌组形式一,轴流泵

作物	经营方式	面积/亩	田面与常水位高差/m	泵型	泵站位置	管网布置形式	泡田时间/d	工作制度	轮灌组数	选泵流量/(m^3/h)	选泵扬程/m	水泵选择	硬塑料管选用规格/mm		
													干管	分干管	支管
稻麦轮作	土地流转农场经营	100 以下	0.5～2.0	轴流泵	居中	"E"字型	1	续灌	1	626	1.0～4.0	一台 350ZLB-125 泵,－6°,n=1 470 r/min,D=300 mm	500		400
		100～300						续灌	1	1 877		一台 500ZLB-100(980)泵,0°,n=980 r/min,D=450 mm	900	450	315
		300～500						轮灌	2	3 128		一台 500ZLB-85 泵,＋3°,n=980 r/min,D=450 mm	1 000	800	500
		500～800						轮灌	2	5 004					
稻麦轮作	土地流转农场经营	100 以下	2.0～4.0	轴流泵	居中	"E"字型	1	续灌	1	626	3.6～7.2				
		100～300						续灌	1	1 877		一台 350ZLB-100 泵,0°,n=1 470 r/min,D=300 mm	900	450	315
		300～500						轮灌	2	3 128					
		500～800						轮灌	2	5 004					
稻麦轮作	土地流转农场经营	100 以下	4.0～8.0	轴流泵	居中	"E"字型	1	续灌	1	626	6.0～12.0				
		100～300						续灌	1	1 877					
		300～500						轮灌	2	3 128					
		500～800						轮灌	2	5 004					
稻麦轮作	土地流转农场经营	100 以下	8.0～12.0	轴流泵	居中	"E"字型	1	续灌	1	626	12.0～18.0				
		100～300						续灌	1	1 877					
		300～500						轮灌	2	3 128					
		500～800						轮灌	2	5 004					
稻麦轮作	土地流转农场经营	100 以下	12.0～15.0	轴流泵	居中	"E"字型	1	续灌	1	626	18.0～22.5				
		100～300						续灌	1	1 877					
		300～500						轮灌	2	3 128					
		500～800						轮灌	2	5 004					

附表 4-1-5　泵站居中布置、泡田时间 1 d,“E”字型布局,轮灌组形式二,混流泵

作物	经营方式	面积/亩	田面与常水位高差/m	泵型	泵站位置	管网布置形式	泡田时间/d	工作制度	轮灌组数	选泵流量/(m^3/h)	选泵扬程/m	水泵选择	硬塑料管选用规格/mm		
													干管	分干管	支管
稻麦轮作	土地流转农场经营	100 以下	0.5～2.0	混流泵	居中	“E”字型	1	续灌	1	626	1.0～4.0	一台 300HW-8 泵,n=970 r/min,D=226 mm	500		400
		100～300						轮灌	2	1 877		一台 650HW-7A 泵,n=450 r/min,D=424 mm	900	630	450
		300～500						轮灌	3	3 128		一台 650HW-7A 泵,n=450 r/min,D=509 mm	1 000	800	560
		500～800						轮灌	4	5 004					
稻麦轮作	土地流转农场经营	100 以下	2.0～4.0	混流泵	居中	“E”字型	1	续灌	1	626	3.6～7.2	一台 250HW-8C 泵,n=1 450 r/min,D=212 mm	500		355
		100～300						轮灌	2	1 877					
		300～500						轮灌	3	3 128		一台 650HW-7A 泵,n=450 r/min,D=606 mm	1 000	800	560
		500～800						轮灌	4	5 004					
稻麦轮作	土地流转农场经营	100 以下	4.0～8.0	混流泵	居中	“E”字型	1	续灌	1	626	6.0～12.0	一台 300HW-12 泵,n=970 r/min,D=331 mm	500		355
		100～300						轮灌	2	1 877		一台 400HW-10B 泵,n=980 r/min,D=394 mm	900	630	450
		300～500						轮灌	3	3 128					
		500～800						轮灌	4	5 004					
稻麦轮作	土地流转农场经营	100 以下	8.0～12.0	混流泵	居中	“E”字型	1	续灌	1	626	12.0～18.0				
		100～300						轮灌	2	1 877		一台 400HW-10B 泵,n=980 r/min,D=439 mm	900	630	450
		300～500						轮灌	3	3 128					
		500～800						轮灌	4	5 004					
稻麦轮作	土地流转农场经营	100 以下	12.0～15.0	混流泵	居中	“E”字型	1	续灌	1	626	18.0～22.5				
		100～300						轮灌	2	1 877					
		300～500						轮灌	3	3 128					
		500～800						轮灌	4	5 004					

附表 4-1-6　泵站居中布置、泡田时间 1 d,“E”字型布局,轮灌组形式二,离心泵

作物	经营方式	面积/亩	田面与常水位高差/m	泵型	泵站位置	管网布置形式	泡田时间/d	工作制度	轮灌组数	选泵流量/(m^3/h)	选泵扬程/m	水泵选择	硬塑料管选用规格/mm		
													干管	分干管	支管
稻麦轮作	土地流转农场经营	100 以下	0.5～2.0	离心泵	居中	“E”字型	1	续灌	1	626	1.0～4.0				
		100～300						轮灌	2	1 877					
		300～500						轮灌	3	3 128					
		500～800						轮灌	4	5 004					
稻麦轮作	土地流转农场经营	100 以下	2.0～4.0	离心泵	居中	“E”字型	1	续灌	1	626	3.6～7.2	一台 ISG350-235 泵,n=1 480 r/min,D=227 mm	500		355
		100～300						轮灌	2	1 877		一台 500S-13 泵,n=970 r/min,D=337 mm	900	630	450
		300～500						轮灌	3	3 128					
		500～800						轮灌	4	5 004					
稻麦轮作	土地流转农场经营	100 以下	4.0～8.0	离心泵	居中	“E”字型	1	续灌	1	626	6.0～12.0	一台 300S-19 泵,n=1 480 r/min,D=243 mm	500		355
		100～300						轮灌	2	1 877		一台 24SH-28 泵,n=970 r/min,D=323 mm	900	630	450
		300～500						轮灌	3	3 128		一台 24SH-28A 泵,n=970 r/min,D=401 mm	1 000	800	560
		500～800						轮灌	4	5 004					
稻麦轮作	土地流转农场经营	100 以下	8.0～12.0	离心泵	居中	“E”字型	1	续灌	1	626	12.0～18.0	一台 300S-32 泵,n=1 480 r/min,D=283 mm	500		355
		100～300						轮灌	2	1 877		一台 600S-32 泵,n=970 r/min,D=417 mm	900	630	450
		300～500						轮灌	3	3 128		一台 600S-22 泵,n=970 r/min,D=485 mm	1 000	800	560
		500～800						轮灌	4	5 004					
稻麦轮作	土地流转农场经营	100 以下	12.0～15.0	离心泵	居中	“E”字型	1	续灌	1	626	18.0～22.5	一台 300S-32 泵,n=1 480 r/min,D=308 mm	500		355
		100～300						轮灌	2	1 877		一台 500S-35 泵,n=970 r/min,D=495 mm	900	630	450
		300～500						轮灌	3	3 128		一台 24SH-19 泵,n=970 r/min,D=483 mm	1 000	800	560
		500～800						轮灌	4	5 004					

附表 4-1-7　泵站居中布置、泡田时间 1 d,“E”字型布局,轮灌组形式二,潜水泵

作物	经营方式	面积/亩	田面与常水位高差/m	泵型	泵站位置	管网布置形式	泡田时间/d	工作制度	轮灌组数	选泵流量/(m^3/h)	选泵扬程/m	水泵选择	硬塑料管选用规格/mm		
													干管	分干管	支管
稻麦轮作	土地流转农场经营	100 以下	0.5～2.0	潜水泵	居中	“E”字型	1	续灌	1	626	1.0～4.0				
		100～300						轮灌	2	1 877		一台 500QZ-100D 泵,+4°,n=740 r/min,D=450 mm	900	630	450
		300～500						轮灌	3	3 128		一台 600QZ-70 泵,−2°,n=740 r/min,D=550 mm	1 000	800	560
		500～800						轮灌	4	5 004					
稻麦轮作	土地流转农场经营	100 以下	2.0～4.0	潜水泵	居中	“E”字型	1	续灌	1	626	3.6～7.2	一台 250QW600-7-22 泵,n=980 r/min	500		355
		100～300						轮灌	2	1 877		一台 500QZ-70 泵,−2°,n=980 r/min,D=450 mm	900	630	450
		300～500						轮灌	3	3 128		一台 700QZ-100 泵,−4°,n=740 r/min,D=600 mm	1 000	800	560
		500～800						轮灌	4	5 004					
稻麦轮作	土地流转农场经营	100 以下	4.0～8.0	潜水泵	居中	“E”字型	1	续灌	1	626	6.0～12.0	一台 250QW600-15-45 泵,n=980 r/min	500		355
		100～300						轮灌	2	1 877		一台 600QH-50 泵,−4°,n=980 r/min,D=470 mm	900	630	450
		300～500						轮灌	3	3 128		一台 700QH-50 泵,0°,n=740 r/min,D=572 mm	1 000	800	560
		500～800						轮灌	4	5 004					

（续表）

作物	经营方式	面积/亩	田面与常水位高差/m	泵型	泵站位置	管网布置形式	泡田时间/d	工作制度	轮灌组数	选泵流量/(m^3/h)	选泵扬程/m	水泵选择	硬塑料管选用规格/mm		
													干管	分干管	支管
稻麦轮作	土地流转农场经营	100以下	8.0～12.0	潜水泵	居中	"E"字型	1	续灌	1	626	12.0～18.0	一台250QW600-20-55泵，n=980 r/min	500		355
		100～300						轮灌	2	1 877		一台500QH-40泵，+4°，n=1 450 r/min，D=333 mm	900	630	450
		300～500						轮灌	3	3 128					
		500～800						轮灌	4	5 004					
稻麦轮作	土地流转农场经营	100以下	12.0～15.0	潜水泵	居中	"E"字型	1	续灌	1	626	18.0～22.5	一台250QW600-25-75泵，n=990 r/min	500		355
		100～300						轮灌	2	1 877					
		300～500						轮灌	3	3 128		一台500QW3000-24-280泵，n=740 r/min	1 000	800	560
		500～800						轮灌	4	5 004					

附表 4-1-8　泵站居中布置、泡田时间 1 d,"E"字型布局,轮灌组形式二,轴流泵

作物	经营方式	面积/亩	田面与常水位高差/m	泵型	泵站位置	管网布置形式	泡田时间/d	工作制度	轮灌组数	选泵流量/(m^3/h)	选泵扬程/m	水泵选择	硬塑料管选用规格/mm		
													干管	分干管	支管
稻麦轮作	土地流转农场经营	100 以下	0.5～2.0	轴流泵	居中	"E"字型	1	续灌	1	626	1.0～4.0	一台 350ZLB-125 泵，－6°，n=1 470 r/min，D=300 mm	500		400
		100～300						轮灌	2	1 877		一台 500ZLB-100(980)泵，0°，n=980 r/min，D=450 mm	900	630	450
		300～500						轮灌	3	3 128		一台 500ZLB-85 泵，＋3°，n=980 r/min，D=450 mm	1 000	800	560
		500～800						轮灌	4	5 004					
稻麦轮作	土地流转农场经营	100 以下	2.0～4.0	轴流泵	居中	"E"字型	1	续灌	1	626	3.6～7.2				
		100～300						轮灌	2	1 877		一台 350ZLB-100 泵，0°，n=1 470 r/min，D=300 mm	900	630	450
		300～500						轮灌	3	3 128					
		500～800						轮灌	4	5 004					
稻麦轮作	土地流转农场经营	100 以下	4.0～8.0	轴流泵	居中	"E"字型	1	续灌	1	626	6.0～12.0				
		100～300						轮灌	2	1 877					
		300～500						轮灌	3	3 128					
		500～800						轮灌	4	5 004					
稻麦轮作	土地流转农场经营	100 以下	8.0～12.0	轴流泵	居中	"E"字型	1	续灌	1	626	12.0～18.0				
		100～300						轮灌	2	1 877					
		300～500						轮灌	3	3 128					
		500～800						轮灌	4	5 004					
稻麦轮作	土地流转农场经营	100 以下	12.0～15.0	轴流泵	居中	"E"字型	1	续灌	1	626	18.0～22.5				
		100～300						轮灌	2	1 877					
		300～500						轮灌	3	3 128					
		500～800						轮灌	4	5 004					

附表 4-2　泵站居中布置、泡田时间 2 d，“E”字型布局

轮灌组形式一：100 亩以下续灌，100～300 亩续灌，300～500 亩分 2 组轮灌，500～800 亩分 2 组轮灌

轮灌组形式二：100 亩以下续灌，100～300 亩分 2 组轮灌，300～500 亩分 3 组轮灌，500～800 亩分 4 组轮灌

附表 4-2-1　泵站居中布置、泡田时间 2 d，“E”字型布局，轮灌组形式一，混流泵

作物	经营方式	面积/亩	田面与常水位高差/m	泵型	泵站位置	管网布置形式	泡田时间/d	工作制度	轮灌组数	选泵流量/(m^3/h)	选泵扬程/m	水泵选择	硬塑料管选用规格/mm		
													干管	分干管	支管
稻麦轮作	土地流转农场经营	100 以下	0.5～2.0	混流泵	居中	“E”字型	2	续灌	1	311	1.0～4.0	一台 250HW-7 泵，n=980 r/min，D=201 mm	355		315
		100～300						续灌	1	932					
		300～500						轮灌	2	1 553					
		500～800						轮灌	2	2 484		一台 650HW-7A 泵，n=450 r/min，D=462 mm	1 000	710	400
稻麦轮作	土地流转农场经营	100 以下	2.0～4.0	混流泵	居中	“E”字型	2	续灌	1	311	3.6～7.2	一台 200HW-12 泵，n=1 450 r/min，D=196 mm	355		280
		100～300						续灌	1	932		一台 350HW-8B 泵，n=980 r/min，D=292 mm	630	315	250
		300～500						轮灌	2	1 553		一台 400HW-7B 泵，n=980 r/min，D=315 mm	800	560	355
		500～800						轮灌	2	2 484		一台 650HW-7A 泵，n=450 r/min，D=567 mm	1 000	710	355

（续表）

作物	经营方式	面积/亩	田面与常水位高差/m	泵型	泵站位置	管网布置形式	泡田时间/d	工作制度	轮灌组数	选泵流量/(m^3/h)	选泵扬程/m	水泵选择	硬塑料管选用规格/mm		
													干管	分干管	支管
稻麦轮作	土地流转农场经营	100 以下	4.0～8.0	混流泵	居中	“E”字型	2	续灌	1	311	6.0～12.0	一台 200HW-12 泵，n=1 450 r/min，D=230 mm	355		280
		100～300						续灌	1	932		一台 300HW-7C 泵，n=1 300 r/min，D=277 mm	630	315	250
		300～500						轮灌	2	1 553		一台 400HW-7B 泵，n=980 r/min，D=365 mm	800	560	355
		500～800						轮灌	2	2 484					
稻麦轮作	土地流转农场经营	100 以下	8.0～12.0	混流泵	居中	“E”字型	2	续灌	1	311	12.0～18.0				
		100～300						续灌	1	932					
		300～500						轮灌	2	1 553		一台 400HW-10B 泵，n=980 r/min，D=412 mm	800	560	315
		500～800						轮灌	2	2 484					
稻麦轮作	土地流转农场经营	100 以下	12.0～15.0	混流泵	居中	“E”字型	2	续灌	1	311	18.0～22.5				
		100～300						续灌	1	932					
		300～500						轮灌	2	1 553		一台 500HLD-15 泵，n=980 r/min，D=472 mm	800	560	315
		500～800						轮灌	2	2 484		一台 500HLD-21 泵，n=980 r/min，D=537 mm	1 000	710	355

附表 4-2-2　泵站居中布置、泡田时间 2 d,"E"字型布局,轮灌组形式一,离心泵

作物	经营方式	面积/亩	田面与常水位高差/m	泵型	泵站位置	管网布置形式	泡田时间/d	工作制度	轮灌组数	选泵流量/(m^3/h)	选泵扬程/m	水泵选择	硬塑料管选用规格/mm		
													干管	分干管	支管
稻麦轮作	土地流转农场经营	100 以下	0.5～2.0	离心泵	居中	"E"字型	2	续灌	1	311	1.0～4.0				
		100～300						续灌	1	932					
		300～500						轮灌	2	1 553					
		500～800						轮灌	2	2 484					
稻麦轮作	土地流转农场经营	100 以下	2.0～4.0	离心泵	居中	"E"字型	2	续灌	1	311	3.6～7.2	一台 10SH-19A 泵,n=1 470 r/min,D=174 mm	355		280
		100～300						续灌	1	932		一台 350S-16 泵,n=1 480 r/min,D=209 mm	630	315	250
		300～500						轮灌	2	1 553		一台 500S-16 泵,n=970 r/min,D=309 mm	800	560	355
		500～800						轮灌	2	2 484		一台 24SH-28A 泵,n=970 r/min,D=315 mm	1 000	710	355
稻麦轮作	土地流转农场经营	100 以下	4.0～8.0	离心泵	居中	"E"字型	2	续灌	1	311	6.0～12.0	一台 10SH-13 泵,n=1 470 r/min,D=206 mm	355		280
		100～300						续灌	1	932		一台 350S-26 泵,n=1 480 r/min,D=252 mm	630	315	250
		300～500						轮灌	2	1 553		一台 20SH-19 泵,n=970 r/min,D=349 mm	800	560	355
		500～800						轮灌	2	2 484		一台 600S-22 泵,n=970 r/min,D=391 mm	1 000	710	355
稻麦轮作	土地流转农场经营	100 以下	8.0～12.0	离心泵	居中	"E"字型	2	续灌	1	311	12.0～18.0	一台 10SH-13 泵,n=1 470 r/min,D=245 mm	355		250
		100～300						续灌	1	932		一台 14SH-19 泵,n=1 470 r/min,D=279 mm	630	315	225
		300～500						轮灌	2	1 553		一台 500S-22 泵,n=970 r/min,D=427 mm	800	560	315
		500～800						轮灌	2	2 484		一台 600S-22 泵,n=970 r/min,D=444 mm	1 000	710	355
稻麦轮作	土地流转农场经营	100 以下	12.0～15.0	离心泵	居中	"E"字型	2	续灌	1	311	18.0～22.5	一台 250S-39 泵,n=1 480 r/min,D=284 mm	355		250
		100～300						续灌	1	932		一台 14SH-19 泵,n=1 470 r/min,D=302 mm	630	315	225
		300～500						轮灌	2	1 553		一台 20SH-13 泵,n=970 r/min,D=436 mm	800	560	315
		500～800						轮灌	2	2 484		一台 600S-47 泵,n=970 r/min,D=492 mm	1 000	710	355

附表 4-2-3　泵站居中布置、泡田时间 2 d,"E"字型布局,轮灌组形式一,潜水泵

作物	经营方式	面积/亩	田面与常水位高差/m	泵型	泵站位置	管网布置形式	泡田时间/d	工作制度	轮灌组数	选泵流量/(m^3/h)	选泵扬程/m	水泵选择	硬塑料管选用规格/mm		
													干管	分干管	支管
稻麦轮作	土地流转农场经营	100 以下	0.5～2.0	潜水泵	居中	"E"字型	2	续灌	1	311	1.0～4.0				
		100～300						续灌	1	932		一台 350QZ-130 泵,−4°,n=1 450 r/min,D=300 mm	630	315	280
		300～500						轮灌	2	1 553		一台 500QZ-100D 泵,0°,n=740 r/min,D=450 mm	800	560	355
		500～800						轮灌	2	2 484		一台 500QZ-70 泵,0°,n=980 r/min,D=450 mm	1 000	710	400
稻麦轮作	土地流转农场经营	100 以下	2.0～4.0	潜水泵	居中	"E"字型	2	续灌	1	311	3.6～7.2				
		100～300						续灌	1	932		一台 350QZ-100 泵,0°,n=1 450 r/min,D=300 mm	630	315	250
		300～500						轮灌	2	1 553		一台 500QZ-100G 泵,−6°,n=980 r/min,D=450 mm	800	560	355
		500～800						轮灌	2	2 484		一台 500QZ-100G 泵,+4°,n=980 r/min,D=450 mm	1 000	710	355

（续表）

作物	经营方式	面积/亩	田面与常水位高差/m	泵型	泵站位置	管网布置形式	泡田时间/d	工作制度	轮灌组数	选泵流量/(m^3/h)	选泵扬程/m	水泵选择	硬塑料管选用规格/mm		
													干管	分干管	支管
稻麦轮作	土地流转农场经营	100 以下	4.0～8.0	潜水泵	居中	“E”字型	2	续灌	1	311	6.0～12.0	一台 200QW-360-15-30 泵，n=980 r/min	400		280
		100～300						续灌	1	932		一台 300QW-900-15-55 泵，n=980 r/min	630	315	225
		300～500						轮灌	2	1 553		一台 500QH-40 泵，−2°，n=1 450 r/min，D=333 mm	800	560	315
		500～800						轮灌	2	2 484		一台 600QH-50 泵，−2°，n=980 r/min，D=470 mm	1 000	710	355
稻麦轮作	土地流转农场经营	100 以下	8.0～12.0	潜水泵	居中	“E”字型	2	续灌	1	311	12.0～18.0	一台 200QW-350-20-37 泵，n=980 r/min	355		250
		100～300						续灌	1	932		一台 500QH-40 泵，−4°，n=1 450 r/min，D=333 mm	630	315	225
		300～500						轮灌	2	1 553		一台 500QH-40 泵，+2°，n=1 450 r/min，D=333 mm	800	560	315
		500～800						轮灌	2	2 484					
稻麦轮作	土地流转农场经营	100 以下	12.0～15.0	潜水泵	居中	“E”字型	2	续灌	1	311	18.0～22.5	一台 200QW-300-22-37 泵，n=980 r/min	355		250
		100～300						续灌	1	932		一台 300QW-950-24-110 泵，n=990 r/min	630	315	225
		300～500						轮灌	2	1 553		一台 400QW-1700-22-160 泵，n=740 r/min	800	560	355
		500～800						轮灌	2	2 484		一台 500QW-1200-22-220 泵，n=740 r/min	1 000	710	355

附表 4-2-4　泵站居中布置、泡田时间 2 d,"E"字型布局,轮灌组形式一,轴流泵

作物	经营方式	面积/亩	田面与常水位高差/m	泵型	泵站位置	管网布置形式	泡田时间/d	工作制度	轮灌组数	选泵流量/(m^3/h)	选泵扬程/m	水泵选择	硬塑料管选用规格/mm		
													干管	分干管	支管
稻麦轮作	土地流转农场经营	100 以下	0.5～2.0	轴流泵	居中	"E"字型	2	续灌	1	311	1.0～4.0				
		100～300						续灌	1	932		一台 350ZLB-100 泵,－6°,n=1 470 r/min,D=300 mm	630	315	315
		300～500						轮灌	2	1 553		一台 350ZLB-125 泵,＋3°,n=1 470 r/min,D=300 mm	800	560	400
		500～800						轮灌	2	2 484		一台 20ZLB-70(980)泵,0°,n=980 r/min,D=450 mm	1 000	710	400
稻麦轮作	土地流转农场经营	100 以下	2.0～4.0	轴流泵	居中	"E"字型	2	续灌	1	311	3.6～7.2				
		100～300						续灌	1	932		一台 350ZLB-100 泵,0°,n=1 470 r/min,D=300 mm	630	315	250
		300～500						轮灌	2	1 553		一台 500ZLB-85 泵,－3°,n=980 r/min,D=450 mm	800	560	315
		500～800						轮灌	2	2 484		一台 500ZLB-8.6 泵,＋4°,n=980 r/min,D=430 mm	1 000	710	355
稻麦轮作	土地流转农场经营	100 以下	4.0～8.0	轴流泵	居中	"E"字型	2	续灌	1	311	6.0～12.0				
		100～300						续灌	1	932					
		300～500						轮灌	2	1 553					
		500～800						轮灌	2	2 484					
稻麦轮作	土地流转农场经营	100 以下	8.0～12.0	轴流泵	居中	"E"字型	2	续灌	1	311	12.0～18.0				
		100～300						续灌	1	932					
		300～500						轮灌	2	1 553					
		500～800						轮灌	2	2 484					
稻麦轮作	土地流转农场经营	100 以下	12.0～15.0	轴流泵	居中	"E"字型	2	续灌	1	311	18.0～22.5				
		100～300						续灌	1	932					
		300～500						轮灌	2	1 553					
		500～800						轮灌	2	2 484					

附表 4-2-5　泵站居中布置、泡田时间 2 d,"E"字型布局,轮灌组形式二,混流泵

作物	经营方式	面积/亩	田面与常水位高差/m	泵型	泵站位置	管网布置形式	泡田时间/d	工作制度	轮灌组数	选泵流量/(m^3/h)	选泵扬程/m	水泵选择	硬塑料管选用规格/mm		
													干管	分干管	支管
稻麦轮作	土地流转农场经营	100 以下	0.5～2.0	混流泵	居中	"E"字型	2	续灌	1	311	1.0～4.0	一台 250HW-7 泵,n=980 r/min,D=201 mm	355		315
		100～300						轮灌	2	932					
		300～500						轮灌	3	1 553					
		500～800						轮灌	4	2 484		一台 650HW-7A 泵,n=450 r/min,D=462 mm	1 000	1 000	560
稻麦轮作	土地流转农场经营	100 以下	2.0～4.0	混流泵	居中	"E"字型	2	续灌	1	311	3.6～7.2	一台 200HW-12 泵,n=1 450 r/min,D=196 mm	355		280
		100～300						轮灌	2	932		一台 350HW-8B 泵,n=980 r/min,D=292 mm	630	450	315
		300～500						轮灌	3	1 553		一台 400HW-7B 泵,n=980 r/min,D=315 mm	800	560	400
		500～800						轮灌	4	2 484		一台 650HW-7A 泵,n=450 r/min,D=567 mm	1 000	1 000	500
稻麦轮作	土地流转农场经营	100 以下	4.0～8.0	混流泵	居中	"E"字型	2	续灌	1	311	6.0～12.0	一台 200HW-12 泵,n=1 450 r/min,D=230 mm	355		280
		100～300						轮灌	2	932		一台 300HW-7C 泵,n=1 300 r/min,D=277 mm	630	450	315
		300～500						轮灌	3	1 553		一台 400HW-7B 泵,n=980 r/min,D=365 mm	800	560	400
		500～800						轮灌	4	2 484					
稻麦轮作	土地流转农场经营	100 以下	8.0～12.0	混流泵	居中	"E"字型	2	续灌	1	311	12.0～18.0				
		100～300						轮灌	2	932					
		300～500						轮灌	3	1 553		一台 400HW-10B 泵,n=980 r/min,D=412 mm	800	560	400
		500～800						轮灌	4	2 484					
稻麦轮作	土地流转农场经营	100 以下	12.0～15.0	混流泵	居中	"E"字型	2	续灌	1	311	18.0～22.5				
		100～300						轮灌	2	932					
		300～500						轮灌	3	1 553		一台 500HLD-15 泵,n=980 r/min,D=472 mm	800	560	400
		500～800						轮灌	4	2 484		一台 500HLD-21 泵,n=980 r/min,D=537 mm	1 000	1 000	500

附表 4-2-6　泵站居中布置、泡田时间 2 d,"E"字型布局,轮灌组形式二,离心泵

作物	经营方式	面积/亩	田面与常水位高差/m	泵型	泵站位置	管网布置形式	泡田时间/d	工作制度	轮灌组数	选泵流量/(m^3/h)	选泵扬程/m	水泵选择	硬塑料管选用规格/mm		
													干管	分干管	支管
稻麦轮作	土地流转农场经营	100 以下	0.5～2.0	离心泵	居中	"E"字型	2	续灌	1	311	1.0～4.0				
		100～300						轮灌	2	932					
		300～500						轮灌	3	1 553					
		500～800						轮灌	4	2 484					
稻麦轮作	土地流转农场经营	100 以下	2.0～4.0	离心泵	居中	"E"字型	2	续灌	1	311	3.6～7.2	一台 10SH-19A 泵,n=1 470 r/min,D=174 mm	355		280
		100～300						轮灌	2	932		一台 350S-16 泵,n=1 480 r/min,D=209 mm	630	450	315
		300～500						轮灌	3	1 553		一台 500S-16 泵,n=970 r/min,D=309 mm	800	560	400
		500～800						轮灌	4	2 484		一台 24SH-28A 泵,n=970 r/min,D=315 mm	1 000	1 000	500
稻麦轮作	土地流转农场经营	100 以下	4.0～8.0	离心泵	居中	"E"字型	2	续灌	1	311	6.0～12.0	一台 10SH-13 泵,n=1 470 r/min,D=206 mm	355		280
		100～300						轮灌	2	932		一台 350S-26 泵,n=1 480 r/min,D=252 mm	630	450	315
		300～500						轮灌	3	1 553		一台 20SH-19 泵,n=970 r/min,D=349 mm	800	560	400
		500～800						轮灌	4	2 484		一台 600S-22 泵,n=970 r/min,D=391 mm	1 000	1 000	500
稻麦轮作	土地流转农场经营	100 以下	8.0～12.0	离心泵	居中	"E"字型	2	续灌	1	311	12.0～18.0	一台 10SH-13 泵,n=1 470 r/min,D=245 mm	355		250
		100～300						轮灌	2	932		一台 14SH-19 泵,n=1 470 r/min,D=279 mm	630	450	315
		300～500						轮灌	3	1 553		一台 500S-22 泵,n=970 r/min,D=427 mm	800	560	400
		500～800						轮灌	4	2 484		一台 600S-22 泵,n=970 r/min,D=444 mm	1 000	1 000	500
稻麦轮作	土地流转农场经营	100 以下	12.0～15.0	离心泵	居中	"E"字型	2	续灌	1	311	18.0～22.5	一台 250S-39 泵,n=1 480 r/min,D=284 mm	355		250
		100～300						轮灌	2	932		一台 14SH-19 泵,n=1 470 r/min,D=302 mm	630	450	315
		300～500						轮灌	3	1 553		一台 20SH-13 泵,n=970 r/min,D=436 mm	800	560	400
		500～800						轮灌	4	2 484		一台 600S-47 泵,n=970 r/min,D=492 mm	1 000	1 000	500

附表 4-2-7　泵站居中布置、泡田时间 2 d,"E"字型布局,轮灌组形式二,潜水泵

作物	经营方式	面积/亩	田面与常水位高差/m	泵型	泵站位置	管网布置形式	泡田时间/d	工作制度	轮灌组数	选泵流量/(m^3/h)	选泵扬程/m	水泵选择	硬塑料管选用规格/mm		
													干管	分干管	支管
稻麦轮作	土地流转农场经营	100 以下	0.5～2.0	潜水泵	居中	"E"字型	2	续灌	1	311	1.0～4.0				
		100～300						轮灌	2	932		一台 350QZ-130 泵，−4°，n=1 450 r/min，D=300 mm	630	450	355
		300～500						轮灌	3	1 553		一台 500QZ-100D 泵，0°，n=740 r/min，D=450 mm	800	560	400
		500～800						轮灌	4	2 484		一台 500QZ-70 泵，0°，n=980 r/min，D=450 mm	1 000	1 000	560
稻麦轮作	土地流转农场经营	100 以下	2.0～4.0	潜水泵	居中	"E"字型	2	续灌	1	311	3.6～7.2				
		100～300						轮灌	2	932		一台 350QZ-100 泵，0°，n=1 450 r/min，D=300 mm	630	450	315
		300～500						轮灌	3	1 553		一台 500QZ-100G 泵，−6°，n=980 r/min，D=450 mm	800	560	400
		500～800						轮灌	4	2 484		一台 500QZ-100G 泵，+4°，n=980 r/min，D=450 mm	1 000	1 000	500

（续表）

作物	经营方式	面积/亩	田面与常水位高差/m	泵型	泵站位置	管网布置形式	泡田时间/d	工作制度	轮灌组数	选泵流量/(m^3/h)	选泵扬程/m	水泵选择	硬塑料管选用规格/mm		
													干管	分干管	支管
稻麦轮作	土地流转农场经营	100 以下	4.0～8.0	潜水泵	居中	“E”字型	2	续灌	1	311	6.0～12.0	一台 200QW-360-15-30 泵，n=980 r/min	400		280
		100～300						轮灌	2	932		一台 300QW-900-15-55 泵，n=980 r/min	630	450	315
		300～500						轮灌	3	1 553		一台 500QH-40 泵，－2°，n=1 450 r/min，D=333 mm	800	560	400
		500～800						轮灌	4	2 484		一台 600QH-50 泵，－2°，n=980 r/min，D=470 mm	1 000	1 000	500
稻麦轮作	土地流转农场经营	100 以下	8.0～12.0	潜水泵	居中	“E”字型	2	续灌	1	311	12.0～18.0	一台 200QW-350-20-37 泵，n=980 r/min	355		250
		100～300						轮灌	2	932		一台 500QH-40 泵，－4°，n=1 450 r/min，D=333 mm	630	450	315
		300～500						轮灌	3	1 553		一台 500QH-40 泵，＋2°，n=1 450 r/min，D=333 mm	800	560	400
		500～800						轮灌	4	2 484		两台 350QW-1200-18-90 泵，n=980 r/min	1 000	1 000	500
稻麦轮作	土地流转农场经营	100 以下	12.0～15.0	潜水泵	居中	“E”字型	2	续灌	1	311	18.0～22.5	一台 200QW-300-22-37 泵，n=980 r/min	355		250
		100～300						轮灌	2	932		一台 300QW-950-24-110 泵，n=990 r/min	630	450	315
		300～500						轮灌	3	1 553		一台 400QW-1700-22-160 泵，n=740 r/min	800	560	400
		500～800						轮灌	4	2 484		一台 500QW-1200-22-220 泵，n=740 r/min	1 000	1 000	500

附表 4-2-8　泵站居中布置、泡田时间 2 d,"E"字型布局,轮灌组形式二,轴流泵

作物	经营方式	面积/亩	田面与常水位高差/m	泵型	泵站位置	管网布置形式	泡田时间/d	工作制度	轮灌组数	选泵流量/(m³/h)	选泵扬程/m	水泵选择	硬塑料管选用规格/mm		
													干管	分干管	支管
稻麦轮作	土地流转农场经营	100 以下	0.5～2.0	轴流泵	居中	"E"字型	2	续灌	1	311	1.0～4.0				
		100～300						轮灌	2	932		一台 350ZLB-100 泵,−6°,n=1 470 r/min,D=300 mm	630	450	355
		300～500						轮灌	3	1 553		一台 350ZLB-125 泵,+3°,n=1 470 r/min,D=300 mm	800	560	450
		500～800						轮灌	4	2 484		一台 20ZLB-70(980)泵,0°,n=980 r/min,D=450 mm	1 000	1 000	500
稻麦轮作	土地流转农场经营	100 以下	2.0～4.0	轴流泵	居中	"E"字型	2	续灌	1	311	3.6～7.2				
		100～300						轮灌	2	932		一台 350ZLB-100 泵,0°,n=1 470 r/min,D=300 mm	630	450	315
		300～500						轮灌	3	1 553		一台 500ZLB-85 泵,−3°,n=980 r/min,D=450 mm	800	560	400
		500～800						轮灌	4	2 484		一台 500ZLB-8.6 泵,+4°,n=980 r/min,D=430 mm	1 000	1 000	500
稻麦轮作	土地流转农场经营	100 以下	4.0～8.0	轴流泵	居中	"E"字型	2	续灌	1	311	6.0～12.0				
		100～300						轮灌	2	932					
		300～500						轮灌	3	1 553					
		500～800						轮灌	4	2 484					
稻麦轮作	土地流转农场经营	100 以下	8.0～12.0	轴流泵	居中	"E"字型	2	续灌	1	311	12.0～18.0				
		100～300						轮灌	2	932					
		300～500						轮灌	3	1 553					
		500～800						轮灌	4	2 484					
稻麦轮作	土地流转农场经营	100 以下	12.0～15.0	轴流泵	居中	"E"字型	2	续灌	1	311	18.0～22.5				
		100～300						轮灌	2	932					
		300～500						轮灌	3	1 553					
		500～800						轮灌	4	2 484					

附表 4-3　泵站居中布置、泡田时间 3 d,“E”字型布局

轮灌组形式一：100 亩以下续灌，100～300 亩续灌，300～500 亩分 2 组轮灌，500～800 亩分 2 组轮灌

轮灌组形式二：100 亩以下续灌，100～300 亩分 2 组轮灌，300～500 亩分 3 组轮灌，500～800 亩分 4 组轮灌

附表 4-3-1　泵站居中布置、泡田时间 3 d,“E”字型布局，轮灌组形式一，混流泵

作物	经营方式	面积/亩	田面与常水位高差/m	泵型	泵站位置	管网布置形式	泡田时间/d	工作制度	轮灌组数	选泵流量/(m^3/h)	选泵扬程/m	水泵选择	硬塑料管选用规格/mm		
													干管	分干管	支管
稻麦轮作	土地流转农场经营	100 以下	0.5～2.0	混流泵	居中	“E”字型	3	续灌	1	207	1.0～4.0	一台 200HW－5 泵，n＝1 450 r/min，D＝138 mm	315		280
		100～300						续灌	1	621		一台 300HW-8 泵，n=970 r/min，D=226 mm	500	250	315
		300～500						轮灌	2	1 035					
		500～800						轮灌	2	1 656					
稻麦轮作	土地流转农场经营	100 以下	2.0～4.0	混流泵	居中	“E”字型	3	续灌	1	207	3.6～7.2	一台 150HW－6B 泵，n＝1 800 r/min，D＝158 mm	280		250
		100～300						续灌	1	621		一台 300HW－12 泵，n＝970 r/min，D＝277 mm	500	250	225
		300～500						轮灌	2	1 035		一台 300HW－8B 泵，n＝980 r/min，D＝305 mm	630	450	280
		500～800						轮灌	2	1 656		一台 400HW－7B 泵，n＝980 r/min，D＝326 mm	800	560	315

（续表）

作物	经营方式	面积/亩	田面与常水位高差/m	泵型	泵站位置	管网布置形式	泡田时间/d	工作制度	轮灌组数	选泵流量/(m^3/h)	选泵扬程/m	水泵选择	硬塑料管选用规格/mm		
													干管	分干管	支管
稻麦轮作	土地流转农场经营	100以下	4.0～8.0	混流泵	居中	“E”字型	3	续灌	1	207	6.0～12.0				
		100～300						续灌	1	621		一台250HW-8C泵，n=1 450 r/min，D=244 mm	500	250	225
		300～500						轮灌	2	1 035		一台300HW-7C泵，n=1 300 r/min，D=288 mm	630	450	280
		500～800						轮灌	2	1 656		一台400HW-7B泵，n=980 r/min，D=374 mm	800	560	315
稻麦轮作	土地流转农场经营	100以下	8.0～12.0	混流泵	居中	“E”字型	3	续灌	1	207	12.0～18.0				
		100～300						续灌	1	621					
		300～500						轮灌	2	1 035		一台500QH-40泵，−4°，n=1 450 r/min，D=333 mm	630	450	250
		500～800						轮灌	2	1 656		一台500QH-40泵，+2°，n=1 450 r/min，D=333 mm	800	560	280
稻麦轮作	土地流转农场经营	100以下	12.0～15.0	混流泵	居中	“E”字型	3	续灌	1	207	18.0～22.5				
		100～300						续灌	1	621					
		300～500						轮灌	2	1 035		一台350HLD-21泵，n=1 480 r/min，D=362 mm	630	450	250
		500～800						轮灌	2	1 656		一台500HLD-15泵，n=980 r/min，D=472 mm	800	560	355

附表 4-3-2　泵站居中布置、泡田时间 3 d,"E"字型布局,轮灌组形式一,离心泵

作物	经营方式	面积/亩	田面与常水位高差/m	泵型	泵站位置	管网布置形式	泡田时间/d	工作制度	轮灌组数	选泵流量/(m^3/h)	选泵扬程/m	水泵选择	硬塑料管选用规格/mm 干管	分干管	支管
稻麦轮作	土地流转农场经营	100 以下	0.5～2.0	离心泵	居中	"E"字型	3	续灌	1	207	1.0～4.0				
		100～300						续灌	1	621					
		300～500						轮灌	2	1 035					
		500～800						轮灌	2	1 656					
稻麦轮作	土地流转农场经营	100 以下	2.0～4.0	离心泵	居中	"E"字型	3	续灌	1	207	3.6～7.2	一台 ISG200-250(Ⅰ)B 泵,n=1 480 r/min,D=185 mm	280		250
		100～300						续灌	1	621		一台 300S-12 泵,n=1 480 r/min,D=201 mm	500	250	225
		300～500						轮灌	2	1 035		一台 350S-16 泵,n=1 480 r/min,D=220 mm	630	450	280
		500～800						轮灌	2	1 656		一台 500S-16 泵,n=970 r/min,D=317 mm	800	560	315
稻麦轮作	土地流转农场经营	100 以下	4.0～8.0	离心泵	居中	"E"字型	3	续灌	1	207	6.0～12.0	一台 ISG150-200 泵,n=1 480 r/min,D=217 mm	280		250
		100～300						续灌	1	621		一台 300S-19 泵,n=1 480 r/min,D=242 mm	500	250	225
		300～500						轮灌	2	1 035		一台 350S-26 泵,n=1 480 r/min,D=265 mm	630	450	280
		500～800						轮灌	2	1 656		一台 500S-13 泵,n=970 r/min,D=371 mm	800	560	315
稻麦轮作	土地流转农场经营	100 以下	8.0～12.0	离心泵	居中	"E"字型	3	续灌	1	207	12.0～18.0	一台 ISG150-250 泵,n=1 480 r/min,D=261 mm	280		225
		100～300						续灌	1	621		一台 ISG300-250 泵,n=1 480 r/min,D=292 mm	500	250	200
		300～500						轮灌	2	1 035		一台 350S-26 泵,n=1 480 r/min,D=297 mm	630	450	250
		500～800						轮灌	2	1 656		一台 24SH-19 泵,n=970 r/min,D=399 mm	800	560	280
稻麦轮作	土地流转农场经营	100 以下	12.0～15.0	离心泵	居中	"E"字型	3	续灌	1	207	18.0～22.5	一台 200S-42 泵,n=2 950 r/min,D=156 mm	280		225
		100～300						续灌	1	621		一台 ISG350-315 泵,n=1 480 r/min,D=284 mm	500	250	180
		300～500						轮灌	2	1 035		一台 350S-26 泵,n=1 480 r/min,D=319 mm	630	450	250
		500～800						轮灌	2	1 656		一台 500S-35 泵,n=970 r/min,D=477 mm	800	560	280

附表 4-3-3 泵站居中布置、泡田时间 3 d，“E”字型布局，轮灌组形式一，潜水泵

作物	经营方式	面积/亩	田面与常水位高差/m	泵型	泵站位置	管网布置形式	泡田时间/d	工作制度	轮灌组数	选泵流量/(m^3/h)	选泵扬程/m	水泵选择	硬塑料管选用规格/mm		
													干管	分干管	支管
稻麦轮作	土地流转农场经营	100 以下	0.5～2.0	潜水泵	居中	“E”字型	3	续灌	1	207	1.0～4.0				
		100～300						续灌	1	621					
		300～500						轮灌	2	1 035		一台 350QZ-100 泵，－4°，n＝1 450 r/min，D=300 mm	630	450	355
		500～800						轮灌	2	1 656		一台 500QZ-100D 泵，0°，n＝740 r/min，D=450 mm	800	560	400
稻麦轮作	土地流转农场经营	100 以下	2.0～4.0	潜水泵	居中	“E”字型	3	续灌	1	207	3.6～7.2	一台 150QW210-7-7.5 泵，n=1 460 r/min	280		280
		100～300						续灌	1	621		一台 250QW600-7-22 泵，n=980 r/min	500	250	225
		300～500						轮灌	2	1 035		一台 350QZ-100 泵，＋2°，n＝1 450 r/min，D=300 mm	630	450	315
		500～800						轮灌	2	1 656		一台 500QZ-70 泵，－4°，n＝980 r/min，D=450 mm	800	560	315
稻麦轮作	土地流转农场经营	100 以下	4.0～8.0	潜水泵	居中	“E”字型	3	续灌	1	207	6.0～12.0	一台 150QW200-10-11 泵，n=1 450 r/min	280		200
		100～300						续灌	1	621		一台 250QW600-15-45 泵，n=980 r/min	500	250	180
		300～500						轮灌	2	1 035		一台 350QW1200-15-75 泵，n=980 r/min	710	500	280
		500～800						轮灌	2	1 656					
稻麦轮作	土地流转农场经营	100 以下	8.0～12.0	潜水泵	居中	“E”字型	3	续灌	1	207	12.0～18.0	一台 150QW200-22-22 泵，n=980 r/min	280		200
		100～300						续灌	1	621		一台 250QW600-20-55 泵，n=980 r/min	500	250	180
		300～500						轮灌	2	1 035		一台 500QH-40 泵，－4°，n＝1 450 r/min，D=333 mm	630	450	250
		500～800						轮灌	2	1 656		一台 500QH-40 泵，＋2°，n＝1 450 r/min，D=333 mm	800	560	280
稻麦轮作	土地流转农场经营	100 以下	12.0～15.0	潜水泵	居中	“E”字型	3	续灌	1	207	18.0～22.5	一台 150QW200-22-22 泵，n=980 r/min	280		225
		100～300						续灌	1	621		一台 250QW600-20-75 泵，n=990 r/min	500	250	180
		300～500						轮灌	2	1 035		一台 300QW1000-22-90 泵，n=980 r/min	630	450	250
		500～800						轮灌	2	1 656		一台 400QW1700-22-160 泵，n=740 r/min	800	560	280

附表 4-3-4　泵站居中布置、泡田时间 3 d,“E”字型布局,轮灌组形式一,轴流泵

作物	经营方式	面积/亩	田面与常水位高差/m	泵型	泵站位置	管网布置形式	泡田时间/d	工作制度	轮灌组数	选泵流量/(m^3/h)	选泵扬程/m	水泵选择	硬塑料管选用规格/mm		
													干管	分干管	支管
稻麦轮作	土地流转农场经营	100 以下	0.5～2.0	轴流泵	居中	“E”字型	3	续灌	1	207	1.0～4.0				
		100～300						续灌	1	621		一台 350ZLB-125 泵,－6°,n=1 470 r/min,D=300 mm	500	250	315
		300～500						轮灌	2	1 035		一台 350ZLB-100 泵,－4°,n=1 470 r/min,D=300 mm	630	450	355
		500～800						轮灌	2	1 656		一台 350ZLB-125 泵,＋4°,n=1 470 r/min,D=300 mm	800	560	355
稻麦轮作	土地流转农场经营	100 以下	2.0～4.0	轴流泵	居中	“E”字型	3	续灌	1	207	3.6～7.2				
		100～300						续灌	1	621					
		300～500						轮灌	2	1 035		一台 350ZLB-70 泵,＋4°,n=1 470 r/min,D=300 mm	630	450	280
		500～800						轮灌	2	1 656		一台 500ZLB-85 泵,－2°,n=980 r/min,D=450 mm	800	560	315
稻麦轮作	土地流转农场经营	100 以下	4.0～8.0	轴流泵	居中	“E”字型	3	续灌	1	207	6.0～12.0				
		100～300						续灌	1	621					
		300～500						轮灌	2	1 035					
		500～800						轮灌	2	1 656					
稻麦轮作	土地流转农场经营	100 以下	8.0～12.0	轴流泵	居中	“E”字型	3	续灌	1	207	12.0～18.0				
		100～300						续灌	1	621					
		300～500						轮灌	2	1 035					
		500～800						轮灌	2	1 656					
稻麦轮作	土地流转农场经营	100 以下	12.0～15.0	轴流泵	居中	“E”字型	3	续灌	1	207	18.0～22.5				
		100～300						续灌	1	621					
		300～500						轮灌	2	1 035					
		500～800						轮灌	2	1 656					

附表 4-3-5 泵站居中布置、泡田时间 3 d,"E"字型布局,轮灌组形式二,混流泵

作物	经营方式	面积/亩	田面与常水位高差/m	泵型	泵站位置	管网布置形式	泡田时间/d	工作制度	轮灌组数	选泵流量/(m³/h)	选泵扬程/m	水泵选择	硬塑料管选用规格/mm		
													干管	分干管	支管
稻麦轮作	土地流转农场经营	100 以下	0.5～2.0	混流泵	居中	"E"字型	3	续灌	1	207	1.0～4.0	一台 200HW-5 泵,n=1 450 r/min,D=138 mm	315		280
		100～300						轮灌	2	621		一台 300HW-8 泵,n=970 r/min,D=226 mm	500	355	315
		300～500						轮灌	3	1 035					
		500～800						轮灌	4	1 656					
稻麦轮作	土地流转农场经营	100 以下	2.0～4.0	混流泵	居中	"E"字型	3	续灌	1	207	3.6～7.2	一台 150HW-6B 泵,n=1 800 r/min,D=158 mm	280		250
		100～300						轮灌	2	621		一台 300HW-12 泵,n=970 r/min,D=277 mm	500	355	280
		300～500						轮灌	3	1 035		一台 300HW-8B 泵,n=980 r/min,D=305 mm	630	450	355
		500～800						轮灌	4	1 656		一台 400HW-7B 泵,n=980 r/min,D=326 mm	800	800	400
稻麦轮作	土地流转农场经营	100 以下	4.0～8.0	混流泵	居中	"E"字型	3	续灌	1	207	6.0～12.0				
		100～300						轮灌	2	621		一台 250HW-8C 泵,n=1 450 r/min,D=244 mm	500	355	280
		300～500						轮灌	3	1 035		一台 300HW-7C 泵,n=1 300 r/min,D=288 mm	630	450	355
		500～800						轮灌	4	1 656		一台 400HW-7B 泵,n=980 r/min,D=374 mm	800	800	400
稻麦轮作	土地流转农场经营	100 以下	8.0～12.0	混流泵	居中	"E"字型	3	续灌	1	207	12.0～18.0				
		100～300						轮灌	2	621					
		300～500						轮灌	3	1 035		一台 500QH-40 泵,−4°,n=1 450 r/min,D=333 mm	630	450	315
		500～800						轮灌	4	1 656		一台 500QH-40 泵,+2°,n=1 450 r/min,D=333 mm	800	560	400
稻麦轮作	土地流转农场经营	100 以下	12.0～15.0	混流泵	居中	"E"字型	3	续灌	1	207	18.0～22.5				
		100～300						轮灌	2	621					
		300～500						轮灌	3	1 035		一台 350HLD-21 泵,n=1 480 r/min,D=362 mm	630	450	315
		500～800						轮灌	4	1 656		一台 500HLD-15 泵,n=980 r/min,D=472 mm	800	560	450

附表 4-3-6　泵站居中布置、泡田时间 3 d,“E”字型布局,轮灌组形式二,离心泵

作物	经营方式	面积/亩	田面与常水位高差/m	泵型	泵站位置	管网布置形式	泡田时间/d	工作制度	轮灌组数	选泵流量/(m^3/h)	选泵扬程/m	水泵选择	硬塑料管选用规格/mm		
													干管	分干管	支管
稻麦轮作	土地流转农场经营	100 以下	0.5～2.0	离心泵	居中	“E”字型	3	续灌	1	207	1.0～4.0				
		100～300						轮灌	2	621					
		300～500						轮灌	3	1 035					
		500～800						轮灌	4	1 656					
稻麦轮作	土地流转农场经营	100 以下	2.0～4.0	离心泵	居中	“E”字型	3	续灌	1	207	3.6～7.2	一台 ISG200-250(Ⅰ)B 泵,n=1 480 r/min,D=185 mm	280		250
		100～300						轮灌	2	621		一台 300S-12 泵,n=1 480 r/min,D=201 mm	500	355	280
		300～500						轮灌	3	1 035		一台 350S-16 泵,n=1 480 r/min,D=220 mm	630	450	355
		500～800						轮灌	4	1 656		一台 500S-16 泵,n=970 r/min,D=317 mm	800	800	400
稻麦轮作	土地流转农场经营	100 以下	4.0～8.0	离心泵	居中	“E”字型	3	续灌	1	207	6.0～12.0	一台 ISG150-200 泵,n=1 480 r/min,D=217 mm	280		250
		100～300						轮灌	2	621		一台 300S-19 泵,n=1 480 r/min,D=242 mm	500	355	280
		300～500						轮灌	3	1 035		一台 350S-26 泵,n=1 480 r/min,D=265 mm	630	450	355
		500～800						轮灌	4	1 656		一台 500S-13 泵,n=970 r/min,D=371 mm	800	800	400
稻麦轮作	土地流转农场经营	100 以下	8.0～12.0	离心泵	居中	“E”字型	3	续灌	1	207	12.0～18.0	一台 ISG150-250 泵,n=1 480 r/min,D=261 mm	280		225
		100～300						轮灌	2	621		一台 ISG300-250 泵,n=1 480 r/min,D=292 mm	500	355	250
		300～500						轮灌	3	1 035		一台 350S-26 泵,n=1 480 r/min,D=297 mm	630	450	315
		500～800						轮灌	4	1 656		一台 24SH-19 泵,n=970 r/min,D=399 mm	800	800	400
稻麦轮作	土地流转农场经营	100 以下	12.0～15.0	离心泵	居中	“E”字型	3	续灌	1	207	18.0～22.5	一台 200S-42 泵,n=2 950 r/min,D=156 mm	280		225
		100～300						轮灌	2	621		一台 ISG350-315 泵,n=1 480 r/min,D=284 mm	500	355	250
		300～500						轮灌	3	1 035		一台 350S-26 泵,n=1 480 r/min,D=319 mm	630	450	315
		500～800						轮灌	4	1 656		一台 500S-35 泵,n=970 r/min,D=477 mm	800	800	400

附表 4-3-7 泵站居中布置、泡田时间 3 d,"E"字型布局,轮灌组形式二,潜水泵

作物	经营方式	面积/亩	田面与常水位高差/m	泵型	泵站位置	管网布置形式	泡田时间/d	工作制度	轮灌组数	选泵流量/(m^3/h)	选泵扬程/m	水泵选择	硬塑料管选用规格/mm		
													干管	分干管	支管
稻麦轮作	土地流转农场经营	100 以下	0.5～2.0	潜水泵	居中	"E"字型	3	续灌	1	207	1.0～4.0				
		100～300						轮灌	2	621					
		300～500						轮灌	3	1 035		一台 350QZ-100 泵,－4°,n=1 450 r/min,D=300 mm	630	450	400
		500～800						轮灌	4	1 656		一台 500QZ-100D 泵,0°,n=740 r/min,D=450 mm	800	800	500
稻麦轮作	土地流转农场经营	100 以下	2.0～4.0	潜水泵	居中	"E"字型	3	续灌	1	207	3.6～7.2	一台 150QW210-7-7.5 泵,n=1 460 r/min	280		280
		100～300						轮灌	2	621		一台 250QW600-7-22 泵,n=980 r/min	500	355	280
		300～500						轮灌	3	1 035		一台 350QZ-100 泵,＋2°,n=1 450 r/min,D=300 mm	630	450	355
		500～800						轮灌	4	1 656		一台 500QZ-70 泵,－4°,n=980 r/min,D=450 mm	800	800	400
稻麦轮作	土地流转农场经营	100 以下	4.0～8.0	潜水泵	居中	"E"字型	3	续灌	1	207	6.0～12.0	一台 150QW200-10-11 泵,n=1 450 r/min	280		200
		100～300						轮灌	2	621		一台 250QW600-15-45 泵,n=980 r/min	500	355	250
		300～500						轮灌	3	1 035		一台 350QW1200-15-75 泵,n=980 r/min	710	500	355
		500～800						轮灌	4	1 656					
稻麦轮作	土地流转农场经营	100 以下	8.0～12.0	潜水泵	居中	"E"字型	3	续灌	1	207	12.0～18.0	一台 150QW200-22-22 泵,n=980 r/min	280		200
		100～300						轮灌	2	621		一台 250QW600-20-55 泵,n=980 r/min	500	355	250
		300～500						轮灌	3	1 035		一台 500QH-40 泵,－4°,n=1 450 r/min,D=333 mm	630	450	315
		500～800						轮灌	4	1 656		一台 500QH-40 泵,＋2°,n=1 450 r/min,D=333 mm	800	800	400
稻麦轮作	土地流转农场经营	100 以下	12.0～15.0	潜水泵	居中	"E"字型	3	续灌	1	207	18.0～22.5	一台 150QW200-22-22 泵,n=980 r/min	280		225
		100～300						轮灌	2	621		一台 250QW600-20-75 泵,n=990 r/min	500	355	250
		300～500						轮灌	3	1 035		一台 300QW1000-22-90 泵,n=980 r/min	630	450	315
		500～800						轮灌	4	1 656		一台 400QW1700-22-160 泵,n=740 r/min	800	800	400

附表 4-3-8　泵站居中布置、泡田时间 3 d,"E"字型布局,轮灌组形式二,轴流泵

作物	经营方式	面积/亩	田面与常水位高差/m	泵型	泵站位置	管网布置形式	泡田时间/d	工作制度	轮灌组数	选泵流量/(m^3/h)	选泵扬程/m	水泵选择	硬塑料管选用规格/mm		
													干管	分干管	支管
稻麦轮作	土地流转农场经营	100 以下	0.5～2.0	轴流泵	居中	"E"字型	3	续灌	1	207	1.0～4.0				
		100～300						轮灌	2	621		一台 350ZLB-125 泵,－6°,n=1 470 r/min,D=300 mm	500	355	315
		300～500						轮灌	3	1 035		一台 350ZLB-100 泵,－4°,n=1 470 r/min,D=300 mm	630	450	400
		500～800						轮灌	4	1 656		一台 350ZLB-125 泵,＋4°,n=1 470 r/min,D=300 mm	800	800	450
稻麦轮作	土地流转农场经营	100 以下	2.0～4.0	轴流泵	居中	"E"字型	3	续灌	1	207	3.6～7.2				
		100～300						轮灌	2	621					
		300～500						轮灌	3	1 035		一台 350ZLB-70 泵,＋4°,n=1 470 r/min,D=300 mm	630	450	315
		500～800						轮灌	4	1 656		一台 500ZLB-85 泵,－2°,n=980 r/min,D=450 mm	800	800	400
稻麦轮作	土地流转农场经营	100 以下	4.0～8.0	轴流泵	居中	"E"字型	3	续灌	1	207	6.0～12.0				
		100～300						轮灌	2	621					
		300～500						轮灌	3	1 035					
		500～800						轮灌	4	1 656					
稻麦轮作	土地流转农场经营	100 以下	8.0～12.0	轴流泵	居中	"E"字型	3	续灌	1	207	12.0～18.0				
		100～300						轮灌	2	621					
		300～500						轮灌	3	1 035					
		500～800						轮灌	4	1 656					
稻麦轮作	土地流转农场经营	100 以下	12.0～15.0	轴流泵	居中	"E"字型	3	续灌	1	207	18.0～22.5				
		100～300						轮灌	2	621					
		300～500						轮灌	3	1 035					
		500～800						轮灌	4	1 656					

附表 4-4　双泵、泵站居中布置、泡田时间 2 d，“E”字型布局

轮灌组形式一：100～300 亩续灌，300～500 亩分 2 组轮灌，500～800 亩分 2 组轮灌

轮灌组形式二：100～300 亩分 2 组轮灌，300～500 亩分 3 组轮灌，500～800 亩分 4 组轮灌

附表 4-4-1　泵站居中布置、泡田时间 2 d，“E”字型布局，轮灌组形式一，混流泵（双泵）

作物	经营方式	面积/亩	田面与常水位高差/m	泵型	泵站位置	管网布置形式	泡田时间/d	工作制度	轮灌组数	选泵流量/(m³/h)	选泵扬程/m	水泵选择	硬塑料管选用规格/mm		
													干管	分干管	支管
稻麦轮作	土地流转农场经营	100～300	0.5～2.0	混流泵	居中	“E”字型	2	续灌	1	932	1.0～4.0	一台 200HW－5 泵，$n=1\ 450$ r/min，$D=152$ mm，$N=7.5$ kW；一台 300HW－8 泵，$n=970$ r/min，$D=231$ mm，$N=22$ kW	630	315	315
		300～500						轮灌	2	1 553					
		500～800						轮灌	2	2 484					
稻麦轮作	土地流转农场经营	100～300	2.0～4.0	混流泵	居中	“E”字型	2	续灌	1	932	3.6～7.2	一台 200HW－8 泵，$n=1\ 450$ r/min，$D=186$ mm，$N=11$ kW；一台 300HW－8 泵，$n=970$ r/min，$D=275$ mm，$N=22$ kW	630	315	250
		300～500						轮灌	2	1 553		一台 300HW－12 泵，$n=970$ r/min，$D=254$ mm，$N=37$ kW；一台 400HW－7B 泵，$n=980$ r/min，$D=273$ mm，$N=75$ kW	800	560	355
		500～800						轮灌	2	2 484					

（续表）

作物	经营方式	面积/亩	田面与常水位高差/m	泵型	泵站位置	管网布置形式	泡田时间/d	工作制度	轮灌组数	选泵流量/(m^3/h)	选泵扬程/m	水泵选择	硬塑料管选用规格/mm		
													干管	分干管	支管
稻麦轮作	土地流转农场经营	100～300	4.0～8.0	混流泵	居中	“E”字型	2	续灌	1	932	6.0～12.0	一台 200HW-12 泵，$n=1\ 450$ r/min，$D=224$ mm，$N=18.5$ kW；一台 250HW-11C 泵，$n=1\ 600$ r/min，$D=228$ mm，$N=37$ kW	630	315	250
		300～500						轮灌	2	1 553		一台 250HW-12 泵，$n=1\ 180$ r/min，$D=282$ mm，$N=30$ kW；一台 400HW-10B 泵，$n=980$ r/min，$D=323$ mm，$N=110$ kW	800	560	355
		500～800						轮灌	2	2 484		一台 300HW-12 泵，$n=970$ r/min，$D=348$ mm，$N=37$ kW；一台 400HW-10B 泵，$n=980$ r/min，$D=379$ mm，$N=110$ kW	1 000	710	355
稻麦轮作	土地流转农场经营	100～300	8.0～12.0	混流泵	居中	“E”字型	2	续灌	1	932	12.0～18.0				
		300～500						轮灌	2	1 553					
		500～800						轮灌	2	2 484					
稻麦轮作	土地流转农场经营	100～300	12.0～15.0	混流泵	居中	“E”字型	2	续灌	1	932	18.0～22.5				
		300～500						轮灌	2	1 553					
		500～800						轮灌	2	2 484					

附表 4-4-2　泵站居中布置、泡田时间 2 d,"E"字型布局,轮灌组形式一,离心泵(双泵)

作物	经营方式	面积/亩	田面与常水位高差/m	泵型	泵站位置	管网布置形式	泡田时间/d	工作制度	轮灌组数	选泵流量/(m^3/h)	选泵扬程/m	水泵选择	硬塑料管选用规格/mm		
													干管	分干管	支管
稻麦轮作	土地流转农场经营	100～300	0.5～2.0	离心泵	居中	"E"字型	2	续灌	1	932	1.0～4.0				
		300～500						轮灌	2	1 553					
		500～800						轮灌	2	2 484					
稻麦轮作	土地流转农场经营	100～300	2.0～4.0	离心泵	居中	"E"字型	2	续灌	1	932	3.6～7.2	一台 10SH-19A 泵,n=1 470 r/min,D=168 mm,N=22 kW; 一台 300S-12 泵,n=1 480 r/min,D=205 mm,N=37 kW	630	315	250
		300～500						轮灌	2	1 553		一台 ISG250-235 泵,n=1 480 r/min,D=237 mm,N=30 kW; 一台 350S-16 泵,n=1 480 r/min,D=225 mm,N=75 kW	800	560	355
		500～800						轮灌	2	2 484		一台 300S-12 泵,n=1 480 r/min,D=218 mm,N=37 kW; 一台 500S-13 泵,n=970 r/min,D=324 mm,N=110 kW	1 000	710	355
稻麦轮作	土地流转农场经营	100～300	4.0～8.0	离心泵	居中	"E"字型	2	续灌	1	932	6.0～12.0	一台 10SH-13A 泵,n=1 470 r/min,D=202 mm,N=37 kW; 一台 300S-19 泵,n=1 480 r/min,D=247 mm,N=75 kW	630	315	250
		300～500						轮灌	2	1 553		一台 250S-14 泵,n=1 480 r/min,D=246 mm,N=30 kW; 一台 350S-26 泵,n=1 480 r/min,D=272 mm,N=132 kW	800	560	355
		500～800						轮灌	2	2 484		一台 14SH-19A 泵,n=1 470 r/min,D=234 mm,N=90 kW; 一台 500S-22 泵,n=970 r/min,D=392 mm,N=250 kW	1 000	710	355

（续表）

作物	经营方式	面积/亩	田面与常水位高差/m	泵型	泵站位置	管网布置形式	泡田时间/d	工作制度	轮灌组数	选泵流量/(m^3/h)	选泵扬程/m	水泵选择	硬塑料管选用规格/mm		
													干管	分干管	支管
稻麦轮作	土地流转农场经营	100～300	8.0～12.0	离心泵	居中	“E”字型	2	续灌	1	932	12.0～18.0	一台 250S-24 泵，$n=1\ 480$ r/min，$D=260$ mm，$N=45$ kW；一台 300S-32 泵，$n=1\ 480$ r/min，$D=287$ mm，$N=110$ kW	630	315	225
		300～500						轮灌	2	1 553		一台 ISG250-300 泵，$n=1\ 480$ r/min，$D=283$ mm，$N=37$ kW；一台 350S-26 泵，$n=1\ 480$ r/min，$D=302$ mm，$N=132$ kW	800	560	315
		500～800						轮灌	2	2 484		一台 300S-19 泵，$n=1\ 480$ r/min，$D=294$ mm，$N=75$ kW；一台 24SH-19 泵，$n=970$ r/min，$D=403$ mm，$N=380$ kW	1 000	710	355
稻麦轮作	土地流转农场经营	100～300	12.0～15.0	离心泵	居中	“E”字型	2	续灌	1	932	18.0～22.5	一台 10SH-9 泵，$n=1\ 470$ r/min，$D=269$ mm，$N=75$ kW；一台 12SH-13 泵，$n=1\ 470$ r/min，$D=293$ mm，$N=90$ kW	630	315	225
		300～500						轮灌	2	1 553		一台 250S-24 泵，$n=1\ 480$ r/min，$D=310$ mm，$N=45$ kW；一台 350S-26 泵，$n=1\ 480$ r/min，$D=324$ mm，$N=132$ kW	800	560	315
		500～800						轮灌	2	2 484		一台 300S-32 泵，$n=1\ 480$ r/min，$D=322$ mm，$N=110$ kW；一台 20SH-13A 泵，$n=970$ r/min，$D=445$ mm，$N=220$ kW	1 000	710	355

附表 4-4-3　泵站居中布置、泡田时间 2 d，“E”字型布局，轮灌组形式一，潜水泵（双泵）

作物	经营方式	面积/亩	田面与常水位高差/m	泵型	泵站位置	管网布置形式	泡田时间/d	工作制度	轮灌组数	选泵流量/(m^3/h)	选泵扬程/m	水泵选择	硬塑料管选用规格/mm		
													干管	分干管	支管
稻麦轮作	土地流转农场经营	100～300	0.5～2.0	潜水泵	居中	“E”字型	2	续灌	1	932	1.0～4.0				
		300～500						轮灌	2	1 553					
		500～800						轮灌	2	2 484		一台 350QZ-70D 泵，−2°，n=980 r/min，D=300 mm，N=15 kW；一台 500QZ-100D 泵，+2°，n=740 r/min，D=450 mm，N=30 kW	1 000	710	400
稻麦轮作	土地流转农场经营	100～300	2.0～4.0	潜水泵	居中	“E”字型	2	续灌	1	932	3.6～7.2				
		300～500						轮灌	2	1 553					
		500～800						轮灌	2	2 484		一台 350QZ-100 泵，−4°，n=1 450 r/min，D=300 mm，N=22 kW；一台 500QZ-100G 泵，−4°，n=980 r/min，D=450 mm，N=45 kW	1 000	710	355

（续表）

作物	经营方式	面积/亩	田面与常水位高差/m	泵型	泵站位置	管网布置形式	泡田时间/d	工作制度	轮灌组数	选泵流量/(m^3/h)	选泵扬程/m	水泵选择	硬塑料管选用规格/mm		
													干管	分干管	支管
稻麦轮作	土地流转农场经营	100～300	4.0～8.0	潜水泵	居中	“E”字型	2	续灌	1	932	6.0～12.0				
		300～500						轮灌	2	1 553		一台 250QW400-15-30 泵，n=980 r/min，N=30 kW；一台 350QW1200-15-75 泵，n=980 r/min，N=75 kW	800	560	315
		500～800						轮灌	2	2 484		一台 300QW900-15-55 泵，n=980 r/min，N=55 kW；一台 600QH-50 泵，$-4°$，n=980 r/min，D=470 mm，N=110 kW	1 000	710	355
稻麦轮作	土地流转农场经营	100～300	8.0～12.0	潜水泵	居中	“E”字型	2	续灌	1	932	12.0～18.0				
		300～500						轮灌	2	1 553					
		500～800						轮灌	2	2 484					
稻麦轮作	土地流转农场经营	100～300	12.0～15.0	潜水泵	居中	“E”字型	2	续灌	1	932	18.0～22.5				
		300～500						轮灌	2	1 553					
		500～800						轮灌	2	2 484		一台 250QW800-22-75 泵，n=980 r/min，N=75 kW；一台 400QW-1700-22-160 泵，n=740 r/min，N=160 kW	1 000	710	355

附表 4-4-4　泵站居中布置、泡田时间 2 d，"E"字型布局，轮灌组形式一，轴流泵（双泵）

作物	经营方式	面积/亩	田面与常水位高差/m	泵型	泵站位置	管网布置形式	泡田时间/d	工作制度	轮灌组数	选泵流量/(m^3/h)	选泵扬程/m	水泵选择	硬塑料管选用规格/mm		
													干管	分干管	支管
稻麦轮作	土地流转农场经营	100～300	0.5～2.0	轴流泵	居中	"E"字型	2	续灌	1	932	1.0～4.0				
		300～500						轮灌	2	1 553					
		500～800						轮灌	2	2 484		一台 350ZLB-125 泵，−4°，n=1 470 r/min，D=300 mm，N=18.5 kW；一台 350ZLB-125 泵，+4°，n=1 470 r/min，D=300 mm，N=30 kW	1 000	710	400
稻麦轮作	土地流转农场经营	100～300	2.0～4.0	轴流泵	居中	"E"字型	2	续灌	1	932	3.6～7.2				
		300～500						轮灌	2	1 553					
		500～800						轮灌	2	2 484					
稻麦轮作	土地流转农场经营	100～300	4.0～8.0	轴流泵	居中	"E"字型	2	续灌	1	932	6.0～12.0				
		300～500						轮灌	2	1 553					
		500～800						轮灌	2	2 484					
稻麦轮作	土地流转农场经营	100～300	8.0～12.0	轴流泵	居中	"E"字型	2	续灌	1	932	12.0～18.0				
		300～500						轮灌	2	1 553					
		500～800						轮灌	2	2 484					
稻麦轮作	土地流转农场经营	100～300	12.0～15.0	轴流泵	居中	"E"字型	2	续灌	1	932	18.0～22.5				
		300～500						轮灌	2	1 553					
		500～800						轮灌	2	2 484					

附表 4-4-5　泵站居中布置、泡田时间 2 d,“E”字型布局,轮灌组形式二,混流泵(双泵)

作物	经营方式	面积/亩	田面与常水位高差/m	泵型	泵站位置	管网布置形式	泡田时间/d	工作制度	轮灌组数	选泵流量/(m^3/h)	选泵扬程/m	水泵选择	硬塑料管选用规格/mm		
													干管	分干管	支管
稻麦轮作	土地流转农场经营	100～300	0.5～2.0	混流泵	居中	“E”字型	2	轮灌	2	932	1.0～4.0	一台 200HW-5 泵,n=1 450 r/min,D=152 mm,N=7.5 kW; 一台 300HW-8 泵,n=970 r/min,D=231 mm,N=22 kW	630	450	355
		300～500						轮灌	3	1 553					
		500～800						轮灌	4	2 484					
稻麦轮作	土地流转农场经营	100～300	2.0～4.0	混流泵	居中	“E”字型	2	轮灌	2	932	3.6～7.2	一台 200HW-8 泵,n=1 450 r/min,D=186 mm,N=11 kW; 一台 300HW-8 泵,n=970 r/min,D=275 mm,N=22 kW	630	450	315
		300～500						轮灌	3	1 553		一台 300HW-12 泵,n=970 r/min,D=254 mm,N=37 kW; 一台 400HW-7B 泵,n=980 r/min,D=273 mm,N=75 kW	800	560	400
		500～800						轮灌	4	2 484					

（续表）

作物	经营方式	面积/亩	田面与常水位高差/m	泵型	泵站位置	管网布置形式	泡田时间/d	工作制度	轮灌组数	选泵流量/(m^3/h)	选泵扬程/m	水泵选择	硬塑料管选用规格/mm		
													干管	分干管	支管
稻麦轮作	土地流转农场经营	100～300	4.0～8.0	混流泵	居中	“E”字型	2	轮灌	2	932	6.0～12.0	一台 200HW-12 泵，$n=1\ 450$ r/min，$D=224$ mm，$N=18.5$ kW； 一台 250HW-11C 泵，$n=1\ 600$ r/min，$D=228$ mm，$N=37$ kW	630	450	315
		300～500						轮灌	3	1 553		一台 250HW-12 泵，$n=1\ 180$ r/min，$D=282$ mm，$N=30$ kW； 一台 400HW-10B 泵，$n=980$ r/min，$D=323$ mm，$N=110$ kW	800	560	400
		500～800						轮灌	4	2 484		一台 300HW-12 泵，$n=970$ r/min，$D=348$ mm，$N=37$ kW； 一台 400HW-10B 泵，$n=980$ r/min，$D=379$ mm，$N=110$ kW	1 000	1 000	500
稻麦轮作	土地流转农场经营	100～300	8.0～12.0	混流泵	居中	“E”字型	2	轮灌	2	932	12.0～18.0				
		300～500						轮灌	3	1 553					
		500～800						轮灌	4	2 484					
稻麦轮作	土地流转农场经营	100～300	12.0～15.0	混流泵	居中	“E”字型	2	轮灌	2	932	18.0～22.5				
		300～500						轮灌	3	1 553					
		500～800						轮灌	4	2 484					

附表 4-4-6　泵站居中布置、泡田时间 2 d,“E”字型布局,轮灌组形式二,离心泵(双泵)

作物	经营方式	面积/亩	田面与常水位高差/m	泵型	泵站位置	管网布置形式	泡田时间/d	工作制度	轮灌组数	选泵流量/(m^3/h)	选泵扬程/m	水泵选择	硬塑料管选用规格/mm		
													干管	分干管	支管
稻麦轮作	土地流转农场经营	100～300	0.5～2.0	离心泵	居中	“E”字型	2	轮灌	2	932	1.0～4.0				
		300～500						轮灌	3	1 553					
		500～800						轮灌	4	2 484					
稻麦轮作	土地流转农场经营	100～300	2.0～4.0	离心泵	居中	“E”字型	2	轮灌	2	932	3.6～7.2	一台 10SH-19A 泵,n=1 470 r/min,D=168 mm,N=22 kW; 一台 300S-12 泵,n=1 480 r/min,D=205 mm,N=37 kW	630	450	315
		300～500						轮灌	3	1 553		一台 ISG250-235 泵,n=1 480 r/min,D=237 mm,N=30 kW; 一台 350S-16 泵,n=1 480 r/min,D=225 mm,N=75 kW	800	560	400
		500～800						轮灌	4	2 484		一台 300S-12 泵,n=1 480 r/min,D=218 mm,N=37 kW; 一台 500S-13 泵,n=970 r/min,D=324 mm,N=110 kW	1 000	1 000	500
稻麦轮作	土地流转农场经营	100～300	4.0～8.0	离心泵	居中	“E”字型	2	轮灌	2	932	6.0～12.0	一台 10SH-13A 泵,n=1 470 r/min,D=202 mm,N=37 kW; 一台 300S-19 泵,n=1 480 r/min,D=247 mm,N=75 kW	630	450	315
		300～500						轮灌	3	1 553		一台 250S-14 泵,n=1 480 r/min,D=246 mm,N=30 kW; 一台 350S-26 泵,n=1 480 r/min,D=272 mm,N=132 kW	800	560	400
		500～800						轮灌	4	2 484		一台 14SH-19A 泵,n=1 470 r/min,D=234 mm,N=90 kW; 一台 500S-22 泵,n=970 r/min,D=392 mm,N=250 kW	1 000	1 000	500

（续表）

作物	经营方式	面积/亩	田面与常水位高差/m	泵型	泵站位置	管网布置形式	泡田时间/d	工作制度	轮灌组数	选泵流量/(m^3/h)	选泵扬程/m	水泵选择	硬塑料管选用规格/mm		
													干管	分干管	支管
稻麦轮作	土地流转农场经营	100～300	8.0～12.0	离心泵	居中	“E”字型	2	轮灌	2	932	12.0～18.0	一台 250S-24 泵，n=1 480 r/min，D=260 mm，N=45 kW；一台 300S-32 泵，n=1 480 r/min，D=287 mm，N=110 kW	630	450	315
		300～500						轮灌	3	1 553		一台 ISG250-300 泵，n=1 480 r/min，D=283 mm，N=37 kW；一台 350S-26 泵，n=1 480 r/min，D=302 mm，N=132 kW	800	560	400
		500～800						轮灌	4	2 484		一台 300S-19 泵，n=1 480 r/min，D=294 mm，N=75 kW；一台 24SH-19 泵，n=970 r/min，D=403 mm，N=380 kW	1 000	1 000	500
稻麦轮作	土地流转农场经营	100～300	12.0～15.0	离心泵	居中	“E”字型	2	轮灌	2	932	18.0～22.5	一台 10SH-9 泵，n=1 470 r/min，D=269 mm，N=75 kW；一台 12SH-13 泵，n=1 470 r/min，D=293 mm，N=90 kW	630	450	315
		300～500						轮灌	3	1 553		一台 250S-24 泵，n=1 480 r/min，D=310 mm，N=45 kW；一台 350S-26 泵，n=1 480 r/min，D=324 mm，N=132 kW	800	560	400
		500～800						轮灌	4	2 484		一台 300S-32 泵，n=1 480 r/min，D=322 mm，N=110 kW；一台 20SH-13A 泵，n=970 r/min，D=445 mm，N=220 kW	1 000	1 000	500

附表 4-4-7 泵站居中布置、泡田时间 2 d,"E"字型布局,轮灌组形式二,潜水泵(双泵)

作物	经营方式	面积/亩	田面与常水位高差/m	泵型	泵站位置	管网布置形式	泡田时间/d	工作制度	轮灌组数	选泵流量/(m^3/h)	选泵扬程/m	水泵选择	硬塑料管选用规格/mm		
													干管	分干管	支管
稻麦轮作	土地流转农场经营	100～300	0.5～2.0	潜水泵	居中	"E"字型	2	轮灌	2	932	1.0～4.0				
		300～500						轮灌	3	1 553					
		500～800						轮灌	4	2 484		一台 350QZ-70D 泵,−2°,n=980 r/min,D=300 mm,N=15 kW; 一台 500QZ-100D 泵,+2°,n=740 r/min,D=450 mm,N=30 kW	1 000	1 000	560
稻麦轮作	土地流转农场经营	100～300	2.0～4.0	潜水泵	居中	"E"字型	2	轮灌	2	932	3.6～7.2				
		300～500						轮灌	3	1 553					
		500～800						轮灌	4	2 484		一台 350QZ-100 泵,−4°,n=1 450 r/min,D=300 mm,N=22 kW; 一台 500QZ-100G 泵,−4°,n=980 r/min,D=450 mm,N=45 kW	1 000	1 000	500
稻麦轮作	土地流转农场经营	100～300	4.0～8.0	潜水泵	居中	"E"字型	2	轮灌	2	932	6.0～12.0				
		300～500						轮灌	3	1 553		一台 250QW400-15-30 泵,n=980 r/min,N=30 kW; 一台 350QW1200-15-75 泵,n=980 r/min,N=75 kW	800	560	400
		500～800						轮灌	4	2 484		一台 300QW900-15-55 泵,n=980 r/min,N=55 kW; 一台 600QH-50 泵,−4°,n=980 r/min,D=470 mm,N=110 kW	1 000	1 000	500
稻麦轮作	土地流转农场经营	100～300	8.0～12.0	潜水泵	居中	"E"字型	2	轮灌	2	932	12.0～18.0				
		300～500						轮灌	3	1 553					
		500～800						轮灌	4	2 484					
稻麦轮作	土地流转农场经营	100～300	12.0～15.0	潜水泵	居中	"E"字型	2	轮灌	2	932	18.0～22.5				
		300～500						轮灌	3	1 553					
		500～800						轮灌	4	2 484		一台 250QW800-22-75 泵,n=980 r/min,N=75 kW; 一台 400QW-1700-22-160 泵,n=740 r/min,N=160 kW	1 000	1 000	500

附表 4-4-8　泵站居中布置、泡田时间 2 d,“E”字型布局,轮灌组形式二,轴流泵(双泵)

作物	经营方式	面积/亩	田面与常水位高差/m	泵型	泵站位置	管网布置形式	泡田时间/d	工作制度	轮灌组数	选泵流量/(m^3/h)	选泵扬程/m	水泵选择	硬塑料管选用规格/mm		
													干管	分干管	支管
稻麦轮作	土地流转农场经营	100～300	0.5～2.0	轴流泵	居中	“E”字型	2	轮灌	2	932	1.0～4.0				
		300～500						轮灌	3	1 553					
		500～800						轮灌	4	2 484		一台 350ZLB-125 泵,－4°,n＝1 470 r/min,D＝300 mm,N＝18.5 kW; 一台 350ZLB-125 泵,＋4°,n＝1 470 r/min,D＝300 mm,N＝30 kW	1 000	1 000	560
稻麦轮作	土地流转农场经营	100～300	2.0～4.0	轴流泵	居中	“E”字型	2	轮灌	2	932	3.6～7.2				
		300～500						轮灌	3	1 553					
		500～800						轮灌	4	2 484					
稻麦轮作	土地流转农场经营	100～300	4.0～8.0	轴流泵	居中	“E”字型	2	轮灌	2	932	6.0～12.0				
		300～500						轮灌	3	1 553					
		500～800						轮灌	4	2 484					
稻麦轮作	土地流转农场经营	100～300	8.0～12.0	轴流泵	居中	“E”字型	2	轮灌	2	932	12.0～18.0				
		300～500						轮灌	3	1 553					
		500～800						轮灌	4	2 484					
稻麦轮作	土地流转农场经营	100～300	12.0～15.0	轴流泵	居中	“E”字型	2	轮灌	2	932	18.0～22.5				
		300～500						轮灌	3	1 553					
		500～800						轮灌	4	2 484					

附表 4-5　双泵、泵站居中布置、泡田时间 3 d,“E”字型布局

轮灌组形式一：100～300 亩续灌，300～500 亩分 2 组轮灌，500～800 亩分 2 组轮灌

轮灌组形式二：100～300 亩分 2 组轮灌，300～500 亩分 3 组轮灌，500～800 亩分 4 组轮灌

附表 4-5-1　泵站居中布置、泡田时间 3 d,“E”字型布局，轮灌组形式一，混流泵（双泵）

作物	经营方式	面积/亩	田面与常水位高差/m	泵型	泵站位置	管网布置形式	泡田时间/d	工作制度	轮灌组数	选泵流量/(m^3/h)	选泵扬程/m	水泵选择	硬塑料管选用规格/mm		
													干管	分干管	支管
稻麦轮作	土地流转农场经营	100～300	0.5～2.0	混流泵	居中	“E”字型	3	续灌	1	621	1.0～4.0	一台 150HW-5 泵，$n=1\ 450$ r/min，$D=157$ mm，$N=4$ kW；一台 250HW-8B 泵，$n=1\ 180$ r/min，$D=188$ mm，$N=18.5$ kW	500	250	315
		300～500						轮灌	2	1 035		一台 250HW-8A 泵，$n=970$ r/min，$D=201$ mm，$N=11$ kW；一台 300HW-5 泵，$n=970$ r/min，$D=230$ mm，$N=15$ kW	630	450	355
		500～800						轮灌	2	1 656					

（续表）

作物	经营方式	面积/亩	田面与常水位高差/m	泵型	泵站位置	管网布置形式	泡田时间/d	工作制度	轮灌组数	选泵流量/(m^3/h)	选泵扬程/m	水泵选择	硬塑料管选用规格/mm		
													干管	分干管	支管
稻麦轮作	土地流转农场经营	100～300	2.0～4.0	混流泵	居中	"E"字型	3	续灌	1	621	3.6～7.2	一台 150HW-8 泵，n=1 450 r/min，D=196 mm，N=5.5 kW；一台 250HW-12 泵，n=1 180 r/min，D=233 mm，N=30 kW	500	250	225
		300～500						轮灌	2	1 035		一台 200HW-10A 泵，n=1 200 r/min，D=220 mm，N=11 kW；一台 300HW-8 泵，n=970 r/min，D=285 mm，N=22 kW	630	450	280
		500～800						轮灌	2	1 656		一台 300HW-12 泵，n=970 r/min，D=258 mm，N=37 kW；一台 400HW-7B 泵，n=980 r/min，D=279 mm，N=75 kW	800	560	315
稻麦轮作	土地流转农场经营	100～300	4.0～8.0	混流泵	居中	"E"字型	3	续灌	1	621	6.0～12.0	一台 150HW-12 泵，n=2 900 r/min，D=135 mm，N=11 kW；一台 250HW-12 泵，n=1 180 r/min，D=277 mm，N=30 kW	500	250	225
		300～500						轮灌	2	1 035		一台 200HW-12 泵，n=1 450 r/min，D=230 mm，N=18.5 kW；一台 300HW-12 泵，n=970 r/min，D=345 mm，N=37 kW	630	450	280
		500～800						轮灌	2	1 656		一台 250HW-12 泵，n=1 180 r/min，D=288 mm，N=30 kW；一台 400HW-10B 泵，n=980 r/min，D=328 mm，N=110 kW	800	560	315
稻麦轮作	土地流转农场经营	100～300	8.0～12.0	混流泵	居中	"E"字型	3	续灌	1	621	12.0～18.0				
		300～500						轮灌	2	1 035					
		500～800						轮灌	2	1 656					
稻麦轮作	土地流转农场经营	100～300	12.0～15.0	混流泵	居中	"E"字型	3	续灌	1	621	18.0～22.5				
		300～500						轮灌	2	1 035					
		500～800						轮灌	2	1 656					

附表 4-5-2　泵站居中布置、泡田时间 3 d,“E”字型布局,轮灌组形式一,离心泵(双泵)

作物	经营方式	面积/亩	田面与常水位高差/m	泵型	泵站位置	管网布置形式	泡田时间/d	工作制度	轮灌组数	选泵流量/(m^3/h)	选泵扬程/m	水泵选择	硬塑料管选用规格/mm		
													干管	分干管	支管
稻麦轮作	土地流转农场经营	100～300	0.5～2.0	离心泵	居中	“E”字型	3	续灌	1	621	1.0～4.0				
		300～500						轮灌	2	1 035					
		500～800						轮灌	2	1 656					
稻麦轮作	土地流转农场经营	100～300	2.0～4.0	离心泵	居中	“E”字型	3	续灌	1	621	3.6～7.2	一台 ISG150－200 泵,n=1 480 r/min,D=176 mm,N=15 kW;一台 ISG250－235 泵,n=1 480 r/min,D=230 mm,N=30 kW	500	250	225
		300～500						轮灌	2	1 035		一台 ISG250－235 泵,n=1 480 r/min,D=202 mm,N=30 kW;一台 300S－12 泵,n=1 480 r/min,D=215 mm,N=37 kW	630	450	280
		500～800						轮灌	2	1 656					
稻麦轮作	土地流转农场经营	100～300	4.0～8.0	离心泵	居中	“E”字型	3	续灌	1	621	6.0～12.0	一台 ISG150－200 泵,n=1 480 r/min,D=211 mm,N=15 kW;一台 ISG250－300 泵,n=1 480 r/min,D=241 mm,N=37 kW	500	250	225
		300～500						轮灌	2	1 035		一台 10SH－13A 泵,n=1 470 r/min,D=206 mm,N=37 kW;一台 300S－19 泵,n=1 480 r/min,D=259 mm,N=75 kW	630	450	280
		500～800						轮灌	2	1 656		一台 250S－14 泵,n=1 480 r/min,D=253 mm,N=30 kW;一台 350S－16 泵,n=1 480 r/min,D=265 mm,N=75 kW	800	560	315

（续表）

作物	经营方式	面积/亩	田面与常水位高差/m	泵型	泵站位置	管网布置形式	泡田时间/d	工作制度	轮灌组数	选泵流量/(m^3/h)	选泵扬程/m	水泵选择	硬塑料管选用规格/mm		
													干管	分干管	支管
稻麦轮作	土地流转农场经营	100～300	8.0～12.0	离心泵	居中	“E”字型	3	续灌	1	621	12.0～18.0	一台 ISG150－250 泵，n＝1 480 r/min，D＝255 mm，N＝18.5 kW；一台 10SH－13A 泵，n＝1 470 r/min，D＝262 mm，N＝37 kW	500	250	200
		300～500						轮灌	2	1 035		一台 10SH－13 泵，n＝1 470 r/min，D＝245 mm，N＝55 kW；一台 300S－19 泵，n＝1 480 r/min，D＝291 mm，N＝75 kW	630	450	250
		500～800						轮灌	2	1 656		一台 ISG300－315 泵，n＝1 480 r/min，D＝265 mm，N＝90 kW；一台 ISG350－450 泵，n＝980 r/min，D＝431 mm，N＝90 kW	800	560	280
稻麦轮作	土地流转农场经营	100～300	12.0～15.0	离心泵	居中	“E”字型	3	续灌	1	621	18.0～22.5	一台 200S－42 泵，n＝2 950 r/min，D＝153 mm，N＝55 kW；一台 250S－24 泵，n＝1 480 r/min，D＝305 mm，N＝45 kW	500	250	180
		300～500						轮灌	2	1 035		一台 250S－39 泵，n＝1 480 r/min，D＝284 mm，N＝75 kW；一台 ISG300－315 泵，n＝1 480 r/min，D＝318 mm，N＝90 kW	630	450	250
		500～800						轮灌	2	1 656		一台 ISG300－300 泵，n＝1 480 r/min，D＝280 mm，N＝75 kW；一台 14SH－19 泵，n＝1 470 r/min，D＝324 mm，N＝132 kW	800	560	280

附表 4-5-3　泵站居中布置、泡田时间 3 d,“E”字型布局,轮灌组形式一,潜水泵(双泵)

作物	经营方式	面积/亩	田面与常水位高差/m	泵型	泵站位置	管网布置形式	泡田时间/d	工作制度	轮灌组数	选泵流量/(m^3/h)	选泵扬程/m	水泵选择	硬塑料管选用规格/mm 干管	分干管	支管
稻麦轮作	土地流转农场经营	100～300	0.5～2.0	潜水泵	居中	“E”字型	3	续灌	1	621	1.0～4.0				
稻麦轮作	土地流转农场经营	300～500	0.5～2.0	潜水泵	居中	“E”字型	3	轮灌	2	1 035	1.0～4.0				
稻麦轮作	土地流转农场经营	500～800	0.5～2.0	潜水泵	居中	“E”字型	3	轮灌	2	1 656	1.0～4.0				
稻麦轮作	土地流转农场经营	100～300	2.0～4.0	潜水泵	居中	“E”字型	3	续灌	1	621	3.6～7.2				
稻麦轮作	土地流转农场经营	300～500	2.0～4.0	潜水泵	居中	“E”字型	3	轮灌	2	1 035	3.6～7.2				
稻麦轮作	土地流转农场经营	500～800	2.0～4.0	潜水泵	居中	“E”字型	3	轮灌	2	1 656	3.6～7.2	一台 200QW400-7-15 泵,n=1 450 r/min,N=15 kW; 一台 350QZ-70G 泵,−2°,n=980 r/min,D=300 mm,N=45 kW	800	560	355
稻麦轮作	土地流转农场经营	100～300	4.0～8.0	潜水泵	居中	“E”字型	3	续灌	1	621	6.0～12.0	一台 200QW250-15-18.5 泵,n=1 450 r/min,N=18.5 kW; 一台 250WQ400-15-30 泵,n=980 r/min,N=30 kW	500	250	180
稻麦轮作	土地流转农场经营	300～500	4.0～8.0	潜水泵	居中	“E”字型	3	轮灌	2	1 035	6.0～12.0				
稻麦轮作	土地流转农场经营	500～800	4.0～8.0	潜水泵	居中	“E”字型	3	轮灌	2	1 656	6.0～12.0	一台 250QW500-15-37 泵,n=980 r/min,N=37 kW; 一台 350WQ1200-15-75 泵,n=980 r/min,N=75 kW	800	560	315
稻麦轮作	土地流转农场经营	100～300	8.0～12.0	潜水泵	居中	“E”字型	3	续灌	1	621	12.0～18.0				
稻麦轮作	土地流转农场经营	300～500	8.0～12.0	潜水泵	居中	“E”字型	3	轮灌	2	1 035	12.0～18.0				
稻麦轮作	土地流转农场经营	500～800	8.0～12.0	潜水泵	居中	“E”字型	3	轮灌	2	1 656	12.0～18.0				
稻麦轮作	土地流转农场经营	100～300	12.0～15.0	潜水泵	居中	“E”字型	3	续灌	1	621	18.0～22.5	一台 150QW200-22-22 泵,n=980 r/min,N=22 kW; 一台 200WQ450-22-45 泵,n=980 r/min,N=45 kW	500	250	200
稻麦轮作	土地流转农场经营	300～500	12.0～15.0	潜水泵	居中	“E”字型	3	轮灌	2	1 035	18.0～22.5	一台 200QW300-22-37 泵,n=980 r/min,N=37 kW; 一台 250WQ800-22-75 泵,n=980 r/min,N=75 kW	630	450	250
稻麦轮作	土地流转农场经营	500～800	12.0～15.0	潜水泵	居中	“E”字型	3	轮灌	2	1 656	18.0～22.5				

附表 4-5-4　泵站居中布置、泡田时间 3 d,"E"字型布局,轮灌组形式一,轴流泵(双泵)

作物	经营方式	面积/亩	田面与常水位高差/m	泵型	泵站位置	管网布置形式	泡田时间/d	工作制度	轮灌组数	选泵流量/(m^3/h)	选泵扬程/m	水泵选择	硬塑料管选用规格/mm		
													干管	分干管	支管
稻麦轮作	土地流转农场经营	100～300	0.5～2.0	轴流泵	居中	"E"字型	3	续灌	1	621	1.0～4.0				
		300～500						轮灌	2	1 035					
		500～800						轮灌	2	1 656					
稻麦轮作	土地流转农场经营	100～300	2.0～4.0	轴流泵	居中	"E"字型	3	续灌	1	621	3.6～7.2				
		300～500						轮灌	2	1 035					
		500～800						轮灌	2	1 656					
稻麦轮作	土地流转农场经营	100～300	4.0～8.0	轴流泵	居中	"E"字型	3	续灌	1	621	6.0～12.0				
		300～500						轮灌	2	1 035					
		500～800						轮灌	2	1 656					
稻麦轮作	土地流转农场经营	100～300	8.0～12.0	轴流泵	居中	"E"字型	3	续灌	1	621	12.0～18.0				
		300～500						轮灌	2	1 035					
		500～800						轮灌	2	1 656					
稻麦轮作	土地流转农场经营	100～300	12.0～15.0	轴流泵	居中	"E"字型	3	续灌	1	621	18.0～22.5				
		300～500						轮灌	2	1 035					
		500～800						轮灌	2	1 656					

附表 4-5-5　泵站居中布置、泡田时间 3 d,“E”字型布局,轮灌组形式二,混流泵(双泵)

作物	经营方式	面积/亩	田面与常水位高差/m	泵型	泵站位置	管网布置形式	泡田时间/d	工作制度	轮灌组数	选泵流量/(m^3/h)	选泵扬程/m	水泵选择	硬塑料管选用规格/mm		
													干管	分干管	支管
稻麦轮作	土地流转农场经营	100～300	0.5～2.0	混流泵	居中	“E”字型	3	轮灌	2	621	1.0～4.0	一台 150HW-5 泵,n=1 450 r/min,D=157 mm,N=4 kW;一台 250HW-8B 泵,n=1 180 r/min,D=188 mm,N=18.5 kW	500	355	315
		300～500						轮灌	3	1 035		一台 250HW-8A 泵,n=970 r/min,D=201 mm,N=11 kW;一台 300HW-5 泵,n=970 r/min,D=230 mm,N=15 kW	630	450	400
		500～800						轮灌	4	1 656					
稻麦轮作	土地流转农场经营	100～300	2.0～4.0	混流泵	居中	“E”字型	3	轮灌	2	621	3.6～7.2	一台 150HW-8 泵,n=1 450 r/min,D=196 mm,N=5.5 kW;一台 250HW-12 泵,n=1 180 r/min,D=233 mm,N=30 kW	500	355	280
		300～500						轮灌	3	1 035		一台 200HW-10A 泵,n=1 200 r/min,D=220 mm,N=11 kW;一台 300HW-8 泵,n=970 r/min,D=285 mm,N=22 kW	630	450	355
		500～800						轮灌	4	1 656		一台 300HW-12 泵,n=970 r/min,D=258 mm,N=37 kW;一台 400HW-7B 泵,n=980 r/min,D=279 mm,N=75 kW	800	800	400

（续表）

作物	经营方式	面积/亩	田面与常水位高差/m	泵型	泵站位置	管网布置形式	泡田时间/d	工作制度	轮灌组数	选泵流量/(m^3/h)	选泵扬程/m	水泵选择	硬塑料管选用规格/mm		
													干管	分干管	支管
		100～300						轮灌	2	621		一台 150HW－12 泵，n＝2 900 r/min，D＝135 mm，N＝11 kW；一台 250HW－12 泵，n＝1 180 r/min，D＝277 mm，N＝30 kW	500	355	280
稻麦轮作	土地流转农场经营	300～500	4.0～8.0	混流泵	居中	“E”字型	3	轮灌	3	1 035	6.0～12.0	一台 200HW－12 泵，n＝1 450 r/min，D＝230 mm，N＝18.5 kW；一台 300HW－12 泵，n＝970 r/min，D＝345 mm，N＝37 kW	630	450	355
		500～800						轮灌	4	1 656		一台 250HW－12 泵，n＝1 180 r/min，D＝288 mm，N＝30 kW；一台 400HW－10B 泵，n＝980 r/min，D＝328 mm，N＝110 kW	800	800	400
		100～300						轮灌	2	621					
稻麦轮作	土地流转农场经营	300～500	8.0～12.0	混流泵	居中	“E”字型	3	轮灌	3	1 035	12.0～18.0				
		500～800						轮灌	4	1 656					
		100～300						轮灌	2	621					
稻麦轮作	土地流转农场经营	300～500	12.0～15.0	混流泵	居中	“E”字型	3	轮灌	3	1 035	18.0～22.5				
		500～800						轮灌	4	1 656					

附表 4-5-6　泵站居中布置、泡田时间 3 d,“E”字型布局,轮灌组形式二,离心泵(双泵)

作物	经营方式	面积/亩	田面与常水位高差/m	泵型	泵站位置	管网布置形式	泡田时间/d	工作制度	轮灌组数	选泵流量/(m^3/h)	选泵扬程/m	水泵选择	硬塑料管选用规格/mm		
													干管	分干管	支管
稻麦轮作	土地流转农场经营	100～300	0.5～2.0	离心泵	居中	“E”字型	3	轮灌	2	621	1.0～4.0				
		300～500						轮灌	3	1 035					
		500～800						轮灌	4	1 656					
稻麦轮作	土地流转农场经营	100～300	2.0～4.0	离心泵	居中	“E”字型	3	轮灌	2	621	3.6～7.2	一台 ISG150－200 泵,n＝1 480 r/min,D＝176 mm,N＝15 kW;一台 ISG250－235 泵,n＝1 480 r/min,D＝230 mm,N＝30 kW	500	355	280
		300～500						轮灌	3	1 035		一台 ISG250－235 泵,n＝1 480 r/min,D＝202 mm,N＝30 kW;一台 300S－12 泵,n＝1 480 r/min,D＝215 mm,N＝37 kW	630	450	355
		500～800						轮灌	4	1 656					
稻麦轮作	土地流转农场经营	100～300	4.0～8.0	离心泵	居中	“E”字型	3	轮灌	2	621	6.0～12.0	一台 ISG150－200 泵,n＝1 480 r/min,D＝211 mm,N＝15 kW;一台 ISG250－300 泵,n＝1 480 r/min,D＝241 mm,N＝37 kW	500	355	280
		300～500						轮灌	3	1 035		一台 10SH－13A 泵,n＝1 470 r/min,D＝206 mm,N＝37 kW;一台 300S－19 泵,n＝1 480 r/min,D＝259 mm,N＝75 kW	630	450	355
		500～800						轮灌	4	1 656		一台 250S－14 泵,n＝1 480 r/min,D＝253 mm,N＝30 kW;一台 350S－16 泵,n＝1 480 r/min,D＝265 mm,N＝75 kW	800	800	400

（续表）

作物	经营方式	面积/亩	田面与常水位高差/m	泵型	泵站位置	管网布置形式	泡田时间/d	工作制度	轮灌组数	选泵流量/(m^3/h)	选泵扬程/m	水泵选择	硬塑料管选用规格/mm		
													干管	分干管	支管
稻麦轮作	土地流转农场经营	100～300	8.0～12.0	离心泵	居中	“E”字型	3	轮灌	2	621	12.0～18.0	一台 ISG150－250 泵，n＝1 480 r/min，D＝255 mm，N＝18.5 kW；一台 10SH－13A 泵，n＝1 470 r/min，D＝262 mm，N＝37 kW	500	355	250
		300～500						轮灌	3	1 035		一台 10SH－13 泵，n＝1 470 r/min，D＝245 mm，N＝55 kW；一台 300S－19 泵，n＝1 480 r/min，D＝291 mm，N＝75 kW	630	450	315
		500～800						轮灌	4	1 656		一台 ISG300－315 泵，n＝1 480 r/min，D＝265 mm，N＝90 kW；一台 ISG350－450 泵，n＝980 r/min，D＝431 mm，N＝90 kW	800	800	400
稻麦轮作	土地流转农场经营	100～300	12.0～15.0	离心泵	居中	“E”字型	3	轮灌	2	621	18.0～22.5	一台 200S－42 泵，n＝2 950 r/min，D＝153 mm，N＝55 kW；一台 250S－24 泵，n＝1 480 r/min，D＝305 mm，N＝45 kW	500	355	250
		300～500						轮灌	3	1 035		一台 250S－39 泵，n＝1 480 r/min，D＝284 mm，N＝75 kW；一台 ISG300－315 泵，n＝1 480 r/min，D＝318 mm，N＝90 kW	630	450	315
		500～800						轮灌	4	1 656		一台 ISG300－300 泵，n＝1 480 r/min，D＝280 mm，N＝75 kW；一台 14SH－19 泵，n＝1 470 r/min，D＝324 mm，N＝132 kW	800	800	400

附表 4-5-7　泵站居中布置、泡田时间 3 d，"E"字型布局，轮灌组形式二，潜水泵（双泵）

作物	经营方式	面积/亩	田面与常水位高差/m	泵型	泵站位置	管网布置形式	泡田时间/d	工作制度	轮灌组数	选泵流量/(m^3/h)	选泵扬程/m	水泵选择	硬塑料管选用规格/mm 干管	分干管	支管
稻麦轮作	土地流转农场经营	100～300	0.5～2.0	潜水泵	居中	"E"字型	3	轮灌	2	621	1.0～4.0				
		300～500						轮灌	3	1 035					
		500～800						轮灌	4	1 656					
稻麦轮作	土地流转农场经营	100～300	2.0～4.0	潜水泵	居中	"E"字型	3	轮灌	2	621	3.6～7.2				
		300～500						轮灌	3	1 035					
		500～800						轮灌	4	1 656		一台 200QW400-7-15 泵，n=1 450 r/min，N=15 kW；一台 350QZ-70G 泵，−2°，n=980 r/min，D=300 mm，N=45 kW	800	800	450
稻麦轮作	土地流转农场经营	100～300	4.0～8.0	潜水泵	居中	"E"字型	3	轮灌	2	621	6.0～12.0	一台 200QW250-15-18.5 泵，n=1 450 r/min，N=18.5 kW；一台 250WQ400-15-30 泵，n=980 r/min，N=30 kW	500	355	250
		300～500						轮灌	3	1 035					
		500～800						轮灌	4	1 656		一台 250QW500-15-37 泵，n=980 r/min，N=37 kW；一台 350WQ1200-15-75 泵，n=980 r/min，N=75 kW	800	800	400
稻麦轮作	土地流转农场经营	100～300	8.0～12.0	潜水泵	居中	"E"字型	3	轮灌	2	621	12.0～18.0				
		300～500						轮灌	3	1 035					
		500～800						轮灌	4	1 656					
稻麦轮作	土地流转农场经营	100～300	12.0～15.0	潜水泵	居中	"E"字型	3	轮灌	2	621	18.0～22.5	一台 150QW200-22-22 泵，n=980 r/min，N=22 kW；一台 200WQ450-22-45 泵，n=980 r/min，N=45 kW	500	355	250
		300～500						轮灌	3	1 035		一台 200QW300-22-37 泵，n=980 r/min，N=37 kW；一台 250WQ800-22-75 泵，n=980 r/min，N=75 kW	630	450	315
		500～800						轮灌	4	1 656					

附表 4-5-8　泵站居中布置、泡田时间 3 d,“E”字型布局,轮灌组形式二,轴流泵(双泵)

作物	经营方式	面积/亩	田面与常水位高差/m	泵型	泵站位置	管网布置形式	泡田时间/d	工作制度	轮灌组数	选泵流量/(m^3/h)	选泵扬程/m	水泵选择	硬塑料管选用规格/mm		
													干管	分干管	支管
稻麦轮作	土地流转农场经营	100～300	0.5～2.0	轴流泵	居中	“E”字型	3	轮灌	2	621	1.0～4.0				
		300～500						轮灌	3	1 035					
		500～800						轮灌	4	1 656					
稻麦轮作	土地流转农场经营	100～300	2.0～4.0	轴流泵	居中	“E”字型	3	轮灌	2	621	3.6～7.2				
		300～500						轮灌	3	1 035					
		500～800						轮灌	4	1 656					
稻麦轮作	土地流转农场经营	100～300	4.0～8.0	轴流泵	居中	“E”字型	3	轮灌	2	621	6.0～12.0				
		300～500						轮灌	3	1 035					
		500～800						轮灌	4	1 656					
稻麦轮作	土地流转农场经营	100～300	8.0～12.0	轴流泵	居中	“E”字型	3	轮灌	2	621	12.0～18.0				
		300～500						轮灌	3	1 035					
		500～800						轮灌	4	1 656					
稻麦轮作	土地流转农场经营	100～300	12.0～15.0	轴流泵	居中	“E”字型	3	轮灌	2	621	18.0～22.5				
		300～500						轮灌	3	1 035					
		500～800						轮灌	4	1 656					

附表 4-6　双泵、泵站居中布置、泡田时间 5 d，“E”字型布局

轮灌组形式一：100～300 亩续灌，300～500 亩分 2 组轮灌，500～800 亩分 2 组轮灌

轮灌组形式二：100～300 亩分 2 组轮灌，300～500 亩分 3 组轮灌，500～800 亩分 4 组轮灌

附表 4-6-1　泵站居中布置、泡田时间 5 d，“E”字型布局，轮灌组形式一，混流泵（双泵）

作物	经营方式	面积/亩	田面与常水位高差/m	泵型	泵站位置	管网布置形式	泡田时间/d	工作制度	轮灌组数	选泵流量/(m^3/h)	选泵扬程/m	水泵选择	硬塑料管选用规格/mm		
													干管	分干管	支管
稻麦轮作	土地流转农场经营	100～300	0.5～2.0	混流泵	居中	“E”字型	5	续灌	1	375	1.0～4.0	一台 150HW－6A 泵，n＝1 450 r/min，D＝131 mm，N＝5.5 kW； 一台 200HW－8 泵，n＝1 450 r/min，D＝150 mm，N＝11 kW	400	225	225
		300～500						轮灌	2	626		一台 150HW－5 泵，n＝1 450 r/min，D＝158 mm，N＝4 kW； 一台 250HW－11A 泵，n＝980 r/min，D＝225 mm，N＝11 kW	500	355	280
		500～800						轮灌	2	1 001		一台 250HW－8A 泵，n＝970 r/min，D＝199 mm，N＝11 kW； 一台 300HW－8 泵，n＝970 r/min，D＝239 mm，N＝22 kW	630	450	315

（续表）

作物	经营方式	面积/亩	田面与常水位高差/m	泵型	泵站位置	管网布置形式	泡田时间/d	工作制度	轮灌组数	选泵流量/(m^3/h)	选泵扬程/m	水泵选择	硬塑料管选用规格/mm		
													干管	分干管	支管
稻麦轮作	土地流转农场经营	100～300	2.0～4.0	混流泵	居中	“E”字型	5	续灌	1	375	3.6～7.2	一台 150HW－12 泵，n＝2 900 r/min，D＝96 mm，N＝11 kW；一台 200HW－12 泵，n＝1 450 r/min，D＝183 mm，N＝18.5 kW	400	200	200
		300～500						轮灌	2	626		一台 150HW－6B 泵，n＝1 800 r/min，D＝152 mm，N＝7.5 kW；一台 250HW－8B 泵，n＝1 180 r/min，D＝225 mm，N＝18.5 kW	500	355	250
		500～800						轮灌	2	1 001		一台 200HW－8 泵，n＝1 450 r/min，D＝190 mm，N＝11 kW；一台 300HW－7C 泵，n＝1 300 r/min，D＝212 mm，N＝55 kW	630	450	280
稻麦轮作	土地流转农场经营	100～300	4.0～8.0	混流泵	居中	“E”字型	5	续灌	1	375	6.0～12.0				
		300～500						轮灌	2	626					
		500～800						轮灌	2	1 001		一台 200HW－12 泵，n＝1 450 r/min，D＝228 mm，N＝18.5 kW；一台 300HW－12 泵，n＝970 r/min，D＝341 mm，N＝37 kW	630	450	280
稻麦轮作	土地流转农场经营	100～300	8.0～12.0	混流泵	居中	“E”字型	5	续灌	1	375	12.0～18.0				
		300～500						轮灌	2	626					
		500～800						轮灌	2	1 001					
稻麦轮作	土地流转农场经营	100～300	12.0～15.0	混流泵	居中	“E”字型	5	续灌	1	375	18.0～22.5				
		300～500						轮灌	2	626					
		500～800						轮灌	2	1 001					

附表 4-6-2　泵站居中布置、泡田时间 5 d,“E”字型布局,轮灌组形式一,离心泵(双泵)

作物	经营方式	面积/亩	田面与常水位高差/m	泵型	泵站位置	管网布置形式	泡田时间/d	工作制度	轮灌组数	选泵流量/(m^3/h)	选泵扬程/m	水泵选择	硬塑料管选用规格/mm		
													干管	分干管	支管
稻麦轮作	土地流转农场经营	100～300	0.5～2.0	离心泵	居中	“E”字型	5	续灌	1	375	1.0～4.0				
		300～500						轮灌	2	626					
		500～800						轮灌	2	1 001					
稻麦轮作	土地流转农场经营	100～300	2.0～4.0	离心泵	居中	“E”字型	5	续灌	1	375	3.6～7.2	一台 ISG125-100 泵,n=2 950 r/min,D=102 mm,N=7.5 kW;一台 10SH-12 泵,n=1 470 r/min,D=165 mm,N=22 kW	400	200	200
		300～500						轮灌	2	626		一台 ISW200-200A 泵,n=1 480 r/min,D=181 mm,N=11 kW;一台 250S-14 泵,n=1 480 r/min,D=209 mm,N=30 kW	500	355	250
		500～800						轮灌	2	1 001		一台 ISG250-235 泵,n=1 480 r/min,D=200 mm,N=30 kW;一台 ISG350-235 泵,n=1 480 r/min,D=238 mm,N=37 kW	630	450	280
稻麦轮作	土地流转农场经营	100～300	4.0～8.0	离心泵	居中	“E”字型	5	续灌	1	375	6.0～12.0	一台 ISG250-250 泵,n=1 480 r/min,D=227 mm,N=11 kW;一台 10SH-13A 泵,n=1 470 r/min,D=199 mm,N=37 kW	400	200	200
		300～500						轮灌	2	626		一台 ISG150-250 泵,n=1 480 r/min,D=220 mm,N=18.5 kW;一台 250S-14 泵,n=1 480 r/min,D=240 mm,N=30 kW	500	355	250
		500～800						轮灌	2	1 001		一台 ISG250-300 泵,n=1 480 r/min,D=219 mm,N=37 kW;一台 14SH-19A 泵,n=1 470 r/min,D=229 mm,N=90 kW	630	450	280

（续表）

作物	经营方式	面积/亩	田面与常水位高差/m	泵型	泵站位置	管网布置形式	泡田时间/d	工作制度	轮灌组数	选泵流量/(m^3/h)	选泵扬程/m	水泵选择	硬塑料管选用规格/mm		
													干管	分干管	支管
稻麦轮作	土地流转农场经营	100～300	8.0～12.0	离心泵	居中	“E”字型	5	续灌	1	375	12.0～18.0	一台 ISG250-250 泵，n=1 480 r/min，D=270 mm，N=11 kW；一台 10SH-13A 泵，n=1 470 r/min，D=238 mm，N=37 kW	400	200	180
		300～500						轮灌	2	626		一台 ISG200-250 泵，n=1 480 r/min，D=246 mm，N=18.5 kW；一台 10SH-13 泵，n=1 470 r/min，D=261 mm，N=55 kW	500	355	225
		500～800						轮灌	2	1 001		一台 10SH-13 泵，n=1 470 r/min，D=244 mm，N=55 kW；一台 300S-32 泵，n=1 480 r/min，D=293 mm，N=110 kW	630	450	250
稻麦轮作	土地流转农场经营	100～300	12.0～15.0	离心泵	居中	“E”字型	5	续灌	1	375	18.0～22.5	一台 ISG150-160 泵，n=2 950 r/min，D=144 mm，N=22 kW；一台 250S-39 泵，n=1 480 r/min，D=279 mm，N=75 kW	400	200	160
		300～500						轮灌	2	626		一台 8SH-13A 泵，n=2 950 r/min，D=148 mm，N=45 kW；一台 250S-24 泵，n=1 480 r/min，D=306 mm，N=45 kW	500	355	200
		500～800						轮灌	2	1 001		一台 250S-39 泵，n=1 480 r/min，D=283 mm，N=75 kW；一台 400S-40 泵，n=970 r/min，D=432 mm，N=185 kW	630	450	225

附表 4-6-3　泵站居中布置、泡田时间 5 d，"E"字型布局，轮灌组形式一，潜水泵(双泵)

作物	经营方式	面积/亩	田面与常水位高差/m	泵型	泵站位置	管网布置形式	泡田时间/d	工作制度	轮灌组数	选泵流量/(m^3/h)	选泵扬程/m	水泵选择	硬塑料管选用规格/mm		
													干管	分干管	支管
稻麦轮作	土地流转农场经营	100～300	0.5～2.0	潜水泵	居中	"E"字型	5	续灌	1	375	1.0～4.0				
		300～500						轮灌	2	626					
		500～800						轮灌	2	1 001					
稻麦轮作	土地流转农场经营	100～300	2.0～4.0	潜水泵	居中	"E"字型	5	续灌	1	375	3.6～7.2				
		300～500						轮灌	2	626					
		500～800						轮灌	2	1 001					
稻麦轮作	土地流转农场经营	100～300	4.0～8.0	潜水泵	居中	"E"字型	5	续灌	1	375	6.0～12.0	一台 150QW130-15-11 泵，n=1 450 r/min，N=11 kW；一台 200QW250-15-18.5 泵，n=1 450 r/min，N=18.5 kW	400	200	160
		300～500						轮灌	2	626		一台 200QW250-15-18.5 泵，n=1 450 r/min，N=18.5 kW；一台 250QW400-15-30 泵，n=980 r/min，N=30 kW	500	355	200
		500～800						轮灌	2	1 001		一台 250QW400-15-30 泵，n=980 r/min，N=30 kW；一台 250QW600-15-45 泵，n=980 r/min，N=45 kW	630	450	225
稻麦轮作	土地流转农场经营	100～300	8.0～12.0	潜水泵	居中	"E"字型	5	续灌	1	375	12.0～18.0				
		300～500						轮灌	2	626					
		500～800						轮灌	2	1 001					
稻麦轮作	土地流转农场经营	100～300	12.0～15.0	潜水泵	居中	"E"字型	5	续灌	1	375	18.0～22.5				
		300～500						轮灌	2	626		一台 150QW200-22-22 泵，n=980 r/min，N=22 kW；一台 200QW450-22-45 泵，n=980 r/min，N=45 kW	500	355	225
		500～800						轮灌	2	1 001		一台 200QW300-22-37 泵，n=980 r/min，N=37 kW；一台 250QW800-22-75 泵，n=980 r/min，N=75 kW	630	450	250

附表 4-6-4　泵站居中布置、泡田时间 5 d,"E"字型布局,轮灌组形式一,轴流泵(双泵)

作物	经营方式	面积/亩	田面与常水位高差/m	泵型	泵站位置	管网布置形式	泡田时间/d	工作制度	轮灌组数	选泵流量/(m^3/h)	选泵扬程/m	水泵选择	硬塑料管选用规格/mm		
													干管	分干管	支管
稻麦轮作	土地流转农场经营	100～300	0.5～2.0	轴流泵	居中	"E"字型	5	续灌	1	375	1.0～4.0				
		300～500						轮灌	2	626					
		500～800						轮灌	2	1 001					
稻麦轮作	土地流转农场经营	100～300	2.0～4.0	轴流泵	居中	"E"字型	5	续灌	1	375	3.6～7.2				
		300～500						轮灌	2	626					
		500～800						轮灌	2	1 001					
稻麦轮作	土地流转农场经营	100～300	4.0～8.0	轴流泵	居中	"E"字型	5	续灌	1	375	6.0～12.0				
		300～500						轮灌	2	626					
		500～800						轮灌	2	1 001					
稻麦轮作	土地流转农场经营	100～300	8.0～12.0	轴流泵	居中	"E"字型	5	续灌	1	375	12.0～18.0				
		300～500						轮灌	2	626					
		500～800						轮灌	2	1 001					
稻麦轮作	土地流转农场经营	100～300	12.0～15.0	轴流泵	居中	"E"字型	5	续灌	1	375	18.0～22.5				
		300～500						轮灌	2	626					
		500～800						轮灌	2	1 001					

附表 4-6-5　泵站居中布置、泡田时间 5 d,"E"字型布局,轮灌组形式二,混流泵(双泵)

作物	经营方式	面积/亩	田面与常水位高差/m	泵型	泵站位置	管网布置形式	泡田时间/d	工作制度	轮灌组数	选泵流量/(m^3/h)	选泵扬程/m	水泵选择	硬塑料管选用规格/mm		
													干管	分干管	支管
稻麦轮作	土地流转农场经营	100～300	0.5～2.0	混流泵	居中	"E"字型	5	轮灌	2	375	1.0～4.0	一台 150HW-6A 泵, n=1 450 r/min, D=131 mm, N=5.5 kW; 一台 200HW-8 泵, n=1 450 r/min, D=150 mm, N=11 kW	400	280	280
		300～500						轮灌	3	626		一台 150HW-5 泵, n=1 450 r/min, D=158 mm, N=4 kW; 一台 250HW-11A 泵, n=980 r/min, D=225 mm, N=11 kW	500	355	355
		500～800						轮灌	4	1 001		一台 250HW-8A 泵, n=970 r/min, D=199 mm, N=11 kW; 一台 300HW-8 泵, n=970 r/min, D=239 mm, N=22 kW	630	630	400
稻麦轮作	土地流转农场经营	100～300	2.0～4.0	混流泵	居中	"E"字型	5	轮灌	2	375	3.6～7.2	一台 150HW-12 泵, n=2 900 r/min, D=96 mm, N=11 kW; 一台 200HW-12 泵, n=1 450 r/min, D=183 mm, N=18.5 kW	400	280	225
		300～500						轮灌	3	626		一台 150HW-6B 泵, n=1 800 r/min, D=152 mm, N=7.5 kW; 一台 250HW-8B 泵, n=1 180 r/min, D=225 mm, N=18.5 kW	500	355	315
		500～800						轮灌	4	1 001		一台 200HW-8 泵, n=1 450 r/min, D=190 mm, N=11 kW; 一台 300HW-7C 泵, n=1 300 r/min, D=212 mm, N=55 kW	630	630	355

（续表）

作物	经营方式	面积/亩	田面与常水位高差/m	泵型	泵站位置	管网布置形式	泡田时间/d	工作制度	轮灌组数	选泵流量/(m^3/h)	选泵扬程/m	水泵选择	硬塑料管选用规格/mm		
													干管	分干管	支管
稻麦轮作	土地流转农场经营	100～300	4.0～8.0	混流泵	居中	“E”字型	5	轮灌	2	375	6.0～12.0				
		300～500						轮灌	3	626					
		500～800						轮灌	4	1 001		一台 200HW-12 泵，n=1 450 r/min，D=228 mm，N=18.5 kW；一台 300HW-12 泵，n=970 r/min，D=341 mm，N=37 kW	630	630	355
稻麦轮作	土地流转农场经营	100～300	8.0～12.0	混流泵	居中	“E”字型	5	轮灌	2	375	12.0～18.0				
		300～500						轮灌	3	626					
		500～800						轮灌	4	1 001					
稻麦轮作	土地流转农场经营	100～300	12.0～15.0	混流泵	居中	“E”字型	5	轮灌	2	375	18.0～22.5				
		300～500						轮灌	3	626					
		500～800						轮灌	4	1 001					

附表 4-6-6　泵站居中布置、泡田时间 5 d,“E”字型布局,轮灌组形式二,离心泵(双泵)

作物	经营方式	面积/亩	田面与常水位高差/m	泵型	泵站位置	管网布置形式	泡田时间/d	工作制度	轮灌组数	选泵流量/(m^3/h)	选泵扬程/m	水泵选择	硬塑料管选用规格/mm		
												水泵选择	干管	分干管	支管
稻麦轮作	土地流转农场经营	100～300	0.5～2.0	离心泵	居中	“E”字型	5	轮灌	2	375	1.0～4.0				
		300～500						轮灌	3	626					
		500～800						轮灌	4	1 001					
稻麦轮作	土地流转农场经营	100～300	2.0～4.0	离心泵	居中	“E”字型	5	轮灌	2	375	3.6～7.2	一台 ISG125-100 泵,n=2 950 r/min,D=102 mm,N=7.5 kW;一台 10SH-12 泵,n=1 470 r/min,D=165 mm,N=22 kW	400	280	225
		300～500						轮灌	3	626		一台 ISW200-200A 泵,n=1 480 r/min,D=181 mm,N=11 kW;一台 250S-14 泵,n=1 480 r/min,D=209 mm,N=30 kW	500	355	315
		500～800						轮灌	4	1 001		一台 ISG250-235 泵,n=1 480 r/min,D=200 mm,N=30 kW;一台 ISG350-235 泵,n=1 480 r/min,D=238 mm,N=37 kW	630	630	355
稻麦轮作	土地流转农场经营	100～300	4.0～8.0	离心泵	居中	“E”字型	5	轮灌	2	375	6.0～12.0	一台 ISG250-250 泵,n=1 480 r/min,D=227 mm,N=11 kW;一台 10SH-13A 泵,n=1 470 r/min,D=199 mm,N=37 kW	400	280	225
		300～500						轮灌	3	626		一台 ISG150-250 泵,n=1 480 r/min,D=220 mm,N=18.5 kW;一台 250S-14 泵,n=1 480 r/min,D=240 mm,N=30 kW	500	355	315
		500～800						轮灌	4	1 001		一台 ISG250-300 泵,n=1 480 r/min,D=219 mm,N=37 kW;一台 14SH-19A 泵,n=1 470 r/min,D=229 mm,N=90 kW	630	630	355

（续表）

作物	经营方式	面积/亩	田面与常水位高差/m	泵型	泵站位置	管网布置形式	泡田时间/d	工作制度	轮灌组数	选泵流量/(m^3/h)	选泵扬程/m	水泵选择	硬塑料管选用规格/mm		
													干管	分干管	支管
稻麦轮作	土地流转农场经营	100～300	8.0～12.0	离心泵	居中	“E”字型	5	轮灌	2	375	12.0～18.0	一台 ISG250-250 泵，n=1 480 r/min，D=270 mm，N=11 kW；一台 10SH-13A 泵，n=1 470 r/min，D=238 mm，N=37 kW	400	280	200
		300～500						轮灌	3	626		一台 ISG200-250 泵，n=1 480 r/min，D=246 mm，N=18.5 kW；一台 10SH-13 泵，n=1 470 r/min，D=261 mm，N=55 kW	500	355	250
		500～800						轮灌	4	1 001		一台 10SH-13 泵，n=1 470 r/min，D=244 mm，N=55 kW；一台 300S-32 泵，n=1 480 r/min，D=293 mm，N=110 kW	630	630	315
稻麦轮作	土地流转农场经营	100～300	12.0～15.0	离心泵	居中	“E”字型	5	轮灌	2	375	18.0～22.5	一台 ISG150-160 泵，n=2 950 r/min，D=144 mm，N=22 kW；一台 250S-39 泵，n=1 480 r/min，D=279 mm，N=75 kW	400	280	200
		300～500						轮灌	3	626		一台 8SH-13A 泵，n=2 950 r/min，D=148 mm，N=45 kW；一台 250S-24 泵，n=1 480 r/min，D=306 mm，N=45 kW	500	355	250
		500～800						轮灌	4	1 001		一台 250S-39 泵，n=1 480 r/min，D=283 mm，N=75 kW；一台 400S-40 泵，n=970 r/min，D=432 mm，N=185 kW	630	630	315

附表 4-6-7 泵站居中布置、泡田时间 5 d,“E”字型布局,轮灌组形式二,潜水泵(双泵)

作物	经营方式	面积/亩	田面与常水位高差/m	泵型	泵站位置	管网布置形式	泡田时间/d	工作制度	轮灌组数	选泵流量/(m³/h)	选泵扬程/m	水泵选择	硬塑料管选用规格/mm		
													干管	分干管	支管
稻麦轮作	土地流转农场经营	100～300	0.5～2.0	潜水泵	居中	“E”字型	5	轮灌	2	375	1.0～4.0				
		300～500						轮灌	3	626					
		500～800						轮灌	4	1 001					
稻麦轮作	土地流转农场经营	100～300	2.0～4.0	潜水泵	居中	“E”字型	5	轮灌	2	375	3.6～7.2				
		300～500						轮灌	3	626					
		500～800						轮灌	4	1 001					
稻麦轮作	土地流转农场经营	100～300	4.0～8.0	潜水泵	居中	“E”字型	5	轮灌	2	375	6.0～12.0	一台 150QW130-15-11 泵,n=1 450 r/min,N=11 kW;一台 200QW250-15-18.5 泵,n=1 450 r/min,N=18.5 kW	400	280	200
		300～500						轮灌	3	626		一台 200QW250-15-18.5 泵,n=1 450 r/min,N=18.5 kW;一台 250QW400-15-30 泵,n=980 r/min,N=30 kW	500	355	250
		500～800						轮灌	4	1 001		一台 250QW400-15-30 泵,n=980 r/min,N=30 kW;一台 250QW600-15-45 泵,n=980 r/min,N=45 kW	630	630	315
稻麦轮作	土地流转农场经营	100～300	8.0～12.0	潜水泵	居中	“E”字型	5	轮灌	2	375	12.0～18.0				
		300～500						轮灌	3	626					
		500～800						轮灌	4	1 001					
稻麦轮作	土地流转农场经营	100～300	12.0～15.0	潜水泵	居中	“E”字型	5	轮灌	2	375	18.0～22.5				
		300～500						轮灌	3	626		一台 150QW200-22-22 泵,n=980 r/min,N=22 kW;一台 200QW450-22-45 泵,n=980 r/min,N=45 kW	500	355	250
		500～800						轮灌	4	1 001		一台 200QW300-22-37 泵,n=980 r/min,N=37 kW;一台 250QW800-22-75 泵,n=980 r/min,N=75 kW	630	630	315

附表 4-6-8　泵站居中布置、泡田时间 5 d，"E"字型布局，轮灌组形式二，轴流泵(双泵)

作物	经营方式	面积/亩	田面与常水位高差/m	泵型	泵站位置	管网布置形式	泡田时间/d	工作制度	轮灌组数	选泵流量/(m^3/h)	选泵扬程/m	水泵选择	硬塑料管选用规格/mm		
													干管	分干管	支管
稻麦轮作	土地流转农场经营	100～300	0.5～2.0	轴流泵	居中	"E"字型	5	轮灌	2	375	1.0～4.0				
		300～500						轮灌	3	626					
		500～800						轮灌	4	1 001					
稻麦轮作	土地流转农场经营	100～300	2.0～4.0	轴流泵	居中	"E"字型	5	轮灌	2	375	3.6～7.2				
		300～500						轮灌	3	626					
		500～800						轮灌	4	1 001					
稻麦轮作	土地流转农场经营	100～300	4.0～8.0	轴流泵	居中	"E"字型	5	轮灌	2	375	6.0～12.0				
		300～500						轮灌	3	626					
		500～800						轮灌	4	1 001					
稻麦轮作	土地流转农场经营	100～300	8.0～12.0	轴流泵	居中	"E"字型	5	轮灌	2	375	12.0～18.0				
		300～500						轮灌	3	626					
		500～800						轮灌	4	1 001					
稻麦轮作	土地流转农场经营	100～300	12.0～15.0	轴流泵	居中	"E"字型	5	轮灌	2	375	18.0～22.5				
		300～500						轮灌	3	626					
		500～800						轮灌	4	1 001